JN017369

ライブラリ 新数学基礎テキスト **T2**

アトラクティブ 微分積分学

岩渕 司 著

サイエンス社

編者の言葉

　数学はすべての学問の基礎となる論理的な思考を支える骨子であり，そうした思考のための基礎訓練となる学問である．本ライブラリは，現代数学の最先端で活躍する数学者らの手による，数学の基礎を解説するものである．

　大学初年度から2年程度までに習得するべき数学の基礎はどのような分野に進もうとも，必ずやその根源的概念や思考方法が用いられることとなる．早期にそれらを把握し，可能な限り理解しておくことは，その後の読者の諸般の概念の理解を深める際に大いなる力となるであろう．

　多くの先人達がそのように考え，数学基礎概念に関わる教科書は数多く発刊されてきたわけであるが，このたび新たに東北大に関係する教員の手になる教科書群が刊行されることとなった．

　古典的名著が積み重なる中で，新しい教科書の発する意義は，数学そのものも時代とともに少しずつ進化し，理解の仕方や表現が微妙に変わってきていることにある．何より，時代を背景に活躍する気鋭の数学者の手になる教科書は，新しい時代に生きる読者諸氏へのエールであって，手助けとして魅力的なものになると考えるからである．

　本ライブラリが次世代を担う読者の学問的基礎の確立に寄与するとすれば新ライブラリ創刊の意義となるであろう．

　本ライブラリ発刊にご尽力いただいたサイエンス社編集部に感謝するしだいである．

2024 年 1 月

編者　小川卓克

ま え が き

本書は，高校で微分積分を学んだ後の大学 1 年生を対象に，理学部・工学部どちらの学生にも利用可能な教科書または参考書として執筆したものです．高校では，公式や定理を使って問題を解くことに多くの時間を費やすことと思います．問題を解くことはもちろん大切ですが，高校までと異なり大学では意味や証明を理解してそれを説明することが求められます．数学は科学の基礎として多くの分野と関わっており，微分積分で言えば，工学，経済学，生物学など，幅広い分野で応用されています．微分積分を理解することを通して，論理的な思考力と表現力を養っていただきたいと考えています．

問の解答例は次の Web ページ内にある本書「アトラクティブ 微分積分学」の紹介ページから取得できます．

https://www.saiensu.co.jp

数学を専攻している学生向けの内容は各章の終盤にまとめており，1, 2 章の ε 論法，4 章のリーマン積分，7 章の積分可能性の定義などがそれにあたります．さらに，記号「*」を使い次の書き方で問を 2 種類に分類しました．

問 **1.1**　　のように「*」がないものは全員に向けた問，

問 **1.5***　　のように「*」があるものは，数学を専攻している学生向けまたは，予備知識を要する問．

大学数学では初めに言葉の定義があり，それを理解するために「任意の」や「ある」に注意して各文字の関係性を意識することが重要です．様々な定理はこうした言葉を組み合わせることで記述されています．熟練の数学者の文章は，無駄のない簡潔な表現で書かれています．定理の直観的な意味を理解することに加えて，言葉や表現をうまく使いこなせるようになることで，より深く数学を理解できると考えます．

2024 年 1 月

岩渕 司

目　　次

本書の読み方と特徴

　本書は最初から順番に読み進めることを想定しています．1 章から 4 章まで
は実数の数列や 1 変数関数を扱います．これらは半年をかけて学習するのが目
安です．1 章では数列の収束や実数の連続性を学びます．高校では収束する例
を扱いますが，ここではその意味を記述します．この点は重要であるため，1 章
の終盤に厳密な記述についての節を設けています．また，平易な言葉を意識し
て，数列の単調性を用いて実数の連続性を説明しています．2 章は連続関数を扱
います．関数に対する極限など基本的な概念を理解することが目的です．3 章
では微分を扱います．テイラーの定理と呼ばれる関数の多項式近似が最も重要
で，それを用いて様々な定理を導き出します．4 章では積分を扱います．区分
求積法から始めて，それをもとにリーマン積分とよばれる積分を定義します．
リーマン積分を理解するにはそれなりの労力が必要であるため，難しいと感じ
た場合はまずは単に区分求積法で積分を導入すると思って進めても構いません．

　5 章から 7 章までは 2 変数関数の微分積分を扱います．これらは半年をかけ
て学習するのが目安です（進度によっては 8 章の一部を含める場合もあります）．
5 章は 2 変数関数の極限や連続性のみを扱う章としています．6 章では偏微分
を扱います．3 章と同様に，テイラーの定理が最も重要です．条件付き極値問
題など，1 変数のときよりも複雑な応用問題も扱います．また，全微分可能性
という概念が現れますが，連続性，1 つの変数で微分することの違いを理解で
きるとより良いです．7 章では多変数関数に対する積分を扱います．1 変数で
は小さい長方形の面積の総和で積分を導入しますが，2 変数では，小さい直方
体の体積の総和を考えます．また，累次積分や変数変換などの，積分を求める
基本的な手法を学びます．変数変換の証明では，ヤコビアンに焦点を当てるた
め，領域について正方形を平行四辺形に変換する場合に限定しています．

　8 章では級数（数列の無限和）を扱います．無限和の収束判定法など基本的
な事項，最後に展開次数が無限大のテイラー展開を解説しています．

　付録では応用例として常微分方程式の基本的な概念や手法を概説しています．
はじめに常微分方程式を解くとは何か，線形方程式を考える背景を解説してい
ます．最後の連立系については行列の指数関数の計算を用いるため，線形代数
学の固有値，固有ベクトルなどが前提知識として必要です．

第1章

実数と数列の収束

　　有界性，上限，下限などの基本的な概念を理解することを出発点として，実数と数列の収束性を理解することが本章の目的である．ε による収束の定義について，厳密な記述は読者の目的に応じて最初は飛ばしてもよい．

1.1　実数全体の集合 $\mathbb{R}$ とは

　実数全体を書き出せるか，という問を考えることから始める．もう既に知っていると感じた人や，疑問に思ってもじっくり考えたり周りの人とその疑問を共有する機会が今までなかった，など人によって様々な答えがあると思う．この問を理解するために，本書では自然数，整数，有理数を既知として話を進める．すなわち，以下によってこれらを把握できていることとする．

- 自然数全体の集合 $\mathbb{N} = \{1, 2, 3, \dots\}$
- 整数全体の集合 $\mathbb{Z} = \{0, \pm 1, \pm 2, \pm 3, \dots\}$
- 有理数全体の集合 $\mathbb{Q} = \left\{ \dfrac{m}{n} \,\middle|\, m \text{ は整数，} n \text{ は自然数} \right\}$

　実数を初めて学ぶときは実数全体を有理数と無理数（有理数ではない数，すなわち循環しない無限小数）からなる集合として理解し，無理数については $\sqrt{2}$ や円周率などの具体例に触れるのみになると思う．無理数全体を書き出せるか，という問題を考えると，実数全体を書き出すことと同じ難しさがある．結論から言うと，実数全体の集合 $\mathbb{R}$ を次のように理解することができる．

$$\mathbb{R} = \left\{ \lim_{n \to \infty} a_n \,\middle|\, \{a_n\}_{n=1}^{\infty} \text{ は有理数からなる有界な単調列} \right\}.$$

次節以降ではこの表示を理解するために，記号 $\displaystyle\lim_{n \to \infty}$ の意味，有界性，単調列を導入して，実数の公理とよばれている公理を説明する．より詳しく説明するた

めに，改めて次の性質を満たすような集合として実数全体の集合 $\mathbb{R}$ を定める．

(1) $\mathbb{R}$ は $\mathbb{Q}$ を含む．さらに，任意の実数 a，自然数 n に対して $|a_n - a| < n^{-1}$ を満たす有理数 a_n が存在する．

(2) 四則演算（和差積商の性質）

(3) 大小関係（不等号の性質）

(4) 実数の連続性

(1) は，実数の近くに有理数が常に存在すること，または，有理数の隙間を埋めると実数全体となること（実数における有理数の**稠密性**）を意味する．(2)，(3) は 2 つの実数に対して通常の意味の計算や大小の比較が可能ということを意味する．複雑に見えるかもしれないが，高校までの計算をそのまま使ってよい．(4) は実数の連続性の公理とよばれているもので，本書で示している定理や命題の仮定と言い換えることもできる．前述の $\mathbb{R}$ の特徴付けの式で言えば $\lim_{n\to\infty} a_n$ の正当性，さらに (1) にも関連する．より詳しくは 1.4 節で解説する．なお，(1)～(4) を満たす集合を特徴付ける方法はいくつかあり，例えば有理数全体の完備化が知られているが，本書では立ち入らないことにする．

1.2　数列の収束と発散，単調数列

収束，発散，単調性を導入する．具体的な問題の証明を厳密に理解するのは実数の連続性も関係しており結構大変かもしれないため，後の注意 1.2 や例題 1.3，1.11 で説明するような直観的な理解から始めることをおすすめする．

定義 1.1　数列の収束

(1) 数列 $\{a_n\}_{n=1}^{\infty}$ が $n \to \infty$ のとき $\alpha \in \mathbb{R}$ に**収束**する．

$\overset{\text{def}}{\iff}$ 任意の $\varepsilon > 0$ に対して次が成り立つ $N_\varepsilon \in \mathbb{N}$ が存在する．

$$n \geq N_\varepsilon \text{ ならば } |a_n - \alpha| < \varepsilon.$$

このとき，$\lim_{n\to\infty} a_n = \alpha$，あるいは，$a_n \to \alpha$ $(n \to \infty)$ と書き，α を $\{a_n\}_{n=1}^{\infty}$ の**極限**とよぶ．

(2) $\{a_n\}_{n=1}^{\infty}$ が**収束列**である.

$\overset{\text{def}}{\iff}$ ある $\alpha \in \mathbb{R}$ が存在して $\{a_n\}_{n=1}^{\infty}$ は α に収束する.

注意 1.2 収束性を証明するときには，複雑でない問題に対しては厳密な記述を省略して，「n を大きくしていくと a_n は α に限りなく近づいていく」という直観的な記述で説明することにする．一方で，定義 1.1 では $|a_n - \alpha| < \varepsilon$ で a_n と α との差を定量的に表現する

$n \geq N_\varepsilon$ のときの a_n の範囲

ことで収束の概念を定めている．この定義は ε 論法による定義とよばれており，$\varepsilon > 0$ を固定したときに

- 十分大きい N_ε をとったとき，$n \geq N_\varepsilon$ ならば $|a_n - \alpha| < \varepsilon$ が成り立つ.
- $n \geq N_\varepsilon$ ならば $|a_n - \alpha| < \varepsilon$ を満たすような N_ε が存在する.

と言い換えられる．後の 1.6 節でもう少し解説する．また，2 章の関数の収束でも類似の考え方をする．数列の収束は今後の議論のために基本的である.

例題 1.3 $\displaystyle\lim_{n\to\infty}\frac{1}{n}$ を求めよ.

【解】 n を大きくしていくと n^{-1} は 0 に限りなく近づくため，$\displaystyle\lim_{n\to\infty}\frac{1}{n} = 0$.
従って求める極限は 0. 厳密な証明については例題 1.35 を参照. ∎

次に極限の基本性質とはさみうちの原理を述べる.

定理 1.4 極限の基本性質

$\alpha, \beta, A, B \in \mathbb{R}$, $\displaystyle\lim_{n\to\infty} a_n = \alpha$, $\displaystyle\lim_{n\to\infty} b_n = \beta$ とすると次が成り立つ.

(1) $\displaystyle\lim_{n\to\infty}(Aa_n + Bb_n) = A\alpha + B\beta$ (2) $\displaystyle\lim_{n\to\infty} a_n b_n = \alpha\beta$

(3) $\beta \neq 0$ のとき $\displaystyle\lim_{n\to\infty}\frac{a_n}{b_n} = \frac{\alpha}{\beta}$

[証明] (1) は以下より正しい.

$$|Aa_n + Bb_n - (A\alpha + B\beta)| \leq |A||a_n - \alpha| + |B||b_n - \beta| \to 0 \quad (n \to \infty).$$

(2) について，まず $\{a_n\}_{n=1}^{\infty}, \{b_n\}_{n=1}^{\infty}$ について

$$\text{任意の } n \text{ に対して } |a_n|, |b_n| \leq M$$

を満たす $M > 0$ が存在することがわかる．実際，番号が大きいとき a_n は常に α に値が近いからである（詳しくは命題 1.41 を参照）．従って，

$$|a_n b_n - \alpha \beta| = |(a_n - \alpha) b_n + \alpha (b_n - \beta)|$$

$$\leq |a_n - \alpha| |b_n| + |\alpha| |b_n - \beta|$$

$$\leq M |a_n - \alpha| + M |b_n - \beta| \to 0 \quad (n \to \infty).$$

(3) については (2) の結果より $\displaystyle \lim_{n \to \infty} \frac{1}{b_n} = \frac{1}{\beta}$ を示せばよい．$\beta > 0$ の場合のみ示す（$\beta < 0$ の場合は b_n のかわりに $-b_n$ を考えればよい）．b_n の収束性から，$\varepsilon = \dfrac{\beta}{2} > 0$ に対して「$n \geq N$ ならば $|b_n - \beta| < \dfrac{\beta}{2}$」を満たす自然数 N が存在する．特に，$n \geq N$ ならば $0 < \dfrac{1}{b_n} \leq \dfrac{2}{\beta}$ を得る．従って，

$$\left| \frac{1}{b_n} - \frac{1}{\beta} \right| = \left| \frac{\beta - b_n}{b_n \beta} \right| \leq \frac{2}{\beta^2} |b_n - \beta| \to 0 \quad (n \to \infty). \qquad \square$$

命題 1.5　数列と極限の大小関係

(1)　任意の $n \in \mathbb{N}$ に対して $a_n \leq b_n$ かつ $\displaystyle \lim_{n \to \infty} a_n = \alpha, \lim_{n \to \infty} b_n = \beta$ ならば $\alpha \leq \beta$ が成り立つ．特に，任意の $n \in \mathbb{N}$ に対して $a_n \leq \beta$ かつ $\displaystyle \lim_{n \to \infty} a_n = \alpha$ ならば $\alpha \leq \beta$．

(2)　（**はさみうちの原理**）任意の $n \in \mathbb{N}$ に対して $a_n \leq c_n \leq b_n$ かつ $\displaystyle \lim_{n \to \infty} a_n = \lim_{n \to \infty} b_n = \alpha$ ならば，$\displaystyle \lim_{n \to \infty} c_n = \alpha$ が成り立つ．

[証明]　(1)　後半の主張は前半の主張から導くことができるため前半のみ示す．$\alpha > \beta$ を仮定して矛盾を導く．このとき，収束の定義を $\varepsilon = \dfrac{\beta - \alpha}{2}$ に対して考えると，次を満たす $N \in \mathbb{N}$ が存在する．

$$n \geq N \text{ ならば } |a_n - \alpha| < \frac{\beta - \alpha}{2}, \quad n \geq N \text{ ならば } |b_n - \beta| < \frac{\beta - \alpha}{2}.$$

このとき，α, β とその中点，および a_n, b_n との大小関係を比べると，

$$n \geq N \text{ ならば } \beta < b_n < \frac{\alpha + \beta}{2} < a_n < \alpha.$$

従って $a_n \leq b_n$ が任意の $n \in \mathbb{N}$ に対して成り立つことと矛盾する.

(2) $a_n \leq c_n \leq b_n$ から $a_n - \alpha \leq c_n - \alpha \leq b_n - \alpha$ を得る. さらに

$$|c_n - \alpha| \leq \max\{|a_n - \alpha|, |b_n - \alpha|\} \to 0 \quad (n \to \infty)$$

が $\{a_n\}_{n=1}^{\infty}, \{b_n\}_{n=1}^{\infty}$ の収束性からわかるため，$\{c_n\}_{n=1}^{\infty}$ も α に収束する. □

| 例題 1.6 | 次の極限を求めよ. (1) $\displaystyle\lim_{n \to \infty} \frac{1}{n^2 + 1}$ (2) $\displaystyle\lim_{n \to \infty} \frac{2n}{n^2 + 1}$

【解】 $\displaystyle\lim_{n \to \infty} \frac{1}{n} = 0$, 定理 1.4，命題 1.5 を用いて解答する.

(1) $\left| \dfrac{1}{n^2 + 1} \right| \leq \dfrac{1}{n^2 + 0} = \dfrac{1}{n^2} \to 0 \ (n \to \infty)$ より $\displaystyle\lim_{n \to \infty} \frac{1}{n^2 + 1} = 0.$

(2) $\left| \dfrac{2n}{n^2 + 1} \right| \leq \dfrac{2n}{n^2 + 0} = \dfrac{2}{n} \to 0 \ (n \to \infty)$ より $\displaystyle\lim_{n \to \infty} \frac{2n}{n^2 + 1} = 0.$ ■

問 1.1 次の極限を求めよ.

(1) $\displaystyle\lim_{n \to \infty} \frac{3n}{n^3 + 1}$ (2) $\displaystyle\lim_{n \to \infty} \frac{2n}{5n + 3}$ (3) $\displaystyle\lim_{n \to \infty} \frac{n^5 + 3}{n^2(n-3)^3}$ (4) $\displaystyle\lim_{n \to \infty} \frac{1}{2^n}$

定義 1.7 数列の発散

(1) $\{a_n\}_{n=1}^{\infty}$ が**発散**する. $\overset{\text{def}}{\Longleftrightarrow} \{a_n\}_{n=1}^{\infty}$ は収束列ではない.

(2) $\{a_n\}_{n=1}^{\infty}$ が ∞（無限大）に発散 する.

$\overset{\text{def}}{\Longleftrightarrow}$ 任意の $M > 0$ に対して次が成り立つ $N_M \in \mathbb{N}$ が存在する.

$$n \geq N_M \text{ ならば } a_n > M.$$

(3) $\{a_n\}_{n=1}^{\infty}$ が $-\infty$（マイナス無限大）に発散 する.

$\overset{\text{def}}{\Longleftrightarrow}$ 任意の $M > 0$ に対して次が成り立つ $N_M \in \mathbb{N}$ が存在する.

$$n \geq N_M \text{ ならば } a_n < -M.$$

(4) $\{a_n\}_{n=1}^{\infty}$ が $\pm\infty$ に発散するとき，$\displaystyle\lim_{n\to\infty} a_n = \pm\infty$，あるいは，$a_n \to \pm\infty$ $(n \to \infty)$ と書き，$\pm\infty$ を $\{a_n\}_{n=1}^{\infty}$ の**極限**とよぶ.

注意 1.8 注意 1.2 と同様に，定義 1.7 (2) の無限大への発散の直観的な記述は，「n を大きくしていくと a_n は限りなく大きくなる」である．発散についても議論が複雑でない限りこの直観的な記述で説明する.

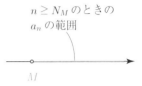

$n \geq N_M$ のときの a_n の範囲

注意 1.9 「$\{a_n\}_{n=1}^{\infty}$ の発散」を確かめるには，任意の $\alpha \in \mathbb{R}$ に対して $a_n \not\to \alpha$ $(n \to \infty)$ を示せばよい．または，$\pm\infty$ への発散の確認でも十分である.

無限大の極限について命題 1.5 と類似の命題が成り立つ.

--- 命題 1.10 ---

$\displaystyle\lim_{n\to\infty} b_n = \infty$ とする.

(1) 任意の $n \in \mathbb{N}$ に対して $b_n \leq a_n$ ならば $\displaystyle\lim_{n\to\infty} a_n = \infty$.

(2) 任意の $n \in \mathbb{N}$ に対して $a_n \leq -b_n$ ならば $\displaystyle\lim_{n\to\infty} a_n = -\infty$.

| 例題 1.11 | $\displaystyle\lim_{n\to\infty} 2^n$ を求めよ.

【解】 二項定理より $2^n = (1+1)^n = \displaystyle\sum_{k=0}^{n} \frac{n!}{(n-k)!k!} \geq \frac{n!}{(n-1)!1!} = n \to \infty$ $(n \to \infty)$. 従って $\displaystyle\lim_{n\to\infty} 2^n = \infty$. 厳密な証明は後の例題 1.38 を参照. ∎

例題 1.11 と類似の考え方で命題 1.10 を示すことができる.

問 1.2 命題 1.10 を証明せよ.

問 1.3 次の極限を求めよ.

(1) $\displaystyle\lim_{n\to\infty} \frac{n^3}{n^2+6}$ (2) $\displaystyle\lim_{n\to\infty} \frac{5-n^2}{n+6}$ (3) $\displaystyle\lim_{n\to\infty} \frac{2^n}{n}$ (4) $\displaystyle\lim_{n\to\infty} \frac{4^n+n}{2^n+5}$

定義 1.12　**単調列**

$\{a_n\}_{n=1}^{\infty}$ は**単調増加列** $\overset{\text{def}}{\Longleftrightarrow}$ 任意の $n \in \mathbb{N}$ に対して $a_n \leq a_{n+1}$.

$\{a_n\}_{n=1}^{\infty}$ は**単調減少列** $\overset{\text{def}}{\Longleftrightarrow}$ 任意の $n \in \mathbb{N}$ に対して $a_{n+1} \leq a_n$.

単調増加列と単調減少列をあわせて**単調列**とよぶ.

問 1.4　次を満たす数列は単調列であることを示せ.

(1) $a_n = 1 + \dfrac{1}{n}$　(2) $a_{n+1} = -a_n^2 + 3a_n - 1$

1.3　有界性，最大・最小，上限・下限

A を $\mathbb{R}$ に含まれる空でない集合とする.

定義 1.13　**集合と数列の有界性**

(1)　実数 M は A の**上界** $\overset{\text{def}}{\Longleftrightarrow}$ 任意の $x \in A$ に対して $x \leq M$.

　　実数 m は A の**下界** $\overset{\text{def}}{\Longleftrightarrow}$ 任意の $x \in A$ に対して $x \geq m$.

(2)　A は**上に有界** $\overset{\text{def}}{\Longleftrightarrow}$ A の上界 $M \in \mathbb{R}$ が存在する.

　　A は**下に有界** $\overset{\text{def}}{\Longleftrightarrow}$ A の下界 $m \in \mathbb{R}$ が存在する.

　　A は**有界** $\overset{\text{def}}{\Longleftrightarrow}$ A は上に有界で，かつ，下に有界である.

(3)　数列 $\{a_n\}_{n=1}^{\infty}$ の有界性を，集合 $\{a_n \,|\, n \in \mathbb{N}\}$ に対する (1), (2) の有界性によって定義する.

(4)　有界な集合を**有界集合**，有界な数列を**有界数列**という.

有界性について，次の問 1.5 の内容を定義と考えてもよい.

問 1.5*　A を $\mathbb{R}$ の部分集合とする. 次の同値性を確かめよ.

(1)　A が上に有界 $\Longleftrightarrow$ ある $M \in \mathbb{R}$ が存在して任意の $x \in A$ に対して $x \leq M$

(2)　A が下に有界 $\Longleftrightarrow$ ある $m \in \mathbb{R}$ が存在して任意の $x \in A$ に対して $x \geq m$

(3)　A が有界 $\Longleftrightarrow$ ある $M > 0$ が存在して任意の $x \in A$ に対して $|x| \leq M$

　右の上図は A が有界の場合，下図は A が有界で
はない場合（区間 $[-M, M]$ をどれだけ広くしても
A を覆えない）を想定した図である．A が有界で
はないことを示すには，「任意の $M > 0$ に対して
$|x| > M$ を満たす $x \in A$ が存在する」を確かめる
必要がある（問 1.5 (3) 右の否定命題）．

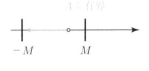

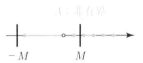

| 例題 1.14 |　次の $\mathbb{R}$ の区間が有界か否か確かめよ．

(1)　$[1, 10]$　　(2)　$(-2, \infty)$

【解】　(1)　$M = 10$ とすれば任意の $x \in [1, 10]$ に対して $|x| \leq 10 = M$ が成
り立つため $[1, 10]$ は有界である．

(2)　$M > 0$ ならば $M + 1 \in (-2, \infty)$ より，「任意の $x \in (-2, \infty)$ に対して
$|x| \leq M$ を満たす実数 $M > 0$」は存在しない．$(-2, \infty)$ は有界ではない．■

　有界性の否定について，例題 1.14 (2) のように「任意の $M > 0$」を全て考
慮するため，慎重な議論が必要と思う．次はもう少し直観的な特徴付けである．

— 命題 1.15　有界性の否定 —

(1)　A は上に有界ではない
　　$\Longleftrightarrow$ ある $\{x_n\}_{n=1}^{\infty} \subset A$ が存在して $x_n \to \infty$ $(n \to \infty)$．

(2)　A は下に有界ではない
　　$\Longleftrightarrow$ ある $\{x_n\}_{n=1}^{\infty} \subset A$ が存在して $x_n \to -\infty$ $(n \to \infty)$．

(3)　A は有界ではない
　　$\Longleftrightarrow$ ある $\{x_n\}_{n=1}^{\infty} \subset A$ が存在して $|x_n| \to \infty$ $(n \to \infty)$．

[命題 1.15 (1) の証明]　$(\Rightarrow)$ A は上に有界ではないとする．「任意の $x \in A$
に対して $x \leq M$ が成り立つ $M \in \mathbb{R}$ が存在しない」より，各 $M = n$ $(n \in \mathbb{N})$
に対して $x > n$ となる $x = x_n$ が存在する．$x_n \to \infty$ $(n \to \infty)$ が成り立つ．
$(\Leftarrow)$ $x_n \to \infty$ $(n \to \infty)$ を満たす $\{x_n\}_{n=1}^{\infty} \subset A$ をとる．背理法で議論する
ために A に上界 $M \in \mathbb{R}$ が存在したと仮定する．$\{x_n\}_{n=1}^{\infty}$ は ∞ に発散するこ

とから $M < x_n$ を満たす n が存在する．さらに $x_n \in A$ であるため上界 M の
性質に矛盾する．従って A は上に有界ではない． $\square$

【例題 1.14 (2) の別解】 $\mathbb{N} \subset (-2, \infty)$ であり，$x_n = n$ という数列を考えれ
ば $\lim_{n \to \infty} |x_n| = \infty$ であるから $(-2, \infty)$ は有界集合ではない． ■

問 1.6* 命題 1.15 (2), (3) を示せ．

問 1.7 次の $\mathbb{R}$ の部分集合が有界か否かを確かめよ．
(1) $\{n^{-1} \mid n \in \mathbb{N}\}$ (2) $(-\infty, 0]$ (3) $\mathbb{Q}$ (4) $\{(-1)^n n^{-1} \mid n \in \mathbb{N}\}$

── 定義 1.16 最大・最小，上限・下限 ──

(1) 実数 M は A の**最大元** $\overset{\text{def}}{\Longleftrightarrow}$ $M \in A$ かつ M は A の上界．

実数 m は A の**最小元** $\overset{\text{def}}{\Longleftrightarrow}$ $m \in A$ かつ m は A の下界．

(2) A の最大元を $\max A$，最小元を $\min A$ と書く．

(3) $\alpha \in \mathbb{R}$ が A の**上限**

$\overset{\text{def}}{\Longleftrightarrow}$ $\begin{cases} \alpha \text{ が } A \text{ の上界,} \\ \text{ある } \{a_n\}_{n=1}^{\infty} \subset A \text{ が存在して } \lim_{n \to \infty} a_n = \alpha. \end{cases}$

$\alpha \in \mathbb{R}$ が A の**下限**

$\overset{\text{def}}{\Longleftrightarrow}$ $\begin{cases} \alpha \text{ が } A \text{ の下界,} \\ \text{ある } \{a_n\}_{n=1}^{\infty} \subset A \text{ が存在して } \lim_{n \to \infty} a_n = \alpha. \end{cases}$

(4) A が上に有界ではないとき 上限は ∞ であるといい，下に有界でな
いとき 下限は $-\infty$ であるという．

(5) A の上限を $\sup A$，下限を $\inf A$ と書く．

(6) 数列 $\{a_n\}_{n=1}^{\infty}$ に対しては集合 $\{a_n \mid n \in \mathbb{N}\}$ について，最大元を
$\max_{n \in \mathbb{N}} a_n$，最小元を $\min_{n \in \mathbb{N}} a_n$，上限を $\sup_{n \in \mathbb{N}} a_n$，下限を $\inf_{n \in \mathbb{N}} a_n$ と書く．
$n \in \mathbb{N}$ を省略して $\max a_n, \min a_n, \sup a_n, \inf a_n$ とも書く．

　最大最小について，次の問 1.8 の内容を定義と考えてもよい．

問 1.8[*]　A を $\mathbb{R}$ の部分集合とする．次の同値性を確かめよ．

(1)　実数 M は A の最大元　$\Longleftrightarrow$　$M \in A$ かつ任意の $x \in A$ に対して $x \le M$

(2)　実数 m は A の最小元　$\Longleftrightarrow$　$m \in A$ かつ任意の $x \in A$ に対して $x \ge m$

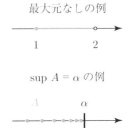

最大元なしの例

$\sup A = \alpha$ の例

　具体例の前に，最大元と最小元は存在しないときがあるが，上限と下限は常に存在するということを指摘しておく．厳密には実数の連続性から確かめられる（命題 1.27 を参照）．「上限と下限は，最大と最小よりも適用範囲が広い概念」である．

例題 1.17　次の集合の最大元，最小元，上限，下限を求めよ．

(1) $[1, 2]$　(2) $[-3, 5)$　(3) $(-\infty, 2)$

【解】　(1)　最大元は 2 である．実際，$2 \in [1, 2]$ かつ任意の $x \in [1, 2]$ に対して $x \le 2$ より正しい．上限については，任意の $x \in [1, 2]$ に対して $x \le 2$ かつ $a_n = 2$ という数列 $\{a_n\}_{n=1}^{\infty} \subset [1, 2]$ を考えれば $a_n \to 2$ $(n \to \infty)$ であるから 2 が上限である．最小元についても同様に，1 が最小元でかつ下限である．

注意 1.18　(1) の証明から $\max A, \min A$ が存在するならば，それらは $\sup A, \inf A$ と一致するすることがわかる．

(2)　最小元と下限については (1) と同様の議論で -3 であることを確かめられる．最大元は存在しないことを示す．背理法で示すために，ある $M \in [-3, 5)$ が上界であったと仮定すると，M と 5 の中点は $\dfrac{M+5}{2} \in [-3, 5)$ かつ $M < \dfrac{M+5}{2}$ を満たすため M は上界の性質を満たさない．従って最大元は存在しない．次に上限が 5 であることを示す．任意の $x \in [-3, 5)$ に対して $x \le 5$ が成り立ち，さらに，$a_n = 5 - n^{-1}$ とすれば $\{a_n\}_{n=1}^{\infty} \subset [-3, 5)$ かつ $a_n \to 5$ $(n \to \infty)$ を得る．従って上限は 5 である．

注意 1.19 (2) の証明から $\sup A \notin A$ であれば $\max A$ は存在しないことがわかる.

(3) 最大元が存在せず上限が 2 であることは (2) と同様の議論で確かめられる. 最小元が存在しないことを示す. $\{-n\}_{n=1}^{\infty} \subset (-\infty, 2)$ かつ $-n \to -\infty$ $(n \to \infty)$ が正しいため, 命題 1.15 (2) を適用すると $(-\infty, 2)$ は下に有界ではない. 従って特に集合 $(-\infty, 2)$ の元で下界であるものは存在しないため, 最小元は存在しない. さらに $(-\infty, 2)$ は下に有界ではないこともわかったため下限は $-\infty$ である. ■

注意 1.20 上限は常に存在するため, はじめに $\sup A$ を求めて, 「$\sup A \notin A$ ならば $\max A$ が存在しない」, 「$\sup A \in A$ ならば $\max A = \sup A$」(後の問 1.21 を参照) を用いて例題 1.17 に解答する方針もある. 下限についても同様である.

 具体例として区間 $[-3, 5)$ の上限と最大元で言えば, 5 について, 「$x \in [-3, 5)$ ならば $x \leq 5$」, 「$a_n = 5 - n^{-1}$ は $a_n \in [-3, 5)$ かつ $a_n \to 5$ $(n \to \infty)$」より $\sup[-3, 5) = 5$ である. さらに $5 \notin [-3, 5)$ であるから最大元は存在しない.

問 1.9 次の集合の最大元, 最小元, 上限, 下限を求めよ.

(1) $(1, 3]$ (2) $(-2, 1)$ (3) $\mathbb{N}$ (4) $\mathbb{Q}$ (5) $\left\{ 2 + \dfrac{(-1)^n}{n} \,\middle|\, n \in \mathbb{N} \right\}$

問 1.10 A, B は $\mathbb{R}$ の部分集合で $A \subset B$ を満たすとする. 次を示せ.
(1) $\sup A \leq \sup B$ (2) $\inf A \geq \inf B$

1.4 実数の連続性

 本節では 2 ページで導入した (4) 実数の連続性を解説する. 本節の内容が難しいと感じた場合は, まずは公理 1.21 を中心に大まかな内容に目を通して必要になったときに何度も読み返して理解を深めることをおすすめする.

 例として, 2 乗して 2 となる正数 $\sqrt{2}$ を考える. $\sqrt{2}$ の無限小数展開がわかっているものとして, 次の数列 $\{a_n\}_{n=1}^{\infty}$ を考える.

$$a_1 = 1, \quad a_2 = 1.4, \quad a_3 = 1.41, \quad a_4 = 1.414, \quad a_5 = 1.4142, \quad \cdots.$$

このとき $\{a_n\}_{n=1}^{\infty}$ は単調増加列であり $\lim_{n\to\infty} a_n = \sqrt{2}$ を期待するが，人間の寿命は限られているため紙に全てを書き出せた人はいない．より一般に，

$$\begin{cases} a_1 \text{ を 1 つの整数,} \\ a_{n+1} = a_n + \dfrac{b_n}{10^n} \ (n \in \mathbb{N}) \quad \text{ただし } b_n \text{ は 0 以上 9 以下の 1 つの整数} \end{cases}$$

により定義される有理数の数列 $\{a_n\}_{n=1}^{\infty}$ について，$\lim_{n\to\infty} a_n$ が実数を定めているのかどうかは自明な問題ではない．次の公理を設ける．

公理 1.21 実数の連続性

実数における有界な単調増加列（あるいは単調減少列）は，ある実数に収束する．

公理を設けることについて補足すると，有界単調列の極限 $\lim_{n\to\infty} a_n$ は存在するという前提で今後話を進めていく，ということである．実数はこうした性質を満たすものとして理解されている．上で導入した $\{a_n\}_{n=1}^{\infty}$ は，$a_1 \le a_n \le a_1 + 1$ かつ $a_n \le a_{n+1}$（単調増加）を満たしているため，公理 1.21 から $\{a_n\}_{n=1}^{\infty}$ は収束して $\lim_{n\to\infty} a_n$ を実数として認識できる．$\mathbb{R}$ の性質 (4) は公理 1.21 に記述されている性質が成り立つということである．さて，1.1 節で述べた実数を特徴付ける集合は以下であった．

$$A = \left\{ \lim_{n\to\infty} a_n \ \middle|\ \{a_n\}_{n=1}^{\infty} \text{ は有界な有理数からなる単調列} \right\}.$$

公理 1.21 より上の集合の $\lim_{n\to\infty} a_n$ は実数として存在している．ちなみに，有理数 a に対して $a_n = a$ という数列を考えれば $a = \lim_{n\to\infty} a_n$ と書けるので $a \in A$ である．一方で有理数ではない実数 a に対しては (1) の有理数の稠密性から $a \in A$ がわかる．なお，例として挙げた 2 乗して 2 となる実数 $\sqrt{2}$ の存在は，実数の連続性から導かれる後の中間値の定理（定理 2.20）や 2.3 節の逆関数によって理解できる．参考までに，$\sqrt{2}$ に収束する有理数列を漸化式によっ

て帰納的に構成できる（後の注意 3.64 を参照）.

公理 1.21 の典型的な応用例として，自然対数 e の導入方法を説明する.

例題 1.22 $\displaystyle\lim_{n\to\infty}\left(1+\frac{1}{n}\right)^n$ は実数の値として存在することを示せ.

【解】 $a_n = (1 + n^{-1})^n$ とおき，$\{a_n\}_{n=1}^{\infty}$ は有界な単調増加列であることを証明すれば実数の連続性の公理 1.21 より，証明が完了する. 二項定理を用いて a_n を以下のように書き直す.

$$a_n = \sum_{k=0}^{n} \frac{n(n-1)(n-2)\cdots(n-k+1)}{k!} \cdot 1^{n-k} \cdot \left(\frac{1}{n}\right)^k$$
$$= \sum_{k=0}^{n} \frac{1 \cdot (1-\frac{1}{n})(1-\frac{2}{n})\cdots(1-\frac{k-1}{n})}{k!}.$$

ここで，$j = 0, 1, 2, \ldots, k-1$ $(k = 0, 1, \ldots, n)$ に対して $1 - \dfrac{j}{n} \leq 1 - \dfrac{j}{n+1}$ が成り立つので，この不等式と $k = n+1$ の場合を加えることで次を得る.

$$a_n \leq \sum_{k=0}^{n} \frac{(1-\frac{1}{n+1})(1-\frac{2}{n+1})\cdots(1-\frac{k-1}{n+1})}{k!}$$
$$\leq \sum_{k=0}^{n+1} \frac{(1-\frac{1}{n+1})(1-\frac{2}{n+1})\cdots(1-\frac{k-1}{n+1})}{k!} = a_{n+1}.$$

従って $\{a_n\}_{n=1}^{\infty}$ は単調増加数列である. 次に有界性については，

$$1 - \frac{j}{n} \leq 1 \quad (0 \leq j \leq n-1), \qquad \frac{1}{k!} \leq \frac{1}{2^{k-1}} \quad (k \geq 2)$$

を適用することで，$n \geq 2$ のとき次が成り立つ.

$$0 \leq a_n = 1 + 1 + \sum_{k=2}^{n} \frac{1^k}{k!} \leq 2 + \sum_{k=2}^{n} \frac{1}{2^{k-1}} \leq 2 + \frac{1}{2} \cdot \frac{1}{1 - \frac{1}{2}} = 3.$$

従って $\{a_n\}_{n=1}^{\infty}$ は有界な単調列であるから証明が完了する. ■

定義 1.23　**ネイピア（Napier）数**

実数 e を $e = \lim_{n \to \infty} \left(1 + \dfrac{1}{n}\right)^n$ と定義する．e を**ネイピア数**とよぶ．

単調性と実数の連続性の公理に関連した例題を解く．

$\boxed{\text{例題 1.24}}$　$a_1 = \dfrac{1}{2}, a_{n+1} = a_n^2 - a_n + 1 \ (n \geq 1)$ により定まる a_n は，任意の n に対して $0 \leq a_n \leq 1$ を満たすことを示して，$\lim_{n \to \infty} a_n$ を求めよ．

【解】　漸化式の右辺に関連して $f(x) = x^2 - x + 1$ と

おき，$0 \leq a_n \leq 1$ を示す．$f(x) = \left(x - \dfrac{1}{2}\right)^2 + \dfrac{3}{4}$

により $f(x) \geq 0$ を得る．次に $0 \leq x \leq 1$ の場合，

$\left| x - \dfrac{1}{2} \right| \leq \dfrac{1}{2}$ であるから $f(x) \leq \left(\dfrac{1}{2}\right)^2 + \dfrac{3}{4} = 1$ と

なるため，$0 \leq x \leq 1$ ならば $0 \leq f(x) \leq 1$ が成り立

つ．$a_0 = \dfrac{1}{2}, a_2 = f(a_1)$ であるから $0 \leq a_2 \leq 1$，さ

らに $0 \leq a_n \leq 1$ ならば $0 \leq a_{n+1} \leq 1$ を得る．帰納法により任意の n に対し

て $0 \leq a_n \leq 1$ を得る．

　次に $\{a_n\}_{n=1}^{\infty}$ が単調列であることは $a_{n+1} - a_n = a_n^2 - 2a_n + 1 = (a_n - 1)^2 \geq 0$ より正しい．従って公理 1.21 より a_n は収束する．その極限を α とし

て漸化式について $n \to \infty$ の極限をとると次の方程式を得る．

$$\alpha = \alpha^2 - \alpha + 1, \quad (\alpha - 1)^2 = 0.$$

以上から $\lim_{n \to \infty} a_n = 1$ である．　　　　　　　　　　　　　■

問 **1.11**　$a_1 = \dfrac{3}{2}, a_{n+1} = -a_n^2 + 3a_n - 1 \ (n \geq 1)$ により定まる a_n は，任意の n

に対して $1 \leq a_n \leq \dfrac{3}{2}$ を満たすことを示して，$\lim_{n \to \infty} a_n$ を求めよ．

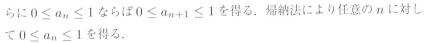

• 実数の連続性と同値な命題

公理 1.21 から導かれる実数の性質として，定理 1.25，命題 1.27，定理 1.29 を述べる．公理 1.21 と同値ではあるが同値性の証明は省略する．

定理 1.25 **ボルツァーノ–ワイエルシュトラス（Bolzano-Weierstrass）の定理**

有界な実数列 $\{a_n\}_{n=1}^{\infty}$ は，ある収束部分列 $\{a_{n_k}\}_{k=1}^{\infty} \subset \{a_n\}_{n=1}^{\infty}$ を含む．

注意 1.26 A が $\{a_n\}_{n=1}^{\infty}$ の**部分列**であるとは，単調増加な番号の列 $\{n_k\}_{k=1}^{\infty} \subset \mathbb{N}$ が存在して $A = \{a_{n_k}\}_{k=1}^{\infty}$ となることである．

[証明の方針] 区間を縮小していき，単調列を見い出すことから始める．有界性の仮定から，次を満たすような実数 b_1, c_1 が存在する．

$$任意の n に対して b_1 \leq a_n \leq c_1.$$

閉区間 $[b_1, c_1]$ を半分に分けて無限個の a_n が存在する区間を $[b_2, c_2]$，同様に $[b_2, c_2]$ を半分に分けて無限個の a_n が存在する区間を $[b_3, c_3]$ とする．この操作を繰り返すと以下を満たす有界単調列 $\{b_k\}_{k=1}^{\infty}$, $\{c_k\}_{k=1}^{\infty}$ を得る．

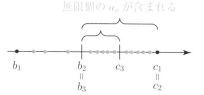

右半分を選んで $[b_2, c_2]$，左半分を選んで $[b_3, c_3]$ が決まる場合の例

$$b_1 \leq b_2 \leq \cdots \leq b_k \leq \cdots \leq c_k \leq \cdots \leq c_2 \leq c_1, \quad b_k - c_k = \frac{c_1 - b_1}{2^{k-1}}.$$

従って公理 1.21 より b_k, c_k は収束列であり，さらに極限は一致する．次に各区間 $[b_k, c_k]$ に含まれる $\{a_n\}_{n=1}^{\infty}$ の要素を 1 つ選びそれを a_{n_k} とすれば，はさみうちの原理と $b_k \leq a_{n_k} \leq c_k$ から収束部分列 $\{a_{n_k}\}_{k=1}^{\infty}$ を得る． □

命題 1.27 **上限・下限の存在**

A を $\mathbb{R}$ の有界集合とする．次を示せ．

(1) A の上界のうち最小のものは存在して，それは $\sup A$ と等しい．

(2) A の下界のうち最大のものが存在して，それは $\inf A$ と等しい．

[証明の方針]　(1) のみ示す. A の要素の 1 つを a_1, A の上界の 1 つを b_1 とし, 区間 $[a_1, b_1]$ を次の手順で帰納的に縮小していく. 区間 $[a_n, b_n]$ が定まっているとして区間 $[a_{n+1}, b_{n+1}]$ を次を満たすように定める.

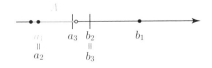

(ii) で $[a_2, b_2]$. (i) で $[a_3, b_3]$ が決まる場合の例

$$\begin{cases} \text{(i)}\ A \cap \left[\dfrac{a_n + b_n}{2}, b_n\right] \neq \emptyset\ \text{ならば}\ [a_{n+1}, b_{n+1}] = \left[\dfrac{a_n + b_n}{2}, b_n\right], \\[3mm] \text{(ii)}\ A \cap \left[\dfrac{a_n + b_n}{2}, b_n\right] = \emptyset\ \text{ならば}\ [a_{n+1}, b_{n+1}] = \left[a_n, \dfrac{a_n + b_n}{2}\right]. \end{cases}$$

もし, すべての n に対して (i) のみがおこる場合は b_1 が A の上限であることを確かめられる. (ii) のみがおこる場合は a_1 が A の上限であることを確かめられる. (i), (ii) が両方おこる場合は, すべての n に対して

$$a_n \leq a_{n+1}, \quad b_{n+1} \leq b_n, \quad b_n - a_n = \frac{b_1 - a_1}{2^{n-1}},$$

$$[a_n, b_n] \cap A \neq \emptyset, \quad A \cap (b_n, \infty) = \emptyset$$

が成り立つことを用いる. 従って, 公理 1.21 より $\{a_n\}_{n=1}^\infty, \{b_n\}_{n=1}^\infty$ は収束して同一の極限 α をもつ. さらに A に含まれる数列で極限が α であるものが存在する. このとき α は A の上限であることを確かめられる.　□

定義 1.28

$\{a_n\}_{n=1}^\infty$ が **コーシー列**

$\overset{\text{def}}{\Longleftrightarrow}$ 任意の $\varepsilon > 0$ に対して次が成り立つ $N_\varepsilon \in \mathbb{N}$ が存在する.

$$n, m \geq N_\varepsilon\ \text{ならば}\ |a_n - a_m| < \varepsilon.$$

この条件を **コーシー条件** とよぶ.

定理 1.29

コーシー列は収束列である.

注意 1.30　コーシー条件は, 1.1 節に少しだけ話題に出した有理数の集合をもとに実

数の性質をもつ集合を特徴付ける完備化という手続きで必要になる．他の応用例としては，収束性のみの証明（ある実数に収束することはわかるが，値は不明）がある．

問 1.12 定理 1.29 を証明せよ．（ヒント：$\varepsilon = \varepsilon_n = n^{-1}$ $(n \in \mathbb{N})$ に対してコーシー列の定義を用いて，単調列 $b_n = \sup\limits_{k \geq N_{\varepsilon_n}} a_k,\, c_n = \inf\limits_{k \geq N_{\varepsilon_n}} a_k$ $(n \in \mathbb{N})$ を見い出す）

定理 1.29 の証明は実数の連続性が必要である．逆に「収束列はコーシー列」の証明には実数の連続性は必要なく，比較的容易に証明できるため問とする．

問 1.13 収束する実数の数列はコーシー列であることを証明せよ．

1.5 上極限と下極限

数列の極限は存在する場合と存在しない場合がある．一方，$n \to \infty$ のときに大きい値のみ，あるいは，小さい値のみを考慮した極限として，上極限，下極限という概念があり，これらは常に存在する．

定義 1.31 上極限と下極限

$\{a_n\}_{n=1}^{\infty}$ を実数の数列とする．

(1) $\lim\limits_{n \to \infty} \sup\limits_{k \geq n} a_k$ を**上極限**とよび，$\limsup\limits_{n \to \infty} a_n$ と書く．

(2) $\lim\limits_{n \to \infty} \inf\limits_{k \geq n} a_k$ を**下極限**とよび，$\liminf\limits_{n \to \infty} a_n$ と書く．

例題 1.32 $\limsup\limits_{n \to \infty} (-1)^n,\ \liminf\limits_{n \to \infty} (-1)^n$ を求めよ．

【解】 任意の自然数 n に対して，$\sup\limits_{k \geq n} (-1)^k = 1$ より $\limsup\limits_{n \to \infty} (-1)^n = 1$. 同様に，$\inf\limits_{k \geq n} (-1)^k = -1$ より $\liminf\limits_{n \to \infty} (-1)^n = -1$. ∎

問 1.14 次の上極限と下極限を求めよ．

(1) $\limsup\limits_{n \to \infty} (-1)^n e^{-n}$ (2) $\liminf\limits_{n \to \infty} (-1)^n \dfrac{n}{n+1}$ (3) $\limsup\limits_{n \to \infty} n \sin \dfrac{n\pi}{2}$

定理 1.33

実数の数列 $\{a_n\}_{n=1}^{\infty}$ に対して，次が成り立つ．

(1) $\displaystyle\liminf_{n\to\infty} a_n, \limsup_{n\to\infty} a_n$ は，実数，$\pm\infty$ のいずれかである．

(2) $\displaystyle\liminf_{n\to\infty} a_n \leq \limsup_{n\to\infty} a_n$.

(3) $\displaystyle\lim_{n\to\infty} a_n$ が存在するならば，$\displaystyle\lim_{n\to\infty} a_n = \limsup_{n\to\infty} a_n = \liminf_{n\to\infty} a_n$.

[**定理 1.33 (1), (2) の証明**]　(1)　上極限に対する主張を示す．まず $\{a_n\}_{n=1}^{\infty}$ が上に有界ではないとき，ある部分列 $\{a_{n_l}\}_{l=1}^{\infty} \subset \{a_n\}_{n=1}^{\infty}$ が存在して $a_{n_l} \to \infty\ (l \to \infty)$ が成り立つため，任意の自然数 n に対して $\displaystyle\sup_{k \geq n} a_k = \infty$ である．従ってこのとき，$\displaystyle\limsup_{n\to\infty} a_n = +\infty$.

次に $\{a_n\}_{n=1}^{\infty}$ は上に有界である場合を考える．上限の定義から数列 $\left\{\displaystyle\sup_{k \geq n} a_k\right\}_{n=1}^{\infty}$ は単調減少数列である．従って，数列 $\left\{\displaystyle\sup_{k \geq n} a_k\right\}_{n=1}^{\infty}$ が下に有界な数列ならば公理 1.21 より極限 $\displaystyle\lim_{n\to\infty}\sup_{k \geq n} a_k$ は実数として定まる．下に有界でなければ $\displaystyle\lim_{n\to\infty}\sup_{k \geq n} a_k = -\infty$ である．以上から上極限の存在が証明された．下極限については，$\{-a_n\}_{n=1}^{\infty}$ に対する上極限の存在と同値である．

(2)　上限と下限の定義から，任意の自然数 n に対して $\displaystyle\inf_{k \geq n} a_k \leq \sup_{k \geq n} a_k$ が成り立つため，この不等式で $n \to \infty$ とすれば $\displaystyle\liminf_{n\to\infty} a_n \leq \limsup_{n\to\infty} a_n$. $\square$

問 1.15　定理 1.33 (3) を示せ．

1.6　厳密な理解のために：ε 論法

本書で扱う収束性の議論の多くは，注意 1.2 にある直観的な記述で理解できると思うが，数学的な厳密性という意味では「大きく」や「限りなく」はどの程度なのか曖昧である．ここでは，定義 1.1 の収束性に対する理解を深めるた

め，収束性の同値な言い換えとそれに関連した話題を解説する．後半ではこう
した記述の練習問題を解く．

命題 1.34

$\displaystyle\lim_{n\to\infty} a_n = \alpha$ と次は同値である．

任意の $\varepsilon > 0$ に対してある $N_\varepsilon \in \mathbb{N}$ が存在して $\displaystyle\sup_{n \geq N_\varepsilon} |a_n - \alpha| < \varepsilon$.

命題 1.34 が正しい理由は，定義 1.1 の $|a_n - \alpha| < \varepsilon$ の左辺について，$n \geq N_\varepsilon$ の上限を考えるためである．$\displaystyle\lim_{N\to\infty} \sup_{n \geq N} |a_n - \alpha| = 0$ とも同値である．

例題 1.35 $\displaystyle\lim_{n\to\infty} \frac{1}{n} = 0$ を証明せよ．

【解】 $a_n = n^{-1}$ とし，2 つの方法で証明を説明する．任意の $\varepsilon > 0$ を固定する．

（定義 1.1 による解答）「$n \geq N_\varepsilon$ ならば $|a_n - 0| < \varepsilon$」が成り立つような $N_\varepsilon \in \mathbb{N}$ を見い出せばよい．$N_\varepsilon > \varepsilon^{-1}$ を満たす $N_\varepsilon \in \mathbb{N}$ を 1 つ選ぶ．このとき $n \geq N_\varepsilon$ ならば $|a_n| \leq a_{N_\varepsilon} = N_\varepsilon^{-1} < \varepsilon$ が成り立つ．

（命題 1.34 の特徴付けを用いた解答）$|a_n - 0| = a_n$, $a_n \geq a_{n+1}$ より自然数 N に対して $\displaystyle\sup_{n \geq N} |a_n - 0| \leq a_n = \frac{1}{N}$ が成り立つ．$N > \varepsilon^{-1}$ を満たす自然数 $N = N_\varepsilon$ を 1 つとることで $\displaystyle\sup_{n \geq N} |a_n - 0| < \varepsilon$ を得る． ∎

上の証明では，N_ε を選ぶときにアルキメデス（Archimedes）の原理を適用する必要がある．これは実数の連続性から示される．

定理 1.36 アルキメデスの原理

自然数全体の集合 $\mathbb{N}$ は上に有界ではない．

[証明] 命題 1.15 を用いると $\mathbb{N}$ は上に有界ではないことがわかる． □

問 **1.16***　$\displaystyle\lim_{n\to\infty}\frac{1}{n^2+1}=0$ を証明せよ.

注意 1.37　定義 1.1 で添字 ε を書いた文字 N_ε を使う理由は, 通常 ε の小ささに応じて番号 N_ε を大きくとることが想定されるためである. 直観的に N_ε は, 収束のスピードが速ければ大きくなくてもよいが, 収束のスピードが遅ければ大きくとらなければならない. 例えば, $a_n=n^{-1}$ ならば $N_\varepsilon>\varepsilon^{-1}$, $a_n=n^{-2}$ ならば $N_\varepsilon>\varepsilon^{-\frac{1}{2}}$.

$\boxed{\text{例題 1.38}}$　$\displaystyle\lim_{n\to\infty}2^n=\infty$ を証明せよ.

【解】　二項定理より $2^n=(1+1)^n\geq n$ が成り立つ. 任意の $M>0$ に対してアルキメデスの原理（定理 1.36）から $N_M>M$ を満たす $N_M\in\mathbb{N}$ をとることができる. 従って $n\geq N_M$ ならば $2^n\geq N_M>M$ を得る. ■

　次は収束列の平均に関する典型的な問題である.

$\boxed{\text{例題 1.39}}$　$\displaystyle\lim_{n\to\infty}a_n=\alpha$ ならば $\displaystyle\lim_{n\to\infty}\frac{a_1+a_2+\cdots+a_n}{n}=\alpha$ を示せ.

【解】　左辺と右辺の差を次のように書き直す.
$$\frac{a_1+a_2+\cdots+a_n}{n}-\alpha=\frac{(a_1-\alpha)+(a_2-\alpha)+\cdots+(a_n-\alpha)}{n}.$$
$\varepsilon>0$ を任意にとる. このとき, $\displaystyle\lim_{n\to\infty}a_n=\alpha$ より「$n\geq N_1$ ならば $|a_n-\alpha|<\varepsilon$」を満たすような $N_1\in\mathbb{N}$ が存在する. 従って番号 n が N_1 以降のとき,
$$\left|\frac{(a_{N_1}-\alpha)+(a_{N_1+1}-\alpha)+\cdots+(a_n-\alpha)}{n}\right|\leq\frac{\varepsilon}{n}\cdot(n-N_1+1)\leq\varepsilon.$$
一方で, 番号が N_1 未満のものについては, $n^{-1}\to0$ $(n\to\infty)$ および $(a_1-\alpha)+(a_2-\alpha)+\cdots+(a_{N_1-1}-\alpha)$ が定数であることから,
$$n\geq N_2\ \text{ならば}\ \left|\frac{(a_1-\alpha)+(a_2-\alpha)+\cdots+(a_{N_1-1}-\alpha)}{n}\right|<\varepsilon$$
を満たす $N_2\in\mathbb{N}$ が存在する. 以上から $N=\max\{N_1,N_2\}$ とすれば
$$n\geq N\ \text{ならば}\ \left|\frac{a_1+a_2+\cdots+a_n}{n}-\alpha\right|<\varepsilon\cdot2=2\varepsilon.$$
上式最右辺について, $\varepsilon>0$ は任意であったため, $\widetilde{\varepsilon}=2\varepsilon$ としたとき, $\widetilde{\varepsilon}$ を任意

の正数として議論できる．従って $\displaystyle \lim_{n \to \infty} \frac{a_1 + a_2 + \cdots + a_n}{n} = \alpha$ を得る．∎

命題 1.34 と同様に，コーシー条件（定義 1.28 を参照）は $\displaystyle \lim_{N \to \infty} \sup_{n,m \geq N} |a_n - a_m| = 0$ と同値である．

── 定理 1.40 ──

$\{a_n\}_{n=1}^{\infty}$ がコーシー列であることと次は同値である．

任意の $\varepsilon > 0$ に対してある $N_\varepsilon \in \mathbb{N}$ が存在して $\displaystyle \sup_{n,m \geq N_\varepsilon} |a_n - a_m| < \varepsilon$.

定理 1.4 (2) の証明で用いた有界性を示しておく．

── 命題 1.41 ──

収束列 $\{a_n\}_{n=1}^{\infty}$ は有界な数列である．

[証明]　極限を α, $\varepsilon = 1$ とおく．$\{a_n\}_{n=1}^{\infty}$ の収束性から，「任意の $n \geq N$ に対して $|a_n - \alpha| < 1$」を満たす $N \in \mathbb{N}$ が存在する．ここで，$|a_n - \alpha| < 1$ から $|a_n| \leq |\alpha| + 1$ を得る．従って，

$$n \geq N \text{ ならば } |a_n| \leq |\alpha| + 1.$$

一方，$1 \leq n \leq N - 1$ のときは有限個の a_n を考えることで

$$\text{任意の自然数 } n \text{ に対して } |a_n| \leq \max\left\{|\alpha| + 1, |a_1|, |a_2|, \ldots, |a_{N-1}|\right\},$$

が成り立つ．右辺は 1 つの実数であるから $\{a_n\}_{n=1}^{\infty}$ の有界性が示された．□

問 **1.17**[*]　コーシー列は有界な数列であることを示せ．

● 厳密な記述の練習

問 **1.18**　実数 a が「任意の $\varepsilon > 0$ に対して $a \leq \varepsilon$」を満たすならば，$a \leq 0$ を示せ．

問 1.19*　(1)　$\displaystyle \lim_{n\to\infty} a_n = \infty$ と $\displaystyle \lim_{n\to\infty} \inf_{k\geq n} a_k = \infty$ の同値性を確かめよ.

(2)　$\displaystyle \lim_{n\to\infty} a_n = -\infty$ と $\displaystyle \lim_{n\to\infty} \sup_{k\geq n} a_k = -\infty$ の同値性を確かめよ.

問 1.20*　A を $\mathbb{R}$ に含まれる空でない集合とし, $\max A$ が存在するものとする. このとき $\max A = \sup A$ が成り立つことを示せ.

問 1.21*　A を $\mathbb{R}$ に含まれる空でない集合とする. 次を示せ.

(1)　$\sup A \in A$ ならば $\max A = \sup A$

(2)　$\sup A \notin A$ ならば $\max A$ は存在しない.

問 1.22*　A を $\mathbb{R}$ の上に有界な集合とする. α が A の上限であることと次の (i), (ii) を同時に満たすことが同値であることを示せ.

$$\begin{cases} \text{(i) 任意の } a \in A \text{ に対して } a \leq \alpha. \\ \text{(ii) 「}\alpha \in A\text{」または「ある } \{a_n\}_{n=1}^{\infty} \subset A \text{ が存在して } \displaystyle\lim_{n\to\infty} a_n = \alpha\text{」}. \end{cases}$$

問 1.23*　数列 $\{a_n\}_{n=1}^{\infty}$ が収束するならば, その極限は一意であることを示せ.

● 厳密な記述の練習（否定命題）

収束（定義 1.1）の否定に対する理解を目標とする. まず,

「$a_n \geq 0$」の否定は「$a_n < 0$」　には曖昧な点がある

を指摘しておく. 数学の文章では数式に現れる文字を全て説明する必要があるため, この例で言えば「$a_n \geq 0$ が成立」についてどのような n が許されるのかを記述しなければならない. 「常に」という情報を加えると

「常に $a_n \geq 0$」の否定は「$a_n < 0$ の場合がありうる」

である. 否定の文章「$a_n < 0$ の場合がありうる」は, $a_n < 0$ を満たす n としてどのような n が許されるかは不明だが, こうした n が存在することを意味する文章である. 数学で使う書き方にすると

「任意の $n \in \mathbb{N}$ に対して $a_n \geq 0$」の否定は「ある $n \in \mathbb{N}$ が存在して $a_n < 0$」

となる. ここで「任意の」は「すべての」と思って差し支えない. ちなみに「ある $n \in \mathbb{N}$ が存在して」を「ある $n \in \mathbb{N}$ に対して」としてもよいが, 特定の n を

考える場合は「存在」という言葉をよく使う．この様に，数学の文章では「任意（いつでも成り立つことなのか）」と「ある（特定の場合には成り立つことなのか）」の違いに注意して記述する必要がある．

　もう一度否定を考えると，はじめの命題に戻る．つまり，

$$\text{「}a_n < 0 \text{ の場合がありうる」の否定は「常に } a_n \geq 0\text{」}$$

「ある $n \in \mathbb{N}$ が存在して $a_n < 0$」の否定は「任意の $n \in \mathbb{N}$ に対して $a_n \geq 0$」である．なお，これらの否定において，「$n \in \mathbb{N}$（n が自然数であること）」は否定しないので注意しておく．否定命題を書くときの基本をまとめる．

・否定命題の作り方

(1)　「任意の $\cdots$ に対して」と「ある $\cdots$ が存在して」を入れ替える．

(2)　「かつ」と「または」を入れ替える．

(3)　結論の主張や式が成り立たないことを書く．

| 例題 1.42 | α を実数とする．$\displaystyle\lim_{n\to\infty} a_n \neq \alpha$ と次の同値性を確かめよ．

　　次を満たす $\varepsilon > 0$ が存在する．

　　任意の $N \in \mathbb{N}$ に対して，ある $n \geq N$ が存在して，$|a_n - \alpha| \geq \varepsilon$.

【解】　収束（定義 1.1）について，否定命題の作り方 (1), (3) より，「ある $\varepsilon > 0$ が存在して」で文章を始める．それ以降の否定のため，次のように文章を区切る．

ある $N \in \mathbb{N}$ が存在して，$\underbrace{\text{任意の } n \geq N \text{ に対して，}\overbrace{|a_n - \alpha| < \varepsilon}^{P_3} \text{ が成り立つ}}_{P_2}$

$$P_1$$

P_1 を用いて，収束の否定を次のように書き換える．

$$\lim_{n\to\infty} a_n \neq \alpha \iff \text{「任意の } \varepsilon > 0 \text{ に対して } P_1\text{」が不成立}$$

$$\iff \text{ある } \varepsilon > 0 \text{ が存在して } P_1 \text{ が不成立}$$

「P_k が不成立」（$k = 1, 2, 3$）について，否定命題の作り方より，

$$P_1 \text{ が不成立} \iff \text{任意の } N \in \mathbb{N} \text{ に対して } P_2 \text{ が不成立}$$

$$P_2 \text{ が不成立} \iff \text{ある } n \geq N \text{ が存在して } P_3 \text{ が不成立}$$

$$P_3 \text{ が不成立} \iff |a_n - \alpha| \geq \varepsilon \text{ が成立}$$

を得る．以上をまとめて例題 1.42 の主張が確かめられる． ■

収束性の否定を点列で記述することもできる．

命題 1.43　収束性の否定

α を実数とする．$\displaystyle\lim_{n \to \infty} a_n \neq \alpha$ と，次を満たす $\varepsilon > 0$, $\{n_k\}_{n=1}^{\infty}$ が存在することは同値である．

$$n_k \to \infty \ (k \to \infty) \text{ かつ } |a_{n_k} - \alpha| \geq \varepsilon.$$

命題 1.43 の証明の方針のみ述べる．$\displaystyle\lim_{n \to \infty} a_n \neq \alpha$ とは，「任意の $N \in \mathbb{N}$ に対して，ある n_n $(n_n \geq N)$ が存在して $|a_{n_n} - \alpha| \geq \varepsilon$」を満たす $\varepsilon > 0$ が存在することである．a_{n_n} と命題 1.43 の a_{n_k} をうまく関連付ければよい．

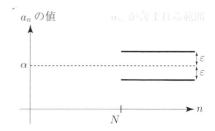

問 1.24[*]　(1)　命題 1.43 を示せ．

(2)　$\{a_n\}_{n=1}^{\infty}$ がコーシー列であることの否定と同値な命題を書け．

問 1.25[*]　$a_n = (-1)^n$ とする．

(1)　a_n は 0 に収束しないことを示せ．　(2)　a_n は収束列ではないことを示せ．

第 1 章　章末問題

1.1 次の極限を求めよ.

(1) $\displaystyle\lim_{n\to\infty}\frac{4^n+n^2}{(2^n+1)^2}$　　(2) $\displaystyle\lim_{n\to\infty}\left(\sqrt{n+1}-\sqrt{n}\right)$　　(3) $\displaystyle\lim_{n\to\infty}\frac{n^n}{(n+3)^n}$

(4) $\displaystyle\lim_{n\to\infty}\left(1-\frac{1}{n}\right)^n$　　(5) $\displaystyle\lim_{n\to\infty}\sqrt[3]{n+1}-\sqrt[3]{n}$　　(6) $\displaystyle\lim_{n\to\infty}\frac{a^n}{n!}$　$(a>1)$

(7) $\displaystyle\limsup_{n\to\infty}(-1)^n e^n$　　(8) $\displaystyle\liminf_{n\to\infty}\cos\frac{n\pi}{5}$　　(9) $\displaystyle\limsup_{n\to\infty}\sin n$

1.2　(1)　$\left\{\dfrac{n}{n+1}\right\}_{n=1}^{\infty}$ の上限と下限を求めよ.

(2)　$\left\{\dfrac{-3n+1}{2n-9}\right\}_{n=1}^{\infty}$ の最大元と最小元を求めよ.

1.3　$a_{n+1}=\dfrac{5a_n+4}{a_n+3}$ を満たす数列 $\{a_n\}_{n=1}^{\infty}$ について, 次の問に答えよ.

(1)　$a_1=4$ のとき, $\{a_n\}_{n=1}^{\infty}$ は単調減少であることを示せ.

(2)　$a_1=2$ とする. このとき, $\{a_n\}_{n=1}^{\infty}$ は単調増加であることを示せ.

(3)　$a_1=2$ のとき, 極限 $\displaystyle\lim_{n\to\infty}a_n$ を求めよ.

(4)　$a_1<1-\sqrt{5}$ のとき, 極限 $\displaystyle\lim_{n\to\infty}a_n$ を求めよ.

1.4　$a_{n+1}=\dfrac{-5a_n+3}{a_n-3}$ を満たす数列 $\{a_n\}_{n=1}^{\infty}$ を考える. このとき, 初項 a_1 に関して, 収束する場合と発散を分類せよ.

1.5　a を 0 以上の実数とする. 任意の $\varepsilon>0$ に対して $a<\varepsilon$ が成り立つならば, $a=0$ であることを示せ.

1.6　α を実数とし, $\{a_n\}_{n=1}^{\infty}$ は $\displaystyle\lim_{n\to\infty}a_n=\alpha$ を満たすとする. このとき, $\displaystyle\lim_{n\to\infty}|a_n|=|\alpha|$ を示せ.

1.7[*]　収束列 $\{a_n\}_{n=1}^{\infty}$ に対して $\displaystyle\lim_{n\to\infty}\frac{a_1+2a_2+\cdots+na_n}{1+2+\cdots+n}=\lim_{n\to\infty}a_n$ を示せ.

1.8[*]　α を実数とし, $\{a_n\}_{n=1}^{\infty}$ は $\displaystyle\lim_{n\to\infty}(a_{n+1}-a_n)=\alpha$ を満たすとする. このと

き，$\displaystyle\lim_{n\to\infty}\frac{a_n}{n}=\alpha$ を示せ．

1.9　数列 $\{a_n\}_{n=1}^{\infty},\{b_n\}_{n=1}^{\infty}$ は，$0\le a_1\le b_1,\ a_{n+1}=\sqrt{a_nb_n},\ b_{n+1}=\dfrac{a_n+b_n}{2}$

を満たすとする．次の問に答えよ．

(1)　すべての自然数 n に対して $a_n\le b_n$ が成り立つことを示せ．

(2)　$\{a_n\}_{n=1}^{\infty},\{b_n\}_{n=1}^{\infty}$ は収束し，$n\to\infty$ のとき同一の極限をもつことを示せ．

1.10*　数列 $\{a_n\}_{n=1}^{\infty}$ の収束について，(1) と (2) の同値性を示せ．α を実数とする．

(1)　任意の $\varepsilon>0$ に対して，次を満たす $N\in\mathbb{N}$ が存在する．

$$n\ge N\quad\text{ならば}\quad |a_n-\alpha|<\varepsilon.$$

(2)　任意の $m\in\mathbb{N}$ に対して，次を満たす $N\in\mathbb{N}$ が存在する．

$$n\ge N\quad\text{ならば}\quad |a_n-\alpha|<\frac{1}{m}.$$

1.11*　$\{a_n\}_{n=1}^{\infty}$ が α に収束することと次は同値であることを示せ．

任意の $\varepsilon\in(0,1)$ に対して次を満たす自然数 N が存在する．

$$n\ge N\text{ ならば }|a_n-\alpha|<\varepsilon.$$

第2章

1変数の連続関数

　関数に対する有界性，最大・最小，上限・下限，極限の導入から始めて，中間値の定理，最大と最小の存在定理を示す．これらは1章の実数の連続性をもとに導かれる性質であり，3章以降への準備である．さらに逆関数と初等関数の導入方法を解説する．初等関数の多くは高校で習う関数である．

2.1　基 本 的 事 項

　本章で扱う関数は，I を定義域とする実数値関数（1つの $x \in I$ に対して1つの実数が決まる対応）とする．ただし，I は $\mathbb{R}$ または $\mathbb{R}$ に含まれる区間とし，**定義域**とは変数が動く範囲のことである．

　関数に対する有界性，最大・最小，上限・下限，収束と発散，極限を導入する．収束・発散については1章と類似性があるが，数列では $n \to \infty$ の極限を考える一方で，関数では $x \to a$（a は実数）または $x \to \pm\infty$ を考える．

定義 2.1　関数の有界性，最大・最小，上限・下限

(1)　関数 f に対する**上界**，**下界**，上（下）に有界であること，**有界**であることを f の値からなる集合 $\{f(x) \mid x \in I\}$ に対する上界，下界，有界性によって定義する．有界である関数を**有界関数**とよぶ．

(2)　関数 f の**最大値**，**最小値**，**上限**，**下限**を，集合 $\{f(x) \mid x \in I\}$ に対する最大元，最小元，上限，下限によって定義する．

(3)　関数 f に対して，最大値を $\max\limits_{x \in I} f(x)$，最小値を $\min\limits_{x \in I} f(x)$，上限を $\sup\limits_{x \in I} f(x)$，下限を $\inf\limits_{x \in I} f(x)$ と書く．$x \in I$ を省略して

$\max f, \min f, \sup f, \inf f$ とも書く.

以下の問では，関数の値に着目して定義 2.1 を書き換える．これらを定義として考えてもよい．

問 2.1* 定義 2.1 で導入した用語について次の同値性を確かめよ.

(1) f が上に有界 $\iff$ ある $M > 0$ が存在して任意の $x \in I$ に対して $|f(x)| \le M$ が成り立つ

(2) M が f の最大値 $\iff$ ある $x_0 \in I$ が存在して，任意の $x \in I$ に対して $f(x) \le f(x_0)$ が成り立つ

(3) m が f の最小値 $\iff$ ある $x_0 \in I$ が存在して，任意の $x \in I$ に対して $f(x_0) \le f(x)$ が成り立つ

(4) α が f の上限 $\iff$ 任意の $x \in I$ に対して $f(x) \le \alpha$, かつ, $f(x_n) \to \alpha$ $(n \to \infty)$ を満たす $\{x_n\}_{n=1}^{\infty} \subset I$ が存在する

(5) α が f の下限 $\iff$ 任意の $x \in I$ に対して $f(x) \ge \alpha$, かつ, $f(x_n) \to \alpha$ $(n \to \infty)$ を満たす $\{x_n\}_{n=1}^{\infty} \subset I$ が存在する

$\boxed{\text{例題 2.2}}$ 次の関数の有界性，最大値，最小値，上限，下限を明らかにせよ.

(1) $f(x) = 2x + 1 \;\; (0 \le x < 1)$

(2) $f(x) = \dfrac{1}{x} \;\; (0 < x < \infty)$

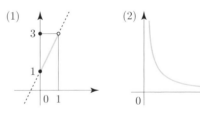

【解】 (1) $\{f(x) \mid 0 \le x < 1\} = [1, 3)$ より，f は有界で最大値は存在しない，最小値は 1，上限は 3，下限は 1 である．

(2) $\{f(x) \mid 0 < x < \infty\} = (0, \infty)$ であるから，f は下に有界だが上に有界ではない，最大値と最小値は存在しない，上限は ∞，下限は 0 である． ■

問 2.2　次の関数の有界性, 最大値, 最小値, 上限, 下限を明らかにせよ.

(1) $f(x) = 3x$ $(-1 \leq x \leq 1)$　　(2) $f(x) = \dfrac{x}{x-1}$ $(-10 \leq x < 1)$

定義 2.3　関数の収束と極限

a, l を実数とする.

(1)　f は $x \to a$ のとき l に**収束**する.

$\overset{\text{def}}{\Longleftrightarrow}$ 任意の $\varepsilon > 0$ に対して次を満たす $\delta > 0$ が存在する.

$$x \neq a \text{ かつ } |x - a| < \delta \text{ ならば } |f(x) - l| < \varepsilon.$$

このとき, $\displaystyle\lim_{x \to a} f(x) = l$ と書き, l を**極限**とよぶ.

(2)　f は $x \to a + 0$ (または $x \to a - 0$) のとき l に**収束**することを, (1) の x の範囲を「$x > a$ (または $x < a$) かつ $|x - a| < \delta$」と置き換えた条件が成り立つことと定義する. このとき, $\displaystyle\lim_{x \to a+0} f(x) = l$ (または $\displaystyle\lim_{x \to a-0} f(x) = l$) と書き, l を**右極限** (または**左極限**) とよぶ. また極限を表す記号を $\displaystyle\lim_{x > a, \, x \to a}$, $\displaystyle\lim_{x < a, \, x \to a}$ とも書く.

(3)　f は $x \to \infty$ (または $x \to -\infty$) のとき l に**収束**する.

$\overset{\text{def}}{\Longleftrightarrow}$ 任意の $\varepsilon > 0$ に対して次を満たす $L_\varepsilon > 0$ が存在する.

$$x \geq L_\varepsilon \text{ (または } x \leq -L_\varepsilon) \text{ ならば } |f(x) - l| < \varepsilon.$$

このとき, $\displaystyle\lim_{x \to \infty} f(x) = l$ (または $\displaystyle\lim_{x \to -\infty} f(x) = l$) と書き, l を**極限**とよぶ.

(4)　上の極限について $f(x) \to l$ $(x \to a)$ とも記述する (a は $a \pm 0, \pm\infty$ にも置き換えられる).

(5)　$a \in \mathbb{R}, \delta > 0$ に対して集合 $\{x \mid |x - a| < \delta\}$ を a の**近傍**または δ 近傍とよぶ.

注意 2.4 注意 1.2 と同様に定義 2.3 (1) の関数の
収束を直観的に記述すると，「x $(x \neq a)$ が限り
なく a に近づくとき $f(x)$ は l に限りなく近づく」
となる．関数に対しても，それほど複雑な議論が必
要でなければこの方法で説明していく．加えて，命
題 1.34 と同様の記述もできる．

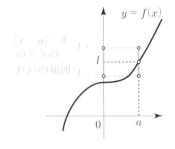

$$\lim_{\delta \to 0} \sup_{x \neq a, |x-a| < \delta} |f(x) - l| = 0.$$

定義 2.3 (3) についても同様に，$x \to \infty$ のときのみ説明すると「x を限りなく大きく
していく」と表現する．次のように収束の定義を書き換えることもできる．

$$\lim_{L \to \infty} \sup_{x \geq L} |f(x) - l| = 0.$$

　関数の極限について，定理 1.4，命題 1.5 と同様の性質が成り立つ．証明は同
様であるため省略する．

定理 2.5　極限の基本性質

　a を実数または $\pm\infty$ とし，$l, m, A, B \in \mathbb{R}$, $\displaystyle\lim_{x \to a} f(x) = l$, $\displaystyle\lim_{x \to a} g(x) = m$ とする．次が成り立つ．

(1)　$\displaystyle\lim_{x \to a} (Af(x) + Bg(x)) = Al + Bm.$ 　　(2)　$\displaystyle\lim_{x \to a} f(x)g(x) = lm.$

(3)　$m \neq 0$ のとき $\displaystyle\lim_{x \to a} \frac{f(x)}{g(x)} = \frac{l}{m}.$

命題 2.6　関数と極限の大小関係

(1)　任意の $x \in I$ に対して $f(x) \leq g(x)$ かつ $\displaystyle\lim_{x \to a} f(x) = l$, $\displaystyle\lim_{x \to a} g(x) = m$ ならば $l \leq m$.

(2)　**（はさみうちの原理）** 任意の $x \in I$ に対して $g(x) \leq f(x) \leq h(x)$ か
　　つ $\displaystyle\lim_{x \to a} g(x) = \lim_{x \to a} h(x) = l$ が成り立つならば，$\displaystyle\lim_{x \to a} f(x) = l.$

例題 2.7　次の極限を求めよ.

(1) $\displaystyle\lim_{x\to 2}\frac{x^2-x-2}{x-2}$　(2) $\displaystyle\lim_{x\to\infty}\frac{x}{1+x^2}$　(3) $\displaystyle\lim_{x\to\infty}\frac{3x}{2x+1}$

【解】　(1)　$x\to 2$ は $x\neq 2$ なる x を考えて 2 に近づけるため次のように約分して極限を求められる. $\dfrac{x^2-x-2}{x-2}=\dfrac{(x-2)(x+1)}{x-2}=x+1\to 3\ (x\to 2)$.

(2)　$\left|\dfrac{x}{1+x^2}\right|\leq\dfrac{|x|}{0+|x|^2}=\dfrac{1}{|x|}\to 0\ (x\to\infty)$ より $\displaystyle\lim_{x\to\infty}\frac{x}{1+x^2}=0$.

(3)　$\dfrac{3x}{2x+1}=\dfrac{3}{2+\frac{1}{x}},\dfrac{1}{x}\to 0\ (x\to\infty)$ より, $\displaystyle\lim_{x\to\infty}\frac{3x}{2x+1}=\dfrac{3}{2}$. ■

問 **2.3**　次の極限を求めよ.

(1) $\displaystyle\lim_{x\to 0}\frac{x}{x+2}$　(2) $\displaystyle\lim_{x\to -1}\frac{x^2+3x+2}{x+1}$　(3) $\displaystyle\lim_{x\to\infty}\frac{x^2}{1+x^2}$　(4) $\displaystyle\lim_{x\to 3}\frac{x-1}{x^2-4x+3}$

　次に関数の発散を導入する. $x\to a$ のときと $x\to\pm\infty$ のときがあるため少し複雑にみえるかもしれないが, 変数 x については定義 2.3 (1), (3) と同様である. 値 $f(x)$ については数列の場合（定義 1.7）と同様である.

定義 2.8　**±∞ への発散**

(1)　**f** は $x\to a$（a は実数）のとき ∞（または $-\infty$）に**発散** する.

　　$\overset{\text{def}}{\Longleftrightarrow}$ 任意の $M>0$ に対して次を満たす $\delta>0$ が存在する.

　　　　$x\neq a$ かつ $|x-a|<\delta$ ならば $f(x)>M$.

　　　　　　　　　　　　　（または $f(x)<-M$）

(2)　**右極限, 左極限**が ∞ または $-\infty$ であることを定義 2.3 (2) と同様に定義する.

(3)　f は $x\to\infty$ のとき ∞（または $-\infty$）に**発散** する.

　　$\overset{\text{def}}{\Longleftrightarrow}$ 任意の $M>0$ に対して次を満たす $L_M>0$ が存在する.

　　　　$x\geq L_M$ ならば $f(x)>M$（または $f(x)<-M$）.

(4)　f は $x \to -\infty$ のとき ∞（または $-\infty$）に発散 することを上の (3) の $x \geq L_M$ を $x \leq -L_M$ で置き換えた性質で定義する.

(5)　上の発散について, a を実数または $\pm\infty$ としたとき, $\displaystyle\lim_{x \to a} f(x) = \infty$ （または $-\infty$）と書き, $\pm\infty$ を**極限**とよぶ. また, $f(x) \to \infty$ または $-\infty$ $(x \to a)$ とも記述する（a を $a \pm 0$ に置き換えたものについても同様）.

注意 2.9　注意 1.8, 注意 2.4 と同様に, それほど複雑な議論が必要でなければ関数の発散についても直観的な記述で説明していく. 加えて, 命題 1.34, 問 1.19 と同様の記述も可能である. 例えば,

$$\lim_{x \to a} f(x) = \infty \iff \lim_{\delta \to 0} \inf_{x \neq a, |x-a| < \delta} f(x) = \infty,$$

$$\lim_{x \to \infty} f(x) = \infty \iff \lim_{L \to \infty} \inf_{x \geq L} f(x) = \infty,$$

$$\lim_{x \to \infty} f(x) = -\infty \iff \lim_{L \to \infty} \sup_{x \leq -L} f(x) = -\infty.$$

命題 1.10 と同様の命題が関数に対しても成り立つ. 証明は省略する.

━ 命題 2.10 ━━━━━━━━━━━━━━━━━━━━━━━━

a を実数または $\pm\infty$, $\displaystyle\lim_{x \to a} g(x) = \infty$ とする.

(1)　任意の x に対して $g(x) \leq f(x)$ ならば $\displaystyle\lim_{x \to a} f(x) = \infty$.

(2)　任意の x に対して $f(x) \leq -g(x)$ ならば $\displaystyle\lim_{x \to a} f(x) = -\infty$.

$\boxed{\text{例題 2.11}}$　次の極限を求めよ.

(1) $\displaystyle\lim_{x \to 2+0} \frac{1}{x-2}$　(2) $\displaystyle\lim_{x \to \infty} \frac{x^2}{x+1}$　(3) $\displaystyle\lim_{x \to -\infty} \frac{x^3}{2x^2+3}$

【解】　(1)　$x > 2$ のとき $0 < x-2 \to 0$ $(x \to 2)$ であるから $\displaystyle\lim_{x \to 2+0} \frac{1}{x-2} = \infty$.

(2) $x > 0$ のとき $\dfrac{x^2}{x+1} \geq \dfrac{x^2}{x+0} = x \to \infty$ $(x \to \infty)$ より $\displaystyle\lim_{x \to \infty} \dfrac{x^2}{x+1} = \infty$.

(3) $x < -1$ として $\dfrac{x^3}{2x^2+3} < \dfrac{x^3}{2x^2+3x^2} = \dfrac{x}{5} \to -\infty$ $(x \to -\infty)$ より

$\displaystyle\lim_{x \to -\infty} \dfrac{x^3}{2x^2+3} = -\infty$. ■

問 2.4 次の極限を求めよ.

(1) $\displaystyle\lim_{x \to 2} \dfrac{-1}{(x-2)^2}$ (2) $\displaystyle\lim_{x \to \infty} \dfrac{x^3+5}{x^2+1}$ (3) $\displaystyle\lim_{x \to \infty} \dfrac{1}{\frac{1}{x}+\frac{1}{x^2}}$ (4) $\displaystyle\lim_{x \to 1-0} \dfrac{1}{x^2-6x+5}$

収束性の否定について命題 1.43 と同様に点列による特徴付けが可能である.

命題 2.12 収束性の否定

l を実数とする. $\displaystyle\lim_{x \to a} f(x) \neq l$ であることと,次を満たす $\varepsilon > 0$, $\{x_n\}_{n=1}^{\infty}$ が存在することは同値である.

$$x_n \to a \ (n \to \infty) \ \text{かつ} \ |f(x_n) - l| \geq \varepsilon.$$

$\displaystyle\lim_{x \to a} f(x) \neq l$ とは,「ある $\varepsilon > 0$ が存在して次が成り立つ. 任意の $\delta > 0$ に対して,ある x $(0 < |x-a| < \delta)$ について $|f(x) - l| \geq \varepsilon$」である. そこで例えば $\delta = n^{-1}$ $(n \in \mathbb{N})$ とすれば命題 2.12 の主張を示すことができる. $f(x_n)$ が含まれる範囲は右図のようになる.

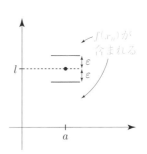

2.2 連続性とその基本性質

連続関数,合成関数,中間値の定理,最大と最小の存在定理を説明する.

定義 2.13　関数の連続性

(1)　$f(x)$ が $x = a$ で**連続**であるとは $\lim_{x \to a} f(x) = f(a)$ が成り立つこと
と定義する．すなわち，

(a)　$f(a)$ が実数として定まっている．

(b)　極限 $\lim_{x \to a} f(x)$ が存在してその値が $f(a)$ である．

(2)　I を $\mathbb{R}$ に含まれる区間とする．$f(x)$ が I 上で**連続**であるとは I の
各点で連続であることと定義する．すなわち，任意の $a \in I$ において
$f(x)$ が連続であることとする．

注意 2.14　注意 2.4 と同様に，f が a で連続であるこ
との直観的な記述は「x を a に限りなく近づけていく
と $f(x)$ は $f(a)$ に限りなく近づいていく」である．次
のような記述の方法もある．

$$\lim_{\delta \to 0} \sup_{|x-a|<\delta} |f(x) - f(a)| = 0.$$

f の $x = a$ での連続性と，$x \to a$ のとき l に収束する
ことの違いは，値 $f(a)$ が定まっているか否かである．

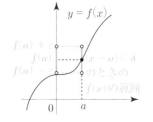

定数関数と多項式は連続関数であるが，特に x^2 の連続性を証明しておく．

$\boxed{\text{例題 2.15}}$　$f(x) = x^2 \ (x \in \mathbb{R})$ は連続関数であることを示せ．

【解】　$a \in \mathbb{R}$ とすると次が成り立つため f は連続である．

$$|f(x) - f(a)| = |(x+a)(x-a)| \leq (|x| + |a|)|x - a| \to 0 \ (x \to a) \quad \blacksquare$$

定理 2.5 より次がわかる．証明は省略する．

定理 2.16

$A, B \in \mathbb{R}$ とする．$f(x), g(x)$ が $x = a$ で連続ならば，以下の関数も
$x = a$ で連続である．

$$Af(x) + Bg(x), \quad f(x)g(x), \quad \frac{f(x)}{g(x)} \quad (ただし\ g(a) \neq 0)$$

合成関数を導入する. 後の初等関数, 微分, 積分の変数変換などで現れる.

— 定義 2.17 **合成関数** —————————————————————

$z = g(y), y = f(x)$ に対して, $z = g(f(x))$ を f と g の**合成関数**とよび, $g \circ f$ と書く.

注意 2.18 合成関数 $g \circ f$ を考えるときは f の値が g の定義域に含まれていることが大前提である. 例えば, $g(y) = \dfrac{1}{y}\ (y > 0)$, $f(x) = 2x + 1\ (0 \leq x \leq 1)$ の合成関数 $g \circ f(x)\ (0 \leq x \leq 1)$ を定められる. しかし, $f(x)$ の定義域を $-1 \leq x \leq 1$ とすると $f(x) = 0$ である場合があるため合成関数 $g \circ f(x)\ (-1 \leq x \leq 1)$ を定められない.

— 定理 2.19 —————————————————————————

$y = f(x)$ は $x = a$ で連続, $z = g(y)$ は $y = f(a)$ で連続ならば, 合成関数 $g \circ f$ は $x = a$ で連続である.

[証明] $x \to a$ のとき f の連続性から $f(x) \to f(a)$ が成り立ち, g の連続性から $g(f(x)) \to g(f(a))$ が成り立つ. 厳密な証明は後の例題 2.35 を参照. □

合成関数の連続性から, 多項式と有理式（分母が 0 である点を除く）の連続性が得られる. 例えば, $(2x^4 + 2)^3\ (x \in \mathbb{R})$, $\dfrac{x^2 + 4}{x - 4}\ (x \neq 4)$ などがある.

— 定理 2.20 **中間値の定理** —————————————————————

$f(x)$ は閉区間 $[a, b]$ 上の連続関数とし $f(a) \neq f(b)$ とする. このとき, $f(a)$ と $f(b)$ の間の任意の y_0 に対してある $c\ (a < c < b)$ が存在して $f(c) = y_0$ が成り立つ.

[証明]　$f(a) < f(b)$ の場合を考える（そう
でない場合は以下の議論を $-f$ に適用する）.
$f(x) < y_0$ を満たす x の集合の上限として定
理 2.20 の主張を満たす c を見い出すために

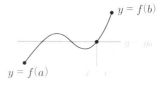

$$c = \sup A,$$

ただし $A = \{x \in [a,b] \,|\, f(x) < y_0\}$

とおく. まず $a \in A$ かつ $A \subset [a,b]$ と上限の存在（命題 1.27）より c は
$a \leq c \leq b$ を満たす実数である. $a < c < b$ を示す. $f(a) < y_0 < f(b)$ と f の
連続性から, $x = a,b$ のある δ 近傍では $f(x)$ はそれぞれ $f(a), f(b)$ に近いた
め y_0 から離れている. 従って $c \in [a+\delta, b-\delta] \subset (a,b)$ を得る.

最後に $f(c) = y_0$ を示す. 上限の定義から $x_n \to c$ $(n \to \infty)$ を満たす A
の列 $\{x_n\}_{n=1}^{\infty}$ が存在する. f の連続性より $f(x_n) < y_0$ について $n \to \infty$ と
すれば $f(c) \leq y_0$ を得る. 一方で, c の定義から $x > c$ のとき $f(x) \geq y_0$ であ
り, $x \to c$ とすれば f の連続性から $f(c) \geq y_0$. 従って $f(c) = y_0$.　　　□

問 2.5　$0 \leq x \leq 2$ を満たす $x^2 = 2$ の解はただ 1 つ存在することを示せ.

次に連続関数の最大最小について, 閉区間では必ず存在することを述べる.
開区間においては端点が含まれないために最大最小が存在しない場合もある.

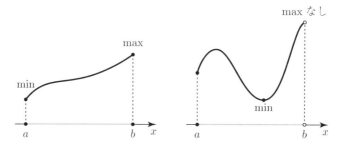

┌─── 定理 2.21　**閉区間における最大値・最小値の存在** ───────
│　閉区間 $[a,b]$ 上の連続関数 f は $[a,b]$ において最大値と最小値をもつ.
└──

[証明] まず $\sup f < \infty$ を示す. $\sup f = \infty$ と仮定して矛盾を導く. 上限の特徴付け問 2.1 (4) から, ある $\{x_n\}_{n=1}^{\infty}$ が存在して $f(x_n) \to \infty$ $(n \to \infty)$ が成り立つ. 一方で, $\{x_n\}_{n=1}^{\infty} \subset [a,b]$ について, 定理 1.25 より, ある収束するような部分列 $\{x_{n_k}\}_{k=1}^{\infty}$ が存在する. その極限を x_∞ とすれば f の連続性から

$$x_{n_k} \to x_\infty \in [a,b], \quad f(x_{n_k}) \to f(x_\infty) \in \mathbb{R} \quad (k \to \infty)$$

が得られるが, $f(x_n) \to \infty$ $(n \to \infty)$ と矛盾する. 従って f は有界である.

f の最大値が存在することを示すために $\sup f = f(x)$ を満たす $x \in [a,b]$ を見い出せばよい. f の有界性から $\sup f$ は実数であり, f は連続関数であるから, 先の議論を上限が $\sup A \in \mathbb{R}$ として適用すると, $\displaystyle\lim_{n\to\infty} f(\widetilde{x}_n) = \sup A \in \mathbb{R}$ を満たす $\{\widetilde{x}_n\}_{n=1}^{\infty}$ が存在して, さらに, 定理 1.25 より

$$\widetilde{x}_{n_k} \to \widetilde{x}_\infty \in [a,b], \quad f(\widetilde{x}_{n_k}) \to f(\widetilde{x}_\infty) \quad (k \to \infty)$$

を満たす部分列 $\{\widetilde{x}_{n_k}\}_{k=1}^{\infty}$ と $\widetilde{x}_\infty \in [a,b]$ が存在する. 従って $f(\widetilde{x}_\infty) = \sup A$ より, 最大値が存在する. 最小値についても同様に示すことができる. ☐

問 2.6 次の関数について最大値と最小値が存在するか否か明らかにせよ.

(1) $\dfrac{1}{x}$ $(0 < x \le 3)$ 　　(2) $x^6 + x^2 + x + 1$ $(-1 \le x \le 2)$

例題 2.22 $f(x) = \dfrac{1}{x^2 + |x-3|}$ $(x \in \mathbb{R})$ に最大値が存在することを示せ.

【解】 $f(0) = \dfrac{1}{3}$ は容易にわかる. $x^2 + |x - 3| \ge x^2$ より次が成り立つ.

$$|f(x)| \le \frac{1}{x^2} \to 0 \quad (x \to \pm\infty).$$

収束の定義から次を満たす $R > 0$ が存在する.

$$|x| \ge R \text{ ならば } |f(x)| \le \frac{1}{6}.$$

$[-R, R]$ において関数 f は連続であるから定理 2.21 より f は最大値をもつ.

その最大値は $f(0) = \dfrac{1}{3}$ より $\dfrac{1}{3}$ 以上である．一方で $(-\infty, -R), (R, \infty)$ にお

いては $|f(x)| \le \dfrac{1}{6}$ である．従って $f(x)$ $(x \in \mathbb{R})$ は最大値をもつ．　■

問 2.7　$f(x) = \dfrac{-3x^3}{x^4 + 1}$ $(x \in \mathbb{R})$ には最大値と最小値が存在することを示せ．

問 2.8　f は実数直線上で正の値をとる連続関数とし，$\displaystyle\lim_{x \to \pm\infty} f(x) = 0$ を満たすとす

る．このとき，f には最大値が存在することを示せ．

2.3　逆　関　数

$y = x^2$ $(x \in \mathbb{R})$ を例として逆関数の考え方を説明することから始める．逆
関数を一言で言えば「y に対して x を決める対応」であるが，$y = x^2$ を x に
ついて解くと $x = \pm\sqrt{y}$ となり 2 つの値が対応し得る．ここで「関数とは 1 つ
の変数に対して 1 つの値を決める対応」であるから，$x = \pm\sqrt{y}$ を関数とはよ
べない．$y = x^2$ について例えば次がわかる．

(1)　$x \in [1, 2]$（0 を越えない）ならば逆関数は $x = \sqrt{y}$

(2)　$x \in [-1, 0]$（0 を越えない）ならば逆関数は $x = -\sqrt{y}$

(3)　$x \in [-1, 1]$（0 をまたぐ）ならば $y = x^2$ の逆関数は存在しない

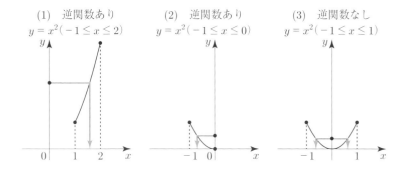

── 定義 2.23　逆関数 ──

$y = f(x)$ は I 上の関数で，f の値からなる集合を $f(I) = \{f(x) \,|\, x \in I\}$ とし，任意の $y \in f(I)$ に対して $y = f(x)$ を満たす $x = x_y \in I$ がただ 1 つ存在するものとする．f の**逆関数**とは，定義域を $f(I)$ とする関数で各 y に対して x_y を決める対応のことである．f の逆関数を f^{-1} と書く．

単調性を導入して逆関数の存在についての定理を述べる．

── 定義 2.24　単調増加・単調減少 ──

(1)　f が**単調増加** $\overset{\text{def}}{\Longleftrightarrow}$ $x_1 < x_2$ ならば $f(x_1) \leq f(x_2)$

　　f が**狭義単調増加** $\overset{\text{def}}{\Longleftrightarrow}$ $x_1 < x_2$ ならば $f(x_1) < f(x_2)$

(2)　f が**単調減少** $\overset{\text{def}}{\Longleftrightarrow}$ $x_1 < x_2$ ならば $f(x_1) \geq f(x_2)$

　　f が**狭義単調減少** $\overset{\text{def}}{\Longleftrightarrow}$ $x_1 < x_2$ ならば $f(x_1) > f(x_2)$

── 定理 2.25　逆関数の存在と連続性 ──

$y = f(x)$ は区間 $[a, b]$ で連続な狭義単調増加（あるいは狭義単調減少）である関数とする．このとき，$f(I) = \{f(x) \,|\, x \in I\}$ で定義される逆関数 f^{-1} は存在して連続である．

[証明]　狭義単調増加の場合のみを示す．f^{-1} の存在については，f の最小値 $f(a)$，最大値 $f(b)$ について中間値の定理（定理 2.20）を適用すれば確かめられる．以下，背理法によって f^{-1} の連続性を証明する．そのために，

$$\text{ある } y_0 \in f(I) \text{ に対して} \lim_{y \to y_0} f^{-1}(y) \neq f^{-1}(y_0)$$

を仮定する．ただし $f(I) = \{f(x) \,|\, x \in [a, b]\}$．収束性の否定（命題 2.12）から，次を満たす $\varepsilon > 0, \{y_n\}_{n=1}^{\infty} \subset f(I)$ が存在する．

$$y_n \to y_0 \ (n \to \infty), \quad |f^{-1}(y_n) - f^{-1}(y_0)| \geq \varepsilon \ (n \in \mathbb{N}).$$

ここで $x_n := f^{-1}(y_n)$ とおく．$\{x_n\}_{n=1}^{\infty} \subset [a, b]$（有界閉集合）であるから

定理 1.25 より，ある部分列 $\{x_{n_k}\}_{k=1}^{\infty} \subset \{x_n\}_{n-1}^{\infty}$, $x_0 \in [a,b]$ が存在して $x_{n_k} \to x_0$ $(k \to \infty)$ が成り立つ．ここで，y_n の定義と f の連続性から

$$y_{n_k} \to y_0 \ (k \to \infty), \quad y_{n_k} = f(x_{n_k}) \to f(x_0) \ (k \to \infty)$$

が成り立つため $y_0 = f(x_0)$ を得る．以上から

$$\lim_{k \to \infty} x_{n_k} = x_0, \quad 任意の \ k \ に対して \ |x_{n_k} - x_0| = |f^{-1}(y_{n_k}) - f^{-1}(y_0)| \geq \varepsilon$$

となってしまいこれら2つは矛盾する．以上から f^{-1} は連続である． □

例題 2.26 自然数 n に対して $y = x^n$ $(x > 0)$ は逆関数をもつことを示せ．

【解】 $0 < x_1 < x_2$ とすると，次が成り立つ．

$$x_1^n - x_2^n = (x_1 - x_2)(x_1^{n-1} + x_1^{n-2}x_2 + \cdots + x_2^{n-1}) < 0$$

従って定理 2.25 より $y = x^n$ $(x \geq 0)$ は逆関数をもつ． ■

例題 2.26 から $y = x^n$ $(x > 0)$ の逆関数は存在する．n 乗根を導入する．

定義 2.27 累乗根と指数に有理数をもつ実数

(1) $y = x^n$ $(x \geq 0)$ の逆関数を $x = y^{\frac{1}{n}}$ $(y \geq 0)$ と書く．

(2) $a \geq 0$ に対して $a^{\frac{1}{n}}$ を a の **n 乗根** とよぶ．

(3) 有理数 $\frac{m}{n}$, $a > 0$ に対して，$a^{\frac{m}{n}}$ を $(a^{\frac{1}{n}})^m$ によって定める．

問 2.9* $m \in \mathbb{Z}, n \in \mathbb{N}$ とする．$f(x) = x^{\frac{m}{n}}$ $(x > 0)$ は連続であることを確かめよ．

さらに，指数が実数であるような数を導入する．

定義 2.28 底と指数が実数である数

実数 b に対して，b に収束する単調増加な有理数の列 $\{r_k\}_{k=1}^{\infty}$ をとったとき a^b $(a > 0)$ を $\displaystyle\lim_{k \to \infty} a^{r_k}$ によって定義する．$a = 0$ のときは $0^b = 0$ $(b \neq 0)$ と定義する．

注意 2.29 b に収束する単調増加な有理数の列 $\{r_k\}_{k=1}^{\infty}$ のとり方によらずに a^b が

定まることを確認することができる. 証明は省略する.

問 2.10[*]　$b \neq 0$ とする. $y = x^b$ $(x > 0)$ が連続関数であることを確かめよ.

　これで底と指数が実数である数を導入できた. 高校までの計算をそのまま使ってよい. $e = \lim_{n \to \infty} \left(1 + \dfrac{1}{n}\right)^n$ （定義 1.23）について基本的な問題を解く.

$\boxed{\text{例題 2.30}}$　$e = \lim_{x \to 0}(1 + x)^{\frac{1}{x}} = \lim_{x \to \infty}\left(1 + \dfrac{1}{x}\right)^x = \lim_{x \to -\infty}\left(1 + \dfrac{1}{x}\right)^x$ を
示せ.

【解】　（1 つ目の等号）$x > 0$ の場合を示す. $0 < x < 1$ を n^{-1} で近似するために, $\dfrac{1}{n+1} < x < \dfrac{1}{n}$ を満たす $n \in \mathbb{N}$ をとると, $n < \dfrac{1}{x} < n+1$ であるから,

$$\left(1 + \frac{1}{n+1}\right)^n < (1 + x)^{\frac{1}{x}} < \left(1 + \frac{1}{n}\right)^{n+1}$$

を得る. 最左辺と最右辺について $x \to 0$ $(n \to \infty)$ の極限を考えると

$$\left(1 + \frac{1}{n+1}\right)^n = \left(1 + \frac{1}{n+1}\right)^{n+1} \cdot \left(1 + \frac{1}{n+1}\right)^{-1} \to e,$$

$$\left(1 + \frac{1}{n}\right)^{n+1} = \left(1 + \frac{1}{n}\right)^n \cdot \left(1 + \frac{1}{n}\right) \to e.$$

はさみうちの原理（命題 2.6）より $x > 0$ とした場合の 1 つ目の等号を得る.
　$x < 0$ の場合には, $-1 < x < 0$ として, $-x > 0$, $-x \to 0$ を考える.

$$(1 + x)^{\frac{1}{x}} = \left(\frac{1}{\frac{1}{1+x}}\right)^{\frac{1}{x}} = \left(\frac{1}{1 + \frac{-x}{1+x}}\right)^{\frac{1}{x}} = \left(1 + \frac{-x}{1+x}\right)^{\frac{1}{-x}}$$

$$= \left(1 + \frac{-x}{1+x}\right)^{\frac{1+x}{-x}} \cdot \left(1 + \frac{-x}{1+x}\right) \to e \cdot 1 \ (-x \to 0).$$

以上から 1 つ目の等号が示された. ■

問 2.11　(1)　例題 2.30 の 2 つ目と 3 つ目の等号を示せ.
(2)　$a > 0$ とする. $\lim_{x \to 0}(1 + ax)^{\frac{1}{x}}$, $\lim_{x \to 1} x^{\frac{1}{1-x}}$ を求めよ.

2.4 初 等 関 数

ここでいう初等関数とは，多項式，分数関数（分子と分母が多項式である関数），指数関数，三角関数，それらの有限回の和差積商および合成によってできる関数のことである．指数関数と三角関数について述べる．

• 指数関数 $y = a^x$ $(a > 0$ は定数，$x \in \mathbb{R})$

$a > 0, x \in \mathbb{R}$ について，定義 2.28 により a^x は実数を定めているので，指数関数 $y = a^x$ を導入できる．

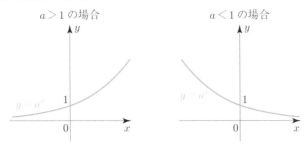

問 2.12^* $a > 1$ とする．$y = a^x$ は狭義単調増加な連続関数であることを確かめよ．

問 2.13 次を示せ．(1) $\displaystyle \lim_{x \to \infty} \frac{2^x}{x} = \infty$ (2) $\displaystyle \lim_{x \to \infty} \frac{e^x}{x} = \infty$

• 対数関数 $y = \log x$ $(x > 0)$

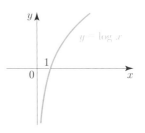

e を底とする指数関数 $y = e^x$ は，$e > 1$ より狭義単調増加であり，連続関数である（問 2.12）．従って定理 2.25 より逆関数が連続関数として得られる．$y = e^x$ $(x \in \mathbb{R})$ の逆関数を $x = \log y$ $(y > 0)$ と書く．高校までに使ってきた計算方法をそのまま用いてよいことも確かめられる．

例題 2.31   次を示せ．(1) $\displaystyle \lim_{x \to 0} \frac{\log(1 + x)}{x} = 1$ (2) $\displaystyle \lim_{x \to 0} \frac{e^x - 1}{x} = 1$

[証明]　(1)　例題 2.30 の e の表示と対数関数の連続性から,

$$\frac{\log(1+x)}{x} = \log(1+x)^{\frac{1}{x}} \to \log e = 1 \ (x \to 0).$$

(2)　$y = e^x - 1$ とおけば $x = \log(y+1)$,　$x \to 0$ のとき $y \to 0$ より,

$$\lim_{x \to 0} \frac{e^x - 1}{x} = \lim_{y \to 0} \frac{y}{\log(y+1)} = 1.$$

問 2.14　次の極限を求めよ.　(1) $\displaystyle\lim_{x \to 0} \frac{\log(1+2x)}{x}$　(2) $\displaystyle\lim_{x \to \infty} \frac{\log x}{x}$

• 三角関数 $\cos\theta, \sin\theta, \tan\theta$

xy 平面上に中心が原点で半径が 1 の円を描き, 点 $(1,0)$ にある点 P を反時計回りに円周上を動かして動いた長さを θ としたときに

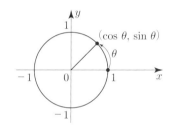

$$x\,座標を \cos\theta, \quad y\,座標を \sin\theta,$$

$$\tan\theta = \frac{\sin\theta}{\cos\theta}\,(ただし \cos\theta \neq 0)$$

とする (厳密な導入方法は 114 ページを参照). 反時計回りに動いたときの長さを θ, 時計回りに動いたときの長さを $\theta \leq 0$ とすることで $\cos\theta, \sin\theta$ は $\theta \in \mathbb{R}$ を変数にもつ連続関数となる (114 ページ以降を参照). 高校までに習った $\cos^2\theta + \sin^2\theta = 1$ や周期性, 加法定理などの性質は同じように成り立つ. 基本的な極限の例を説明する.

$\boxed{例題 2.32}$　$\displaystyle\lim_{\theta \to 0} \frac{\sin\theta}{\theta} = 1$ を示せ.

【解】　$\sin(-\theta) = -\sin\theta$ より,　$\theta > 0$ のとき $\displaystyle\lim_{\theta \to 0} \frac{\sin\theta}{\theta} = 1$ を示せばよい.

- 原点, $(1,0)$, $(\cos\theta, \sin\theta)$ を頂点とする二等辺三角形,
- 円弧の長さが θ である扇形,
- 原点, $(1,0)$, $(1, \tan\theta)$ を頂点とする直角三角形

の 3 つの図形の面積を比較すると次を得る.

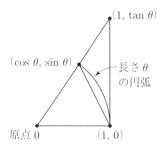

$$\frac{1}{2}\sin\theta \leq \frac{1}{2}\theta \leq \frac{1}{2}\tan\theta,$$

$$1 \geq \frac{\sin\theta}{\theta} \geq \cos\theta \to 1 \quad (\theta \to 0).$$

従ってはさみうちの原理（命題 2.6）から

$\displaystyle\lim_{\theta\to 0}\frac{\sin\theta}{\theta} = 1$ を得る. ∎

問 2.15　次を求めよ.

(1) $\displaystyle\lim_{x\to 0} x\sin\frac{1}{x}$ 　(2) $\displaystyle\lim_{x\to 0}\frac{x}{\sin 2x}$ 　(3) $\displaystyle\lim_{x\to 0}\frac{\tan x}{\sin 3x}$ 　(4) $\displaystyle\lim_{x\to 0}\frac{1-\cos x}{x^2}$

• **逆三角関数 $\arccos x, \arcsin x, \arctan x$**

$\cos x, \sin x, \tan x$ の定義域を広くとると逆関数を導入できない（各 y に対して $y = f(x)$ を満たす x が 2 つ以上）. そこで定義域を制限する.

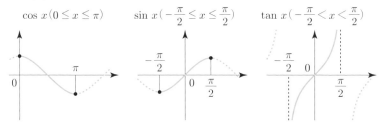

これらは狭義単調増加（または減少）のため, 定理 2.25 より逆関数が存在する.

定義 2.33　逆三角関数

(1)　$y = \cos x\ (0 \leq x \leq \pi)$ の逆関数を $x = \arccos y\ (-1 \leq y \leq 1)$

(2)　$y = \sin x\ \left(-\dfrac{\pi}{2} \leq x \leq \dfrac{\pi}{2}\right)$ の逆関数を $x = \arcsin y\ (-1 \leq y \leq 1)$

(3)　$y = \tan x\ \left(-\dfrac{\pi}{2} < x < \dfrac{\pi}{2}\right)$ の逆関数を $x = \arctan y\ (y \in \mathbb{R})$

と書く. $\arccos$ をアークコサイン, $\arcsin$ をアークサイン, $\arctan$ をアークタンジェントとよぶ. それぞれ $\mathrm{Cos}^{-1}, \mathrm{Sin}^{-1}, \mathrm{Tan}^{-1}$ とも書く.

逆関数のグラフの概形は以下のようになる.

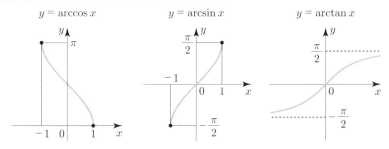

問 **2.16**　次を満たす x を求めよ.

(1) $\arccos x = 0, \pi, \pm\dfrac{\pi}{3}$　(2) $\arcsin x = 0, \pm\dfrac{\pi}{2}, \pm\dfrac{\pi}{4}$　(3) $\arctan x = 0, \pm\dfrac{\pi}{4}$

本節の最後に，連続性について問題演習を行う.

例題 2.34　次の関数は連続関数かどうか明らかにせよ.

(1) $f(x) = \dfrac{1}{1 + \sin^2 x}$ $(x \in \mathbb{R})$　(2) $f(x) = \begin{cases} \dfrac{1}{x-1} & (x \neq 1) \\ 0 & (x = 1) \end{cases}$

【解】　(1)　$f(x) = \sin x$ $(x \in \mathbb{R})$, $g(x) = x^2$ $(-1 \leq x \leq 1)$, $h(x) = \dfrac{1}{1+x}$ $(x \geq 0)$ は連続関数であるから，定理 2.19 より合成関数 $h \circ (g \circ f)(x) = \dfrac{1}{1 + \sin^2 x}$ $(x \in \mathbb{R})$ も連続関数である.

(2)　$\dfrac{1}{x-1} \to \pm\infty$ $(x \to 1\pm 0)$ であるため $\displaystyle\lim_{x \to 1\pm 0} f(x) = \pm\infty \neq 1 = f(0)$.
従って f は $x = 1$ で連続ではないため，f は連続関数ではない.　■

問 **2.17**　次の関数は連続関数かどうか明らかにせよ.

(1) $f(x) = \begin{cases} \log |x| & (x \neq 0) \\ 0 & (x = 0) \end{cases}$　(2) $f(x) = \begin{cases} \dfrac{\sin x}{x} & (x \neq 0) \\ 1 & (x = 0) \end{cases}$

2.5　厳密な理解のために：ε 論法

ε 論法を用いて連続性について解説する（数列の場合は 1.6 節）．

[例題 **2.15**（x^2 の $x = a$ での連続性）の証明]　$\varepsilon > 0$ とし，$\delta < \min\left\{1,\right.$

$\left.\dfrac{\varepsilon}{2|a| + 1}\right\}$ を満たす $\delta > 0$ をとる．$|x - a| < \delta$ のとき $|x| \leq |a| + \delta \leq |a| + 1$ より，

$$|f(x) - f(a)| \leq (|x| + |a|)|x - a| \leq (2|a| + 1)\delta < \varepsilon.$$

従って $f(x)$ は任意の点 a において連続である．　　　　　　□

問 **2.18***　$a > 0,\ f(x) = x^{-1}$ とする．$x = a$ で f が連続であることを証明せよ．

例題 **2.35**　定理 2.19（連続関数の合成関数に対する連続性）を証明せよ．

【解】（証明）　$\varepsilon > 0$ を任意にとり固定する．g の連続性から「$|y - f(a)| < \delta_1$ ならば $|g(y) - g(f(a))| < \varepsilon$」を満たす $\delta_1 > 0$ が存在する．次に f の連続性から $\delta_1 > 0$ に対して「$|x - a| < \delta_2$ ならば $|f(x) - f(a)| < \delta_1$」を満たす $\delta_2 > 0$ が存在する．従って「$|x - a| < \delta_1$ ならば $|g(f(x)) - g(f(a))| < \varepsilon$」が成り立つため $g \circ f$ の連続性が成立する．　　　■

問 **2.19***　a, l を実数とし，$\lim\limits_{x \to a} f(x) = l$ とする．このとき，f は $x = a$ のある δ 近傍で有界であることを示せ（ヒント：数列の場合は命題 1.41）．

問 **2.20***　$\lim\limits_{x > 0, x \to 0} \dfrac{1}{x} = \infty$ を示せ．

● 一様連続性

4 章で用いる一様連続性を準備する．一般に，関数 f の変化の具合に応じて連続性の定義の $|x - a| < \delta$ に現れる δ のとり方は変わりうる（f の変化が急である程 $\delta > 0$ を小さくとる必要がある）．一様連続性とは以下のように場所 $x = a$ によらずに $\delta > 0$ をとることができるという性質である．

$$\lim_{\delta \to 0} \sup_{a \in I} \sup_{|x-a| \leq \delta} |f(x) - f(a)| = 0.$$

上限をまとめて次のように一様連続性を定義する.

定義 2.36

区間 I 上の関数 f が **一様連続**

$\overset{\text{def}}{\Longleftrightarrow} \displaystyle\lim_{\delta \to 0} \sup_{a,x \in I, |x-a| \leq \delta} |f(x) - f(a)| = 0$ が成り立つ.

注意 2.37　上記の上限について, $a, x \in I$ を省略して $\displaystyle\sup_{|x-a| \leq \delta}$ とも書く.

$\boxed{\text{例題 2.38}}$　　次の関数が一様連続かどうか明らかにせよ.

(1) $f(x) = x^2 \ (0 \leq x \leq 3)$　(2) $f(x) = \dfrac{1}{x} \ (0 < x \leq 1)$

【解】 (1)　$0 \leq a, x \leq 3$ のとき, $|f(x) - f(a)| = |x+a||x-a| \leq 6|x-a|$ となるため, $\varepsilon > 0$ に対して $\delta = \dfrac{\varepsilon}{6}$ (a, x に依存しない) とすれば

$$\sup_{|x-a| \leq \delta} |f(x) - f(a)| \leq 6 \cdot \frac{\varepsilon}{6} = \varepsilon$$

が成り立つため f は一様連続である.

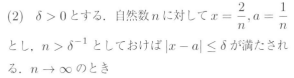

(2)　$\delta > 0$ とする. 自然数 n に対して $x = \dfrac{2}{n}, a = \dfrac{1}{n}$ とし, $n > \delta^{-1}$ としておけば $|x-a| \leq \delta$ が満たされる. $n \to \infty$ のとき

$$\sup_{|x-a| \leq \delta} \left| \frac{1}{x} - \frac{1}{a} \right| \geq \left| \frac{1}{\frac{2}{n}} - \frac{1}{\frac{1}{n}} \right| = n \to \infty.$$

従って f は一様連続ではない. ■

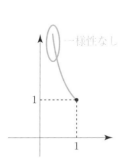

問 2.21　次の関数が一様連続か否かを明らかにせよ.

(1) $e^x \ (-1 \leq x \leq 1)$　(2) $e^x \ (x \geq 0)$　(3) $\sin x \ (x \in \mathbb{R})$　(4) $x \sin \dfrac{1}{x} \ (0 < x \leq 1)$

一般に，閉区間上の連続関数は一様連続であることが知られている.

─── 命題 2.39 ─────────────────────────────

有界閉区間 $[a, b]$ 上の連続関数は一様連続である.

──

[証明]　f は $[a, b]$ 上の連続関数とし，背理法で示す. 以下を仮定する.

$$\lim_{\delta \to 0} \sup_{x, \widetilde{x} \in I, |x - \widetilde{x}| \leq \delta} |f(x) - f(\widetilde{x})| \neq 0.$$

命題 2.12（収束性の否定）より次を満たす $\varepsilon > 0, \{\delta_n\}_{n=1}^{\infty}$ が存在する.

$$\delta_n \to 0 \ (n \to \infty) \ \text{かつ} \ \sup_{x, \widetilde{x} \in I, |x - \widetilde{x}| \leq \delta_n} |f(x) - f(\widetilde{x})| \geq \varepsilon.$$

上限の定義から次を満たす $\{x_n\}_{n=1}^{\infty}, \{\widetilde{x}_n\}_{n=1}^{\infty} \subset [a, b]$ が存在する.

$$|x_n - \widetilde{x}_n| \to 0 \ (n \to \infty) \ \text{かつ} \ |f(x_n) - f(\widetilde{x}_n)| \geq \frac{\varepsilon}{2}.$$

定理 1.25 より $\{x_n\}_{n=1}^{\infty}, \{\widetilde{x}_n\}_{n=1}^{\infty}$ のある収束する部分列 $\{x_{n_k}\}_{k=1}^{\infty}, \{\widetilde{x}_{n_k}\}_{k=1}^{\infty}$ が存在する. その極限を x_{∞} とすれば，$x_{n_k}, \widetilde{x}_{n_k} \to x_{\infty} \ (k \to \infty)$ が成り立ち，上の不等式で $n = n_k, k \to \infty$ とすれば f の連続性から，

$$0 = |f(x_{\infty}) - f(x_{\infty})| = \lim_{k \to \infty} |f(x_{n_k}) - f(\widetilde{x}_{n_k})| \geq \frac{\varepsilon}{2}$$

が成り立ってしまい矛盾が導かれた. 従って f は一様連続である.　　　□

問 **2.22***　f は $(0, 1]$ における連続関数とし，$\lim_{x > 0, x \to 0} f(x)$ は極限を実数としてもつとする. このとき，f は $[0, 1]$ において一様連続であることを示せ.

第 2 章　章末問題

2.1　次の関数の $\sup f, \inf f$ を求めよ.

(1) $f(x) = \log(1 + x)$ $(0 < x \leq 1)$　　　(2) $f(x) = \dfrac{-e^{2x}}{1 + e^x}$ $(-\infty < x < \infty)$

(3) $f(x) = \arctan x$ $(-\infty < x < \infty)$　　　(4) $f(x) = \sin \dfrac{1}{x}$ $(0 < x \leq 1)$

2.2　次の極限を求めよ.

(1) $\displaystyle\lim_{x \to 0} \frac{\sqrt{1 + x} - \sqrt{1 - x}}{x}$　　　(2) $\displaystyle\lim_{x \to \infty} \sqrt{x}(\sqrt{x} - \sqrt{x + 1})$

(3) $\displaystyle\lim_{x \to 0} 2^x$　　　(4) $\displaystyle\lim_{x \to \infty} \frac{3^x}{x^2}$　　　(5) $\displaystyle\lim_{x \to 0} \sqrt{|x|} \sin \frac{1}{x}$

(6) $\displaystyle\lim_{x \to 0} \frac{\sin x}{\sin 2x}$　　　(7) $\displaystyle\lim_{x \to \pi} \frac{\sin x}{\pi - x}$　　　(8) $\displaystyle\lim_{x \to 0} \frac{\log(1 + 2x)}{\tan x}$

2.3　$x^3 + 10x^2 - 3x + 7 = 0$ は実数解をもつことを示せ.

2.4　$f(x)$ を実数全体を定義域とする連続関数とし, $x \to \pm\infty$ のときそれぞれ極限が存在し, $\displaystyle\lim_{x \to -\infty} f(x) < 0 < \lim_{x \to \infty} f(x)$ が成り立つとする. このとき $f(x) = 0$ を満たす実数 x が存在することを証明せよ.

2.5　$f(x)$ は実数全体を定義域とする連続関数で, $f(0) < 0$, $\displaystyle\lim_{x \to \pm\infty} f(x) = 0$ とする.

(1)　f には最小値が存在することを示せ.

(2)　f に最大値が存在することと, $f(x_0) \geq 0$ を満たす実数 x_0 が存在することは同値であることを示せ.

2.6　$f(x)$ を実数全体を定義域とする連続関数とする. 次の問に答えよ.

(1)　$f_+(x) := \max\{f(x), 0\}$ とする. f_+ は連続であることを示せ.

(2)　$|f|$ は連続であることを示せ.

第3章

1変数関数の微分

関数 f の微分を導入して，f を多項式で近似する方法，すなわち，$f(x)$ を

$$f(x) = a_0 + a_1 x + a_2 x^2 + \cdots, \quad (a_0, a_1, a_2, \ldots \text{ は適当な実数})$$

と表す方法（テイラー展開あるいはマクローリン展開）を学ぶ．ここで，

$$|x| \ll 1 \text{ ならば } 1 \gg |x| \gg |x^2| \gg |x^3| \gg |x^4| \gg \cdots$$

が成り立つため最も主要な項は a_0，次に主要な項は $a_1 x$，その次に主要な項は $a_2 x^2$，より高次の項は小さい誤差と期待する．実際にそうであれば一般の関数 $f(x)$ について各点の近くでのふるまいを単純な多項式の値で理解できることになる．本章では微分を導入して，平均値の定理の考え方をもとに，関数の増減，テイラーの公式，微分の応用例を学ぶ．本章でのテイラー展開は有限次数の多項式によるもので，無限次数の場合は 8 章で扱う．

3.1 微分の定義と初等関数の導関数

本章で現れる関数は実数に含まれる区間を定義域にもつ実数値の関数とする．

定義 3.1

(1) $x = a$ で f が**微分可能**

$\overset{\text{def}}{\Longleftrightarrow}$ 極限 $\displaystyle \lim_{x \to a} \frac{f(x) - f(a)}{x - a}$ が実数の値として存在する．

このとき，極限を**微分係数**または**微分**とよび $f'(a)$, $\dfrac{df}{dx}(a)$ と書く．

(2) 関数 f が区間 I において微分可能

$\overset{\text{def}}{\Longleftrightarrow}$ I の任意の点において f が微分可能．

ただし, I が閉区間 $[a, b]$ の場合には端点における微分の定義について, $x = a$ では右極限, $x = b$ では左極限を考えることとする.

(3) 区間 I 上の関数 f について, 各 $x \in I$ に対して微分係数 $f'(x)$ を対応させる関数を f の**導関数**または単に f の**微分**とよぶ. 導関数を f',

$\dfrac{df}{dx}$ と書く.

(4) $\dfrac{d}{dx}$ を微分可能な関数 f に対して導関数 f' を決める対応 (微分作用素とよぶ) を表す記号とする.

注意 3.2 微分係数の定義は $f'(a) = \displaystyle\lim_{h \to 0} \dfrac{f(a+h) - f(a)}{h}$ とも書ける.

注意 3.3 定義 3.1 (3), (4) について, $\dfrac{d}{dx}f(x) = \dfrac{df}{dx}(x)$ は正しいが, 左辺は $f(x)$ を x で微分した関数で, 右辺は f の導関数の変数に x を代入した値という意味の記号であることを補足しておく. 従って, $\dfrac{df}{dx}(a)$ は $x = a$ での微分係数であるが, $\dfrac{d}{dx}f(a)$ は定数 $f(a)$ を微分するという意味で 0 であるため, 一般に $\dfrac{df}{dx}(a) \neq \dfrac{d}{dx}f(a)$. さらに, $\dfrac{d}{dx}(x^2) = 2x, \dfrac{d}{dx}(a^2) = 0$ である.

問 3.1 定数関数, $y = x$ の導関数を求めよ.

例題 3.4 n を 2 以上の自然数とする. $(x^n)' = nx^{n-1}$ を示せ.

【解】 $(x+h)^n - x^n$ について 1 次の項 h に着目すると,

$$\frac{(x+h)^n - x^n}{h} = \frac{1}{h}\Big(nx^{n-1}h + \sum_{k=2}^{n} \frac{n!}{(n-k)!k!}x^{n-k}h^k\Big)$$

$$=nx^{n-1} + \sum_{k=2}^{n} \frac{n!}{(n-k)!k!}x^{n-k}h^{k-1} \to nx^{n-1} \quad (h \to 0).$$

∎

関数の定数倍や 2 つの関数の和差積商の微分について以下が成り立つ.

定理 3.5　四則演算と導関数

c を実数, f, g は導関数をもつとする.

(1)　$(cf)' = cf'$ 　　　　　(2)　$(f \pm g)' = f' \pm g'$

(3)　$(fg)' = f'g + fg'$ 　　(4)　$\left(\dfrac{f}{g}\right)' = \dfrac{f'g - fg'}{g^2}$ （ただし $g \neq 0$）

[証明]　定数倍と和差の微分公式 (1), (2) の証明は省略する.　(3), (4) の証明では定理 1.4 の証明と類似の考え方をする.　積の微分 (3) については,

$$\frac{f(x+h)g(x+h) - f(x)g(x)}{h}$$

$$= \frac{\bigl(f(x+h) - f(x)\bigr)g(x) + f(x)\bigl(g(x+h) - g(x)\bigr)}{h}$$

$$\to f'(x)g(x) + f(x)g'(x) \quad (h \to 0)$$

より従う.　商については $f(x)$ が恒等的に 1 の場合から考える.　すなわち,

$$\frac{\frac{1}{g(x+h)} - \frac{1}{g(x)}}{h} = \frac{-\frac{g(x+h)-g(x)}{h}}{g(x+h)g(x)} \to -\frac{g'(x)}{g(x)^2} \quad (h \to 0)$$

を得る.　この結果と先に示した積の微分公式から

$$\left(\frac{f}{g}\right)' = \left(f \cdot \frac{1}{g}\right)' = f'g + f \cdot \frac{-g'}{g^2}$$

$$= \frac{f'g - fg'}{g^2}.$$

□

問 3.2　次の関数の導関数を求めよ.

(1) $y = x^2 + 3x^4$ 　(2) $y = \dfrac{1}{x}$ $(x \neq 0)$ 　(3) $y = \dfrac{2x+1}{x^2+1}$

定理 3.6 **合成関数の導関数**

関数 $z = g(y), y = f(x)$ がそれぞれ導関数をもつならば，合成関数 $g \circ f$ も導関数をもち，次が成り立つ.

$$\Big((g \circ f)(x)\Big)' = g'\big(f(x)\big)f'(x).$$

注意 3.7 定理 3.6 の微分公式を $\dfrac{dz}{dx} = \dfrac{dz}{dy}\dfrac{dy}{dx}$, $z_x = z_y y_x$ とも書く.

[証明] $x = a$ での微分係数を考える.

$$\frac{g\big(f(a+h)\big) - g\big(f(a)\big)}{h} = \frac{g\big(f(a+h)\big) - g\big(f(a)\big)}{f(a+h) - f(a)} \frac{f(a+h) - f(a)}{h}$$

と考えようとすると右辺の分母が $f(a+h) - f(a) = 0$ の可能性があるため，$y \ (= f(a+h))$ を変数とする次の関数 $\widetilde{G}$ を導入する.

$$\widetilde{G}(y) = \begin{cases} \dfrac{g(y) - g\big(f(a)\big)}{y - f(a)} & (y \neq f(a)) \\ g'\big(f(a)\big) & (y = f(a)) \end{cases}$$

このとき $\widetilde{G}(y) \to g'\big(f(a)\big)$ $(y \to f(a))$ であるから，$h \to 0$ のとき

$$\frac{g\big(f(a+h)\big) - g\big(f(a)\big)}{h} = \widetilde{G}\big(f(a+h)\big)\frac{f(a+h) - f(a)}{h} \to g'\big(f(a)\big) \cdot f'(a)$$

を得る. 従って $g \circ f$ の微分可能性と合成関数の微分公式を得る. □

問 3.3 次の関数の導関数を求めよ.
(1) $y = (3x+1)^{100}$ (2) $y = \big(5(x^2+1)^3 + 2\big)^{20}$

微分可能であれば連続であることを示す.

定理 3.8

$f(x)$ が $x = a$ で微分可能ならば，$x = a$ で連続である.

[証明] $f(x) - f(a) = \dfrac{f(x) - f(a)}{x - a} \cdot (x - a) \to f'(a) \cdot 0$ $(x \to a)$ より従う. □

定理 3.8 の主張の逆は一般に成り立たないことが知られている.

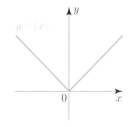

問 3.4　$f(x) = |x|$ について次を確認して $x = 0$ で微分可能ではないことを示せ.

$$\lim_{h>0, h\to 0} \frac{f(h) - f(0)}{h} \neq \lim_{h<0, h\to 0} \frac{f(h) - f(0)}{h}.$$

$y = x^{\frac{1}{n}}$, 対数関数, 逆三角関数を考えるために逆関数の微分公式を示す.

定理 3.9　逆関数の微分

　$y = f(x)$ は区間 I において微分可能で狭義単調増加（または狭義単調減少）かつ全ての $x \in I$ に対して $f'(x) \neq 0$ とする. このとき逆関数 $x = f^{-1}(y)$ は $f(I) = \{f(x) \mid x \in I\}$ において微分可能で $y = f(a)$ において次が成り立つ.

$$\frac{df^{-1}}{dy}(f(a)) = \frac{1}{f'(a)}$$

注意 3.10　定理 3.9 の公式を $\dfrac{dx}{dy} = \left(\dfrac{dy}{dx}\right)^{-1}$ とも書く.

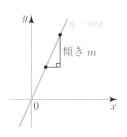

単純な例として直線を表す関数 $y = mx$（$m \neq 0$）を考えると, $x = \dfrac{y}{m}$ であり次が成り立つ.

$$\frac{dy}{dx} = m, \quad \frac{dx}{dy} = \lim_{h\to 0} \frac{\frac{1}{m}(y+h) - \frac{1}{m}y}{h} = \frac{1}{m}.$$

また, 定理 3.9 で想定している典型的な場合は常に $f' > 0$
（または常に $f' < 0$）の場合である（定理 3.28 を参照しておく）.

[証明]　$h = \big(f(a) + h\big) - f(a) = f\Big(f^{-1}\big(f(a) + h\big)\Big) - f\Big(f^{-1}\big(f(a)\big)\Big)$ を微分係数の定義式の分母に適用する. さらに定理 3.8 から f は連続で定理 2.25 から f^{-1} も連続であるため, $h \to 0$ のとき $f^{-1}\big(f(a) + h\big) \to f^{-1}\big(f(a)\big)$ かつ

$$\frac{f^{-1}\big(f(a)+h\big)-f^{-1}\big(f(a)\big)}{h}=\frac{1}{\dfrac{f\Big(f^{-1}\big(f(a)+h\big)\Big)-f\Big(f^{-1}\big(f(a)\big)\Big)}{f^{-1}\big(f(a)+h\big)-f^{-1}\big(f(a)\big)}}$$

$$\rightarrow\frac{1}{f'\Big(f^{-1}\big(f(a)\big)\Big)}=\frac{1}{f'(a)}\quad(h\rightarrow0).$$

従って f^{-1} の微分可能性と $\dfrac{df^{-1}}{dy}(f(a))=\dfrac{1}{f'(a)}$ を得る. □

• 初等関数の導関数

例題 3.11 定理 3.9 を用いて $(x^{\frac{1}{n}})'\ (x>0)$ を求めよ (n は 2 以上の自然数).

【解】 $f(x)=x^n$ とすると定理 3.9 から $(f^{-1})'(f(x))=\dfrac{1}{nx^{n-1}}$ を得る.

$y=x^n$ とおけば $(f^{-1})'(y)=\dfrac{1}{ny^{\frac{n-1}{n}}}=\dfrac{y^{\frac{1}{n}-1}}{n}$. 従って $(x^{\frac{1}{n}})'=\dfrac{x^{\frac{1}{n}-1}}{n}$. ■

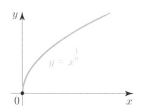
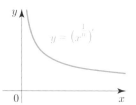

問 **3.5** m を整数, n を自然数とする. $(x^{\frac{m}{n}})'\ (x>0)$ を求めよ.

例題 3.12 $(e^x)'=e^x$ を示せ.

【解】 例題 2.31 より $\dfrac{e^{x+h}-e^x}{h}=e^x\cdot\dfrac{e^h-1}{h}\rightarrow e^x\cdot1\ (h\rightarrow0)$. ■

問 **3.6** $a>0, a\neq1$ とする. $(a^x)'=a^x\log a$ を示せ.

問 **3.7** 定理 3.9 を用いて $(\log|x|)'=\dfrac{1}{x}\ (x\neq0)$ を示せ.

問 3.8　a を実数とする．$(x^a)' = ax^{a-1}$ $(x > 0)$ を示せ（ヒント：$x^a = e^{\log x^a}$ および指数関数と対数関数の微分を用いる方法と，a を有理数近似する方法がある）．

| 例題 3.13 |　$(\sin x)' = \cos x$ を示せ．

【解】　加法定理（差を積にする公式），例題 2.32 より，$h \to 0$ のとき

$$\frac{\sin(x+h) - \sin x}{h} = \frac{2\cos\frac{2x+h}{2}\sin\frac{h}{2}}{h} = \cos\left(x + \frac{h}{2}\right) \cdot \frac{\sin\frac{h}{2}}{\frac{h}{2}} \to \cos x \cdot 1.$$

■

問 3.9　次を示せ．(1) $(\cos x)' = -\sin x$　(2) $(\tan x)' = \dfrac{1}{\cos^2 x}$

| 例題 3.14 |　$(\arcsin x)' = \dfrac{1}{\sqrt{1-x^2}}$ $(-1 < x < 1)$ を示せ．

【解】　$y = \sin x$ $\left(-\dfrac{\pi}{2} < x < \dfrac{\pi}{2}\right)$ について $y' = \cos x, \cos x > 0$ であるから，

$$\frac{d}{dy}\arcsin y = \frac{1}{\cos x} = \frac{1}{\sqrt{1-\sin^2 x}} = \frac{1}{\sqrt{1-y^2}}.$$

■

問 3.10　次を示せ．(1) $(\arccos x)' = -\dfrac{1}{\sqrt{1-x^2}}$　(2) $(\arctan x)' = \dfrac{1}{1+x^2}$

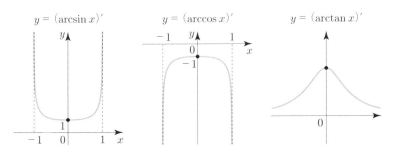

問 3.11　次の関数の導関数を求めよ．

(1) $\sin^2 x \cos x$　(2) $(1 + \cos x)^{10}$　(3) $\log|\tan x|$　(4) $e^{\sqrt{x^2+x}}$　(5) $\arcsin(x^2)$

3.2 接線と平均値の定理，増減と極値

関数 $y = f(x)$ に対する接線の方程式の導入から始めて，平均値の定理を説明する．その後，応用として関数の増減と極値判定の方法を扱う．

点 $(a, f(a))$ で $y = f(x)$ に接する直線の方程式（$y = f(x)$ を近似する 1 次式）を，微分の定義から形式的に見い出してみる．f の $x = a$ での微分可能性を関数 $R(x)$（小さい誤差を想定した関数）を導入して次のように書いてみる．

$$\frac{f(x) - f(a)}{x - a} - f'(a) = R(x), \quad \lim_{x \to a} R(x) = 0,$$

$$y = f(x) = f(a) + f'(a)(x - a) + R(x)(x - a).$$

右辺最後の $R(x)(x - a)$ が $f(a) + f'(a)(x - a)$ よりも小さいと考えて無視すると $y = f(a) + f'(a)(x - a)$ にたどり着く．

定義 3.15 **接線**

$y = f(x)$ は $x = a$ で微分可能であるとする．$y = f(x)$ の $x = a$ での**接線**とは次の方程式で表される直線とする．

$$y - f(a) = f'(a)(x - a).$$

問 3.12 次の関数について，$x = 0$ における接線の方程式を求めよ．
(1) $y = \sin x$ (2) $y = e^x$ (3) $y = \log(x + 1)$ (4) $y = \sqrt{x + 1}$

微分可能な関数 $y = f(x)$ の点 $x = a$ の近くの値は接線で近似できる．一方で，a と異なる点 b をとったとき $f'(a)$ の $x = a$ を適当に調整すれば関数の値 $f(b)$ を再現できる，

$$f(b) = f(a) + f'(c)(b - a)$$

$f(b) = f(a) + f'(c)(b - a)$
$y = f(x)$
$x = a \quad x = b$ 接線
$y = f(a) + f'(a)(x - a)$

というのが平均値の定理である．この式は $\dfrac{f(b) - f(a)}{b - a} = f'(c)$ とも変形できる．ただし c は $a < c < b$ を満たす実数である．まずはより単純なロル（Rolle）の定理から始める．

─── 定理 3.16 **ロルの定理** ───────────────

f は閉区間 $[a,b]$ で連続であり，(a,b) で微分可能で $f(a) = f(b)$ とする．このとき，ある $c \in (a,b)$ が存在して $f'(c) = 0$ が成り立つ．

[証明]　f が定数関数（恒等的に $f(a)$）である場合は，$c = \dfrac{a+b}{2}$ とすれば定理の主張が得られる．

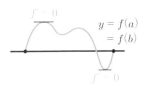

以下，f は定数関数ではないとする．定理 2.21 から f は最大値 M，最小値 m をもち，さらに f は定数関数ではないため，M, m のどちらか一方は $f(a)$ とは一致しない．

$M \neq f(a)$ の場合は，$f(c) = M$ $(c \in (a,b))$ とすれば $f'(c) = 0$ が成り立つ．実際，$f(c)$ が最大値であるから

$$\frac{f(c+h) - f(c)}{h} \leq 0 \ (h > 0), \qquad \frac{f(c+h) - f(c)}{h} \geq 0 \ (h < 0).$$

左辺について $h \to 0$ での極限を考えると $f'(c) \leq 0$ かつ $f'(c) \geq 0$ より $f'(c) = 0$ を得る．$m \neq f(a)$ のときも同様に示すことができる．　□

─── 定理 3.17 **平均値の定理** ───────────────

f は閉区間 $[a,b]$ で連続であり，(a,b) で微分可能とする．このとき，次を満たす $c \in (a,b)$ が存在する．

$$\frac{f(b) - f(a)}{b - a} = f'(c).$$

注意 3.18　定理 3.17 において a, b の大小関係を入れ替えても同様の等式が成り立つことがわかる．b を x とすると接線と類似の式を得る．

$$f(x) - f(a) = f'(c)(x - a)$$

接線の方程式では傾きが $f'(a)$ であったが，上の式ではそれが $f'(c)$ で置き換わっている．c は a, x の内分点であり，内分点による表示も基本的であるから記述しておく．

$$c = (1 - \theta)a + \theta x = a + \theta(x - a), \quad \theta \in (0, 1).$$

$c \in (a, b)$ の存在と, 上式を満たす $\theta \in (0, 1)$ の存在は同値である.

[証明] $x = a$ から $x = b$ までの f の変化の割合が $\dfrac{f(b) - f(a)}{b - a}$ であるから,

この変化の割合を打ち消すような 1 次式を f から引き去り, g を導入する.

$$g(x) = f(x) - \frac{f(b) - f(a)}{b - a}(x - a).$$

このとき $g(a) = g(b)$ より, ロルの定理から $g'(c) = 0$ を満たす $c \in (a, b)$ が

存在する. 特に $0 = g'(c) = f'(c) - \dfrac{f(b) - f(a)}{b - a}$ が成り立つ. $\qquad \square$

　平均値の定理 (定理 3.17) に現れる c を具体的な実数で特定することは一般に難しいが, 多項式などある程度単純な関数であれば可能である.

例題 3.19 $f(x) = x^2$ について平均値の定理に現れる c を求めよ.

【解】 $f'(x) = 2x, b^2 - a^2 = 2 \cdot \dfrac{b + a}{2} \cdot (b - a)$ より $c = \dfrac{b + a}{2} \in (a, b).$ ∎

問 3.13 $f(x) = x^3$ について平均値の定理に現れる c を求めよ.

　平均値の定理により, 微分によって関数の増減を判定できる.

定理 3.20

　f は区間 (a, b) において微分可能な関数とする.

(1) 常に $f' \geq 0$ (または $f' \leq 0$) ならば f は単調増加 (または単調減少) である.

(2) 常に $f' > 0$ (または $f' < 0$) ならば f は狭義単調増加 (または狭義単調減少) である.

(3) 常に $f' = 0$ ならば f は定数関数である.

[証明の方針] $x < \widetilde{x}$ のとき, $f(x) - f(\widetilde{x}) = f'(c)(x - \widetilde{x})$ (ただし $c \in (x, \widetilde{x})$)

であり, f' の正負あるいは 0 か否かに応じて f の単調性を確認する. $\qquad \square$

例題 3.21 $e^x \geq 1 + x$ $(x \geq 0)$ を示せ.

【解】 $f(x) = e^x - 1 - x$ とおき,$f \geq 0$ を示す.$f'(x) = e^x - 1$ であり,$x \geq 0$ ならば $e^x \geq e^0 = 1$,$f' \geq 0$ を得る.従って f は単調増加関数である.ここで $f(0) = e^0 - 1 - 0 = 0$ であるから任意の x に対して $f(x) \geq 0$ を得る. ■

問 3.14 $e^x \geq 1 + x + \dfrac{x^2}{2}$ $(x \geq 0)$ を示せ.

以下のように単調増加性と単調減少性の境目で極値を定義する.

定義 3.22 極値

(1) f が $x = a$ で **極大**(または**極小**)をとる.

$\overset{\text{def}}{\Longleftrightarrow}$ $x = a$ のある近傍で $f(x) \geq f(a)$(または $f(a) \leq f(x)$).このとき,$f(a)$ を **極大値**(または**極小値**)とよぶ.

(2) 極大値と極小値をあわせて**極値**とよぶ.

注意 3.23 定義 3.22 の極値は「広義の極大極小」とよぶこともある.$f(x)$ と $f(a)$ の大小関係を等号なしの不等号,つまり,$0 < |x - a| < \delta$ ならば $f(x) > f(a)$(または $f(x) < f(a)$)とした場合を「狭義の極大極小」とよぶ.直観的には,極値は点 $x = a$ の近傍における最大最小の概念である.

例題 3.24 次の関数 $f(x) = x^4$ は原点で極値をとることを示せ.

【解】 $h > 0$ とすると次を確かめることができる.

$$f(x+h) - f(x) = \begin{cases} (x+h)^4 - x^4 > 0 \\ \quad (x > 0 \text{ のとき}) \\ (x+h)^4 - x^4 < 0 \\ \quad (x < 0, x + h < 0 \text{ のとき}) \end{cases}$$

従って f は原点で極小値 $f(0) = 0$ をとる. ■

問 3.15　$f(x) = -x^2 + 4x + 1$ は $x = 2$ で極大値をとることを示せ.

極値をとる点と微分の関係について以下は基本的である.

— 定理 3.25 —

　f は定義域内において微分可能な関数とする.

(1)　f が $x = a$ で極値をとるならば $f'(a) = 0$ である.

(2)　$x = a$ のある近傍で次が成り立つならば f は a で極大をとる.
$$x < a \text{ ならば } f'(x) > 0, \quad x > a \text{ ならば } f'(x) < 0.$$

(3)　$x = a$ のある近傍で次が成り立つならば f は a で極小をとる.
$$x < a \text{ ならば } f'(x) < 0, \quad x > a \text{ ならば } f'(x) > 0.$$

[証明]　(2), (3) は極値の定義と定理 3.20 により示される. (1) を示す. f は $x = a$ で極大をとるとき，極大の定義と f の微分可能性から，$x \to a$ とすると

$$x < a \text{ のとき } \quad 0 \geq f(x) - f(a), \quad 0 \geq \frac{f(x) - f(a)}{x - a} \to f'(a)$$

$$x > a \text{ のとき } \quad 0 \geq f(x) - f(a), \quad 0 \leq \frac{f(x) - f(a)}{x - a} \to f'(a)$$

が成り立つ. 従って $f'(a) = 0$ を得る. 極小のときも同様に示される. □

注意 3.26　「極値をとる点で $f' = 0$」は正しいが，逆に $f' = 0$ なる点で極値をとるとは限らない. $y = x^3$ が反例で，後の定理 3.46, 定理 3.47 を参照しておく. また，「最大・最小は極大・極小」は正しいが，逆に極大・極小は最大・最小とは限らない.

例題 3.27　$f(x) = 2x^3 - 9x^2 + 12x$ の極値を全て求めよ.

【解】　$f'(x) = 6x^2 - 18x + 12 = 6(x - 1)(x - 2)$ であるから，$x < 1$ のとき $f' > 0$, $1 < x < 2$ のとき $f' < 0$, $2 < x$ のとき $f' > 0$ となる. 従って定理 3.25 より極値は $x = 1$ のとき極大値 $f(1) = 2 - 9 + 12 = 5$, $x = 2$ のとき極小値 $f(2) = 16 - 36 + 24 = 4$ で全てである.

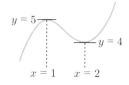

問 **3.16** (1) $f(x) = \dfrac{x}{1 + x^2}$ の極値を全て求めよ.

(2) $f(x) = e^x + e^{-x}$ は原点で極値をとることを示せ.

(3) $f(x) = e^x - e^{-x}$ は極値をもたないことを示せ.

定理 2.25 に関連して逆関数の存在についても述べておく.

定理 3.28 **逆関数の存在**

$y = f(x)$ は区間 $[a, b]$ で $f' > 0$ (または $f' < 0$) とする. このとき, f の値の集合 $f(I) = \{f(x) \mid x \in I\}$ で定義される逆関数 f^{-1} は存在する. さらに f^{-1} は連続で微分可能であり, 定理 3.9 と同一の微分公式 $\dfrac{df^{-1}}{dy}(f(a)) = \dfrac{1}{f'(a)}$ が成り立つ.

証明は, 定理 3.20 より単調性がわかるため定理 2.25 と同様である.

3.3 高 次 導 関 数

定義 3.29 **高次導関数**

n を自然数とする.

(1) $f(x)$ を n 回微分した関数を **n 次導関数**または **n 階導関数**とよび,

$f^{(n)}(x)$, $\dfrac{d^n f}{dx^n}(x)$ と書く.

(2) $\dfrac{d^n}{dx^n}$ を微分可能な関数 f に対して n 次導関数 $f^{(n)}$ を決める対応を表す記号とする.

注意 **3.30** 注意 3.3 と同様に, $\dfrac{d^n}{dx^n}f(x) = \dfrac{d^n f}{dx^n}(x)$ は正しいが, 一般に $\dfrac{d^n}{dx^n}f(a) \neq \dfrac{d^n f}{dx^n}(a)$ である.

定義 3.31　連続な導関数をもつ関数の集合

n を自然数とする.

(1) 任意の点において n 回まで微分可能で最高次の導関数 $f^{(n)}$ が連続である関数を $\mathcal{C}^n$ **級関数**とよび, $\mathcal{C}^n$ 級関数全体の集合を $\mathcal{C}^n$ と書く. 定義域が I の場合は $\mathcal{C}^n = \mathcal{C}^n(I)$ と書く.

(2) 任意の点において無限回微分可能である関数を $\mathcal{C}^\infty$ **級関数**とよび, $\mathcal{C}^\infty$ 級関数全体の集合を $\mathcal{C}^\infty$ と書く. 定義域が I の場合は $\mathcal{C}^\infty = \mathcal{C}^\infty(I)$ と書く.

例題 3.32 次の関数が $\mathcal{C}^n$ 級関数かあるいは $\mathcal{C}^\infty$ 級関数か明らかにせよ.

(1) x^m （m は自然数）　(2) $|x|x$

【解】 (1) 多項式の微分公式から $f(x) = x^m$ は微分可能であり $f'(x) = mx^{m-1}$ を得る. 再び多項式が現れるため帰納的に何度も微分できることがわかり, 特に $f^{(m)} = m!$ かつ $f^{(m+1)} = 0$ である. 従って x^m は $\mathcal{C}^\infty$ 級関数である.

(2) $f(x) = |x|x$ とする. $x > 0$ ならば $f(x) = x^2$, $x < 0$ ならば $f(x) = -x^2$ であるから $x \neq 0$ のときは f は何回でも微分可能である. $x = 0$ では,

$$\left| \frac{f(0+h) - f(0)}{h} \right| = \left| \frac{h^2}{h} \right| = |h| \to 0 \ (h \to 0)$$

より $f'(0) = 0$. さらに $f' = |x|$ が確かめられるため f' は連続である. 次に

$$h > 0 \text{ のとき } \frac{f'(0+h) - f'(0)}{h} = \frac{2h}{h} = 2 \to 2 \ (h \to 0)$$

$$h < 0 \text{ のとき } \frac{f'(0+h) - f'(0)}{h} = \frac{-2h}{h} = -2 \to -2 \ (h \to 0)$$

より $f^{(2)}(0)$ は存在しない. 従って $|x|x$ は $\mathcal{C}^1$ 級であるが $\mathcal{C}^\infty$ 級ではない ■

問 **3.17** 次の関数が $\mathcal{C}^n$ 級関数かあるいは $\mathcal{C}^\infty$ 級関数か明らかにせよ.

(1) e^x (2) $\sin x$ (3) $x^{\frac{5}{2}}$ （$x > 0$） (4) $|x|^3 x$ (5) $\log x$ （$x > 0$）

2 つの関数の積の高次導関数の公式が以下のように知られている.

定理 3.33　ライプニッツ（Leibniz）の公式

f, g が C^n 級ならば

$$(fg)^{(n)} = \sum_{k=0}^{n} \frac{n!}{(n-k)!k!} f^{(n-k)} g^{(k)}.$$

$n = 1$ のときは定理 3.5 より $(fg)' = f'g + fg'$ となり，$n = 2$ のときはさらに微分を実行することで

$$(fg)'' = (f''g + f'g') + (f'g' + fg'') = f'' + 2f'g' + g''$$

を得る. この様にして二項定理と類似の考え方で定理 3.33 を証明できる.

問 3.18　定理 3.33 にある公式を証明せよ.

問 3.19　次の導関数を求めよ.

(1) $(x^2 \cos x)^{(2)}$　　(2) $(e^x \sin x)^{(3)}$　　(3) $(xe^{-x^2})^{(2)}$

3.4　テイラーの公式と漸近展開

テイラーの公式の最も単純な場合は平均値の定理（定理 3.17）である. より高次の導関数を考えたものがテイラーの公式である.

定理 3.34　テイラーの公式

n を自然数，f を n 回微分可能な関数，$a, x \in \mathbb{R}$ とする. このとき次を満たすような c が a, x の間に存在する.

$$\begin{aligned}
f(x) = &f(a) + f^{(1)}(a)(x-a) + \frac{f^{(2)}(a)}{2!}(x-a)^2 + \cdots \\
&+ \frac{f^{(n-1)}(a)}{(n-1)!}(x-a)^{n-1} + \frac{f^{(n)}(c)}{n!}(x-a)^n.
\end{aligned}$$

注意 3.35　多項式の係数 $\dfrac{f^{(k)}(a)}{k!}$ について形式的には次のように導くことができる.

$$f(x) = a_0 + a_1(x-a) + a_2(x-a)^2 + \cdots$$

と書けたとして両辺を k 回微分して $x = a$ を代入すると $f^{(k)}(a) = a_k \cdot k!$ となる.
従って $a_k = \dfrac{f^{(k)}(a)}{k!}$ を得る.

注意 3.36 $f^{(n)}(c)$ の c を明確に書くことは一般には不可能である.一方で積分を用いた表示もある(後の例題 4.14 を参照).

[証明] $n = 1$ の場合は定理 3.17 そのものであるから $n \geq 2$ の場合を示す.

$x_0 > a$ とし区間 $[a, x_0]$ において考える.定理 3.34 の主張に現れる $f^{(n)}(c)$ を定数 b で置き換えた多項式を考え,f とその多項式との差を以下のように D_b とおき $D_b(x_0) = 0$ となる b を n 階微分係数として見い出せばよい.

$$D_b(x) = f(x) - \left\{ \sum_{k=0}^{n-1} \frac{f^{(k)}(a)}{k!}(x-a)^k + \frac{b}{n!}(x-a)^n \right\}.$$

ただし,b については,$[a, x_0]$ での n 階の微分係数を想定して集合 A を

$$A = \left\{ f^{(n)}(a) \text{ または } \frac{f^{(n-1)}(x) - f^{(n-1)}(a)}{x - a} \ (x \in (a, x_0]) \right\}$$

としたとき $\min A \leq b \leq \max A$ とする(集合 A は,$f^{(n-1)}$ の連続性と a での微分可能性から有界閉区間である).ここで D_b の $n-1$ 次導関数 $D_b^{(n-1)}(x) = f^{(n-1)}(x) - f^{(n-1)}(a) - b(x - a)$ は,A の定義から $b = \min A$ ならば $D_{\min A}^{(n-1)} \geq 0$,$b = \max A$ ならば $D_{\max A}^{(n-1)} \leq 0$ を満たす.従って定理 3.20 より $D_b^{(n-2)}$ ($b = \min A, \max A$) の単調性を得る.さらに $f^{(k)}(a) = 0$ ($k \leq n-2$) と定理 3.20 を繰り返し適用することで,$k \leq n-2$ のとき

$$b = \min A \text{ ならば } D_{\min A}^{(k)}(x) \geq 0, \quad b = \max A \text{ ならば } D_{\max A}^{(k)}(x) \leq 0$$

が任意の $x \in [a, x_0]$ に対して成り立つ.ただし $D_b^{(0)} = D_b$.ここで $k = 0$,$x = x_0$ のとき,$D_b(x_0)$ の b に関する単調増加性より次が成り立つ.

$$(0 \geq) \quad D_{\max A}(x_0) \leq D_b(x_0) \leq D_{\min A}(x_0) \quad (\geq 0)$$

従って中間値の定理(定理 2.20)より $D_b(x_0) = 0$ なる $b = b_0 \in A$ を得る.

最後に $b_0 = f^{(n)}(c)$ と書けることを示す. 次の集合 $\widetilde{A}$ を導入する.

$$\widetilde{A} = \left\{ \frac{f^{(n-1)}(x) - f^{(n-1)}(a)}{x - a} \,\middle|\, x \in (a, x_0] \right\}.$$

$b_0 \in \widetilde{A}$ または $b_0 = f^{(n)}(a)$ である. $b_0 \in \widetilde{A}$ のときは, ある $x \in (a, x_0]$ を用いて $b_0 = \dfrac{f^{(n-1)}(x) - f^{(n-1)}(a)}{x - a}$ と書けるので, $f^{(n-1)}$ に平均値の定理 (定理 3.17) を適用すれば $b_0 = f^{(n)}(c)$ を満たす $c \in (a, x)$ が存在する.

一方, $b_0 = f^{(n)}(a)$ のとき, $f^{(n)}(a) \in \widetilde{A}$ を示す. 背理法で示すため $b_0 \notin \widetilde{A}$ を仮定する. このとき, $f^{(n-1)}$ の連続性より $(a, x_0]$ において常に

$$\frac{f^{(n-1)}(x) - f^{(n-1)}(a)}{x - a} > f^{(n)}(a) \quad \left(\text{または} < f^{(n)}(a) \right)$$

となる. 前者を次のように書き換える (後者は同様のため省略する).

$$f^{(n-1)}(x) - f^{(n-1)}(a) - f^{(n)}(a)(x - a) > 0, \quad x \in (a, x_0].$$

左辺は $D_b(x)$ $(b = f^{(n)}(a) = b_0)$ の $n - 1$ 次導関数であるから, 定理 3.20 より $D_{b_0}^{(n-2)}$ の単調性を得る. さらに $D_{b_0}^{(k)}(a) = 0$ $(k \le n - 2)$ であるから定理 3.20 を繰り返し適用すると $D_{b_0}(x) > 0$ $(x \in (a, x_0])$ が成り立ってしまう. しかしながら, $D_{b_0}(x_0) = 0$ であったため矛盾が導かれた. $\qquad\square$

── 定義 3.37 ──

定理 3.34 の公式の右辺を f の点 a のまわりでの有限次数の**テイラー展開**とよぶ. $a = 0$ のときの有限次数のテイラー展開を有限次数の**マクローリン展開**とよぶ. また右辺に現れる $\dfrac{f^{(n)}(c)}{n!}(x - a)^n$ を**剰余項**とよぶ.

例題 3.38 次の関数の有限マクローリン展開を書け.

(1) e^x (2) $\sin x$

【解】 n を自然数とする. 以下では $\theta \in (0, 1)$ により 0 と x の間の数 θx を表す.

(1) $e^x = \sum_{k=0}^{n-1} \dfrac{x^k}{k!} + \dfrac{e^{\theta x}}{n!} x^n$ を満たす $\theta \in (0, 1)$ が存在する.

(2) $n = 2m + 1$(奇数)のとき,$\sin x = \sum_{k=0}^{m-1} \dfrac{(-1)^k x^{2k+1}}{(2k+1)!} +$

$\dfrac{(-1)^m \cos \theta x}{(2m+1)!} x^{2m+1}$ を満たす $\theta \in (0, 1)$ が存在する.$n = 2m$(偶数)の

とき,$\sin x = \sum_{k=0}^{m-1} \dfrac{(-1)^k x^{2k+1}}{(2k+1)!} + \dfrac{(-1)^m \sin \theta x}{(2m)!} x^{2m}$ を満たす $\theta \in (0, 1)$ が

存在する. ∎

問 3.20 次の関数の有限マクローリン展開を書け.

(1) $\dfrac{1}{1+x}$ (2) $\log(1 + x)$ (3) $\cos x$

• 漸近展開とランダウ（**Landau**）の記号

有限テイラー展開に関連して,ランダウの記号を用いた展開（漸近展開）が
あり,これは各点 a の近傍における剰余項の記述には便利な場合が多い.

定義 3.39 ランダウの記号

$f(x), r(x)$ は $x = a$ の近傍で定義された関数とする.

$f(x) = o(r(x))$ $(x \to a)$ $\overset{\text{def}}{\iff}$ $\displaystyle\lim_{x \to a} \dfrac{f(x)}{r(x)} = 0$ が成り立つ.

ここで $o(\cdot)$ をランダウの記号スモールオーとよぶ.

これから用いる $r(x)$ は $r(x) = 1$ や $r(x) = x^n$ である.$o(r(x))$ は $r(x)$ よ
りも速く 0 に収束する性質をもつ関数を表す.

例題 3.40 次を確かめよ.

(1) $x + x^2 = x + o(x)$ $(x \to 0)$

(2) $\displaystyle\lim_{x \to a} f(x) = 0$ と $f(x) = o(1)$ $(x \to a)$ は同値である.

(3) $x \to 0$ のとき $f(x) = x + o(x^2)$ ならば $f(x) = x + o(x)$

【解】 (1)　$\dfrac{x^2}{x} \to 0$　$(x \to 0)$　より $x^2 = o(x)$　$(x \to 0)$　であるため正しい.

(2)　$r(x) = 1$（定数関数）とすると $\displaystyle\lim_{x \to a} f(x) = 0 \iff \lim_{x \to a} \dfrac{f(x)}{r(x)} = 0 \iff$

$f(x) = o(r(x)) = o(1)$　$(x \to a)$　を確かめられるので正しい.

(3)　仮定から $\displaystyle\lim_{x \to 0} \dfrac{f(x) - x}{x^2} = 0$ が成り立つ. このとき, $\displaystyle\lim_{x \to 0} \dfrac{f(x) - x}{x} =$

$\displaystyle\lim_{x \to 0} \dfrac{f(x) - x}{x^2} \cdot x = 0^2 = 0$ より $f(x) = x + o(x)$　$(x \to 0)$ は正しい. ■

問 3.21　次の関数を $o(x^3)$　$(x \to 0)$　を用いて書け.

(1) $1 + x + x^3 + x^4$　　(2) $x + x^3 + x^5$

注意 3.41　ランダウの記号スモールオーは,「左辺が右辺の性質をもつ」という意味で用いられる. 例えば $f(x) = x + x^3$ について, $x \to 0$ のとき $x^2 \ll |x|$ であり

$$f(x) = x + o(x^2) = x + o(x) \text{ という記述はするが,}$$

$$f(x) = x + o(x) = x + o(x^2) \text{ という記述はしない.}$$

従って, 式が右に進むにつれて情報が一部失われる. 別の言い方をすると, 右辺の方が得られる性質が少なくなるので,「$f(x) = x + o(x^2)$ ならば $f(x) = x + o(x)$」は成立するが逆は成立しない. ここでの等号は通常の等号とは異なるため, 必要な情報を見落とさない様に注意して使って欲しい.

問 3.22　$x \to 0$ のとき次が成り立つことを示せ.

(1) $x^m o(x^n) = o(x^{m+n})$　　　　　　(2) $o(x^m) o(x^n) = o(x^{m+n})$

(3) $m \le n$ ならば $\dfrac{o(x^n)}{x^m} = o(x^{n-m})$　　(4) $m \le n$ ならば $o(x^m) + o(x^n) = o(x^m)$

問 3.23　$x \to 0$ のとき次が成り立つことを示せ.

(1) $(x + o(x))(x^2 + o(x^2)) = x^3 + o(x^3)$　　(2) $o\big(o(x)^2\big) = o(x^2)$

問 3.24　次を確かめよ.

(1)「f が $x = a$ で連続 」と「$f(x) = f(a) + o(1)$　$(x \to a)$」は同値である.

(2) 「f が $x = a$ で微分可能」と「$f(x) = f(a) + A(x - a) + o(x - a)$ $(x \to a)$ を満たす実数 A が存在する」は同値である.

(3) f が $x = a$ で微分可能ならば $f'(a) = \dfrac{f(x) - f(a)}{x - a} + o(1)$ $(x \to a)$.

例題 3.42 定理 3.6(合成関数の微分)をランダウの記号を用いて証明せよ.

【解】 $\dfrac{g\big(f(x + h)\big) - g\big(f(x)\big)}{h}$ を考える. f の x での微分可能性から

$$f(x + h) = f(x) + f'(x)h + o(h), \quad h \to 0.$$

次に g の $f(x)$ での微分可能性について,g の漸近展開

$$g(y) = g(b) + g'(b)(y - b) + o(y - b)$$

を $y = f(x + h), b = f(x), y - b = f'(x)h + o(h), h \to 0$ として適用すると

$$g\big(f(x + h)\big) = g\big(f(x)\big) + g'\big(f(x)\big)\big(f'(x)h + o(h)\big) + o\big(f'(a)h + o(h)\big)$$

$$= g\big(f(x)\big) + g'\big(f(x)\big)f'(x)h + o(h).$$

従って,$h \to 0$ のとき

$$\frac{g\big(f(x + h)\big) - g\big(f(x)\big)}{h} = \frac{g'\big(f(x)\big)f'(x)h + o(h)}{h} = g'\big(f(x)\big)f'(x) + o(1)$$

が成り立つため,合成関数の微分公式を得る. ■

定理 3.43 漸近展開

$f(x)$ が原点近傍で $\mathcal{C}^n$ 級 ($n \in \mathbb{N}$) ならば,

$$f(x) = f(0) + f^{(1)}(0)x + \frac{f^{(2)}(0)}{2!}x^2 + \cdots \frac{f^n(0)}{n!}x^n + o(x^n) \quad (x \to 0)$$

が成り立つ. $x = a$ の近傍で f が $\mathcal{C}^n$ 級ならば,$x \to a$ のとき上の式の右辺について,0 を a に,x を $x - a$ に置き換えた式が成り立つ.

注意 3.44 定理 3.43 によって,$|x| \ll 1$ のとき $o(x^n)$ は他の項よりも小さいため,「$x = 0$ の近くで $\mathcal{C}^n$ 級関数 f を n 次多項式で近似できる」ということがわかる.

[証明] テイラーの公式(定理 3.34)を $a = 0$ の場合に適用すると,

$$f(x) = \sum_{k=0}^{n-1} \frac{f^{(k)}(0)}{k!} x^k + \frac{f^{(n)}(c)}{n!} x^n$$

を満たす c が 0 と x の間に存在する．ここで，上式の右辺最後の項について，$0 \le |c| \le |x|$ より $x \to 0$ のとき $c \to 0$ であり，$f^{(n)}$ は連続関数のため $f^{(n)}(c) = f^{(n)}(0) + o(1) \ (x \to 0)$．両辺に $\frac{1}{n!} x^n$ をかければ問 3.22 (1) より

$$\frac{f^{(n)}(c)}{n!} x^n = \frac{f^{(n)}(0)}{n!} x^n + o(x^n) \ (x \to 0).$$

従って漸近展開の主張を得る．また，$x = a$ の近傍での漸近展開は平行移動により示される．　　　　　　　　　　　　　　　　　　　　　　　　　　$\square$

例題 3.45 　次の関数の漸近展開を $o(x^2) \ (x \to 0)$ を用いて書け．

(1) $y = \dfrac{1}{1 + x}$ 　(2) $y = e^x$

【解】　(1)　$y = \dfrac{1}{1 + x}$ は $x = 0$ の近傍で $\mathcal{C}^\infty$ 級である．$y' = -(1 + x)^{-2}$，$y'' = 2(1 + x)^{-3}$ より $x = 0$ のとき $y' = -1, y'' = 2$．従って

$$\frac{1}{1 + x} = 1 - x + \frac{2}{2!} x^2 + o(x^2) = 1 - x + x^2 + o(x^2) \ (x \to 0).$$

(2)　$y = e^x$ は $\mathcal{C}^\infty$ 級の関数である．$y' = y'' = e^x$ より $y' = y'' = 1 \ (x = 0)$．従って $e^x = 1 + x + \dfrac{1}{2!} x^2 + o(x^2) = 1 + x + \dfrac{x^2}{2} + o(x^2) \ (x \to 0)$.　　■

問 3.25　次の関数の漸近展開を $o(x^3) \ (x \to 0)$ を用いて書け．

(1) $\dfrac{1}{1 + x^2}$ 　(2) $\log(1 + x)$ 　(3) $\sin x$ 　(4) $\cos x$ 　(5) $\sin^2 x$ 　(6) $\tan x$

3.5 　微分の応用：極値判定法と凸性

定理 3.25 では 1 次導関数で極値の判定をした．ここではより高次の微分を用いた特徴付けを行う．典型例は $y = x^2$ の $x = 0$ での極小値であり，$y'' = 2 > 0$ より接線の傾きが単調に増加するため下に凸な関数で $y' = 0$ なる点 $x = 0$ で

極小値をとることがわかる（凸性の定義は後の定義 3.48 で述べる）．同様に $y = -x^2$ は $x = 0$ で極大値をとる．

この考え方は一般の関数にも適用できる．実際には漸近展開（より厳密にはテイラー展開）を用いて証明可能であり，2 次導関数を用いて次がわかる．

定理 3.46

f を開区間上の C^2 級関数とする．

(1) $f'(a) = 0, f''(a) > 0$ ならば f は $x = a$ で極小をとる．

(2) $f'(a) = 0, f''(a) < 0$ ならば f は $x = a$ で極大をとる．

[証明（その 1）] 定理 3.43（漸近展開）を $n = 2$ の場合に用いると，

$$f(x) - f(a) = \frac{f^{(2)}(a)}{(2m)!}(x-a)^2 + o((x-a)^2) \quad (x \to a)$$

が得られ，$x = a$ の近くで $\left| \frac{f^{(2)}(a)}{(2m)!}(x-a)^2 \right| > \left| o((x-a)^2) \right|$ である．従って $f(x) - f(a)$ の符号は $f^{(2)}(a)$ の符号によって決まる．従って，$f^{(2)}(a) > 0$ ならば f は $x = a$ で極小，$f^{(2)}(a) < 0$ ならば f は $x = a$ で極大をとる．

[証明（その 2）] 定理 3.34（テイラーの定理）を $n = 2$ の場合に適用すると

$$f(x) - f(a) = \frac{f^{(2)}(a + \theta(x-a))}{(2m)!}(x-a)^2$$

を満たす $\theta \in (0, 1)$ が存在する．$f^{(2)}$ は連続関数のため，$f^{(2)}(a + \theta(x-a))$ の符号は，$x = a$ の近傍で $f^{(2)}(a)$ の符号と一致する．従って，$f^{(2)}(a) > 0$ ならば f は $x = a$ で極小，$f^{(2)}(a) < 0$ ならば f は $x = a$ で極大をとる．　□

問 3.26　$f(x) = x^2 - 2x$ が $x = 1$ で極小をとることを定理 3.46 を用いて確かめよ.

　$f''(a) = 0$ の場合はより高次の項を考える必要がある. 例えば $y = x^4$ は $x = 0$ のとき極小をとる. 微分係数は, 4 次微分係数が初めて 0 でなくなる.

$$y^{(1)} = y^{(2)} = y^{(3)} = 0 \text{ かつ } y^{(4)} = 4!$$

これは偶数次の多項式 x^{2m} $(m \in \mathbb{N})$ でも同様で, 一般に次が知られている.

定理 3.47　偶数次微分と極値

　f を開区間上の $\mathcal{C}^{2m}$ 級関数とする.

(1)　次が成り立つとき f は $x = a$ で極小をとる.

$$f^{(1)}(a) = f^{(2)}(a) = \cdots = f^{(2m-1)}(a) = 0 \text{ かつ } f^{(2m)}(a) > 0.$$

(2)　次が成り立つとき f は $x = a$ で極大をとる.

$$f^{(1)}(a) = f^{(2)}(a) = \cdots = f^{(2m-1)}(a) = 0 \text{ かつ } f^{(2m)}(a) < 0.$$

[証明]　定理 3.43（漸近展開）を用いると, $x \to a$ のとき

$$f(x) - f(a) = \frac{f^{(2m)}(a)}{(2m)!}(x - a)^{2m} + o\big((x - a)^{2m}\big)$$

となるため $f^{(2m)}(a)$ の符号により極小, 極大を確かめられる.　□

問 3.27　$y = \cos^2 x$ の極値を全て求めよ.

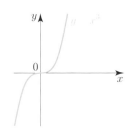

　3 以上の奇数次数の微分係数が初めて 0 でなくなる場合は, 極値をとらず特に変曲点という点が現れる. 典型例は $y = x^3$ で, $x = 0$ で $y' = y'' = 0, y''' = 6 \neq 0$ かつ $y^{(2)}$ は $x = 0$ の前後で正負が入れ替わる. これをより一般的に説明するために凸性と変曲点を定義する.

定義 3.48　凸性と変曲点

(1)　f は**下に凸**, または凸

$\overset{\text{def}}{\Longleftrightarrow}$　$x_1 < x_2, \theta \in (0, 1)$ ならば次が成り立つ.

$$f\big((1-\theta)x_1 + \theta x_2\big) \le (1-\theta)f(x_1) + \theta f(x_2).$$

(2) f は**上に凸** $\overset{\text{def}}{\Longleftrightarrow}$ $-f$ が下に凸

(3) f は $x = a$ の近傍で $x < a$ のとき下に凸，$x > a$ のとき上に凸（または，$x < a$ のとき上に凸，$x > a$ のとき下に凸）であるとき $x = a$ を変曲点とよぶ.

凸性の定義に現れる式について，左辺は変数 x_1 と x_2 の内分点での f の値，右辺は値 $f(x_1)$ と $f(x_2)$ の内分点となっている.

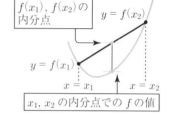

問 3.28 $f(x) = x^2$ は下に凸であることを示せ.

導関数と凸性および変曲点について以下のようにまとめることができる.

―― 定理 3.49 **凸性と変曲点** ――――――――――――

(1) f は $\mathcal{C}^2$ 級関数で常に $f^{(2)} \ge 0$ ならば f は下に凸である.

(2) f は $\mathcal{C}^2$ 級関数で常に $f^{(2)} \le 0$ ならば f は上に凸である.

(3) m を 1 以上の整数とする. $\mathcal{C}^{2m+1}$ 級関数 f が次を満たすとき f は $x = a$ で極値をもたない. さらに $x = a$ は変曲点である.
$$f^{(1)}(a) = \cdots = f^{(2m)}(a) = 0 \text{ かつ } f^{(2m+1)}(a) \ne 0.$$

[証明] (1) 凸性の定義の内分点を $c = (1-\theta)x_1 + \theta x_2$ とおく. 次を示せばよい.

$$(1-\theta)f(x_1) + \theta f(x_2) - f(c) \ge 0.$$

$f^{(2)} \ge 0$ に関連させるため，左辺で f の差分を見い出せるように書き直す.

$$(1-\theta)f(x_1) + \theta f(x_2) - f(c)$$
$$= (1-\theta)\big(f(x_1) - f(c)\big) + (1-\theta)f(c) + \theta f(x_2) - f(c)$$

$$= (1-\theta)\big(f(x_1) - f(c)\big) - \theta\big(f(c) - f(x_2)\big).$$

第 1 項と第 2 項にそれぞれ平均値の定理（定理 3.17）を適用すると，次を満たす $\widetilde{x}_1 \in (x_1, c), \widetilde{x}_2 \in (c, x_2)$ が存在する．

$$(1-\theta)f(x_1) + \theta f(x_2) - f(c)$$

$$= (1-\theta)f'(\widetilde{x}_1) \cdot \underbrace{(x_1 - c)}_{\theta(x_1 - x_2)} - \theta f'(\widetilde{x}_2) \cdot \underbrace{(c - x_2)}_{(1-\theta)(x_1 - x_2)}$$

$$= (1-\theta)\theta\big(f'(\widetilde{x}_1) - f'(\widetilde{x}_2)\big)(x_1 - x_2)$$

再び平均値の定理（定理 3.17）を適用すると，

$$(1-\theta)f(x_1) + \theta f(x_2) - f\big((1-\theta)x_1 + \theta x_2\big)$$

$$= (1-\theta)\theta \cdot f''(x_3)(\widetilde{x}_1 - \widetilde{x}_2) \cdot (x_1 - x_2) \geq 0$$

を満たすような $x_3 \in (\widetilde{x}_1, \widetilde{x}_2)$ が存在する．最後の不等号では仮定 $f'' \geq 0$ を適用した．以上から f の凸性が確かめられた．

(2)　(1) の議論と同様に示される．

(3)　f に漸近展開（定理 3.43）を適用すると次が成り立つ．

$$f(x) = f(a) + \frac{f^{(2m+1)}(a)}{(2m+1)!}(x-a)^{2m+1} + o\big((x-a)^{2m+1}\big) \quad (x \to a).$$

$(x-a)^{2m+1}$ は奇数次の多項式のため，$x = a$ の前後で $f(x)$ と $f(a)$ の大小関係が入れ替わる．従って f は $x = a$ で極値をとらない．

次に $f^{(2)}$ に定理 3.43（漸近展開）を適用すると，$f^{(2)}(a) = 0$ より

$$f^{(2)}(x) = \frac{f^{(2m+1)}(a)}{(2m-1)!}(x-a)^{2m-1} + o\big((x-a)^{2m-1}\big) \quad (x \to a)$$

を得る．$f^{(2m+1)}(a)(x-a)^{2m-1}$ は次数が奇数の多項式のため，$x = a$ の前後で $f^{(2)}$ の符号が変わることがわかる．従って $x = a$ は f の変曲点である． $\square$

例題 3.50　$f(x) = (\sin^2 x)e^x$ は原点で極小値をとることを示せ．

【解】　（漸近展開による解答）$x \to 0$ のとき次が成り立つ．

$$f(x) = (x + o(x))^2(1 + o(1)) = x^2 + o(x^2).$$

従って f は $x = 0$ で極小をとることがわかる.

(微分係数を求める方法) 微分係数について次を確かめることができる.

$$f'(x) = 2\sin x \cos x \cdot e^x + \sin^2 x \cdot e^x = (\sin 2x)e^x + \sin^2 x \cdot e^x, \quad f'(0) = 0,$$

$$f''(x) = 2\cos 2x \cdot e^x + 2\sin 2x \cdot e^x + \sin^2 x \cdot e^x, \quad f''(0) = 2 \neq 0.$$

従って f は $x = 0$ で極小をとる. ■

問 3.29 $f(x) = (1 - e^x)\log(1 + x)$ は原点で極大をとることを示せ.

3.6 微分の応用：ロピタルの定理

極限を求める際に便利な方法としてロピタルの定理が知られている. 特に $\dfrac{0}{0}$ や $\dfrac{\infty}{\infty}$ などの**不定形**とよばれる場合を想定している. まず $\mathcal{C}^1$ 級関数について証明が比較的単純な場合を記述しておく. f, g を $\mathcal{C}^1$ 級として

$$\lim_{x \to a} f(x) = \lim_{x \to a} g(x) = 0 \text{ のときに } \lim_{x \to a} \frac{f(x)}{g(x)} = \text{?}$$

という問題を考える. 典型例は $\displaystyle\lim_{x \to 0} \frac{\sin x}{x}$ であり定理 3.43（漸近展開）より

$$\sin x = x + o(x), \quad \frac{\sin x}{x} = 1 + o(x) \quad (x \to 0), \quad \lim_{x \to 0} \frac{\sin x}{x} = 1$$

を得る. より一般には $x \to a$ のとき

$$f(x) = f(a) + f'(a)(x - a) + o(x - a),$$

$$g(x) = g(a) + g'(a)(x - a) + o(x - a)$$

であるが，$f(a) = g(a) = 0$ とすれば，$x \to a$ のとき次が成り立つ.

$$\frac{f(x)}{g(x)} = \frac{f'(a)(x - a) + o(x - a)}{g'(a)(x - a) + o(x - a)} = \frac{f'(a) + o(1)}{g'(a) + o(1)}.$$

特に，$\displaystyle\lim_{x \to a} \frac{f(x)}{g(x)} = \frac{f'(a)}{g'(a)}$. ロピタルの定理はこれを含んだより一般の場合に

適用可能な定理である．準備としてコーシーの平均値定理を示す．前の平均値
の定理（定理 3.17）と比べて，一般の関数 $g(x)$ を用いて左辺分母の $b - a$ を
$g(b) - g(a)$ に置き換え，右辺分母に $g'(c)$ を置く点が異なる．

定理 3.51　コーシーの平均値定理

f, g は閉区間 $[a, b]$ で連続であり，(a, b) で微分可能とし，$g(a) \neq g(b)$
かつ $g'(x) \neq 0$ $(x \in (a, b))$ とする．このとき，ある $c \in (a, b)$ が存在し
て次が成り立つ．

$$\frac{f(b) - f(a)}{g(b) - g(a)} = \frac{f'(c)}{g'(c)}.$$

[証明]　平均値の定理（定理 3.17）の証明と同様に次の関数 h を導入する．

$$h(x) = f(x) - \frac{f(b) - f(a)}{g(b) - g(a)} \big(g(x) - g(a) \big).$$

$h(a) = h(b) = f(a)$ を確かめられるので定理 3.16（ロルの定理）を適用する
と $h'(c) = 0$ を満たす $c \in (a, b)$ が存在する．すると，$x = c$ のとき

$$h'(c) = f'(c) - \frac{f(b) - f(a)}{g(b) - g(a)} g'(c) = 0$$

が得られるため，$\dfrac{f(b) - f(a)}{g(b) - g(a)} = \dfrac{f'(c)}{g'(c)}$ が示された．　　　□

はじめに $x \to a$，$\dfrac{0}{0}$ 型の場合を示す．

定理 3.52　ロピタルの定理 1

f, g を $x = a$ の近傍で定義された関数で，$x \neq a$ のとき連続で微分可能
とする．さらに，以下を仮定する．

$$\lim_{x \to a} f(x) = \lim_{x \to a} g(x) = 0, \quad \lim_{x \to a} \frac{f'(x)}{g'(x)} \text{ が存在する．}$$

このとき $\displaystyle\lim_{x \to a} \frac{f(x)}{g(x)}$ が存在して $\displaystyle\lim_{x \to a} \frac{f(x)}{g(x)} = \lim_{x \to a} \frac{f'(x)}{f'(x)}$ が成り立つ．

[証明]　仮定から，f, g は $x = a$ で $f(a) = g(a) = 0$ を満たす連続関数とみ

なすことができる．定理 3.51 を適用すると a と x の間に次を満たす c が存在する．

$$\frac{f(x)}{g(x)} = \frac{f(x) - f(a)}{g(x) - g(a)} = \frac{f'(c)}{g'(c)}.$$

ここで $x \to a$ のとき $c \to a$，極限 $\lim_{x \to a} \dfrac{f'(x)}{g'(x)}$ が存在するという仮定から，

$$\frac{f(x)}{g(x)} = \frac{f'(c)}{g'(c)} \to \lim_{x \to a} \frac{f'(x)}{g'(x)} \quad (x \to a).$$

この議論は極限 $\lim_{x \to a} \dfrac{f'(x)}{g'(x)}$ が実数でも $\pm\infty$ でも成立することがわかる． □

例題 3.53 ロピタルの定理を用いて次の極限を求めよ．

(1) $\displaystyle \lim_{x \to 0} \frac{\log(1+x)}{x}$ (2) $\displaystyle \lim_{x \to 0} \frac{\log(1+x) - x}{x^2}$

【解】 (1) $f(x) = \log(1+x), g(x) = x$ とすると $f(x), g(x) \to 0 \ (x \to 0)$ である．次に $\dfrac{f'(x)}{g'(x)} = \dfrac{\frac{1}{1+x}}{1} = \dfrac{1}{1+x} \to 1 \ (x \to 0)$ であるから，定理 3.52 より $\displaystyle \lim_{x \to 0} \frac{\log(1+x)}{x}$ も存在して値は 1 である．

(2) $f(x) = \log(1+x) - x, g(x) = x^2$ とすると $f(x), g(x) \to 0 \ (x \to 0)$ である．次に 1 階微分について $f'(x) = \dfrac{1}{1+x} - 1 = \dfrac{-x}{1+x} \to 0, g'(x) = 2x \to 0$ $(x \to 0)$ を得る．さらに 2 階微分について $\dfrac{f''(x)}{g''(x)} = \dfrac{-\frac{1}{(1+x)^2}}{2} \to -\dfrac{1}{2} \ (x \to 0)$ が成り立つ．従って定理 3.52 より 1 階微分を考えた極限 $\displaystyle \lim_{x \to 0} \frac{f'(x)}{g'(x)}$ が存在してその値は $-\dfrac{1}{2}$ である．再び定理 3.52 を適用すると，もともとの極限 $\displaystyle \lim_{x \to 0} \frac{f(x)}{g(x)}$ も存在してその値は $-\dfrac{1}{2}$ である． ■

問 3.30　次の極限を求めよ.

(1) $\displaystyle\lim_{x\to 0}\frac{e^x-1}{x}$　(2) $\displaystyle\lim_{x\to 0}\frac{x^2}{1-\cos x}$　(3) $\displaystyle\lim_{x\to 0}\frac{1}{x}-\frac{1}{\sin x}$　(4) $\displaystyle\lim_{x\to 0}\frac{x-\sin x}{x^3}$

　次に $x\to a$, $x\to\pm\infty$ のとき $\dfrac{\infty}{\infty}$ 型の場合について, 同様の定理を述べる. 証明はより複雑であるため演習問題(章末問題 3.13, 3.14)とする.

定理 3.54　ロピタルの定理 2

　f, g を $x=a$ の近傍で定義された関数で, $x\neq a$ のとき連続で微分可能とする. さらに, 以下を仮定する.

$$\lim_{x\to a}f(x)=\lim_{x\to a}g(x)=\pm\infty,\quad \lim_{x\to a}\frac{f'(x)}{g'(x)} \text{ が存在する.}$$

このとき $\displaystyle\lim_{x\to a}\frac{f(x)}{g(x)}$ が存在して $\displaystyle\lim_{x\to a}\frac{f(x)}{g(x)}=\lim_{x\to a}\frac{f'(x)}{g'(x)}$ が成り立つ.

問 3.31　次の極限を求めよ.

(1) $\displaystyle\lim_{x>0,x\to 0}x\log x$　(2) $\displaystyle\lim_{x>0,x\to 0}\sqrt{x}\log x$

定理 3.55　ロピタルの定理 3

　f, g は微分可能とし以下を仮定する.

$$\lim_{x\to\pm\infty}f(x)=\lim_{x\to\infty}g(x)=0,\pm\infty,\quad \lim_{x\to\pm\infty}\frac{f'(x)}{g'(x)} \text{ が存在する.}$$

このとき $\displaystyle\lim_{x\to\pm\infty}\frac{f(x)}{g(x)}$ が存在して $\displaystyle\lim_{x\to\pm\infty}\frac{f(x)}{g(x)}=\lim_{x\to\pm\infty}\frac{f'(x)}{g'(x)}$.

例題 3.56　ロピタルの定理を用いて次の極限を求めよ.

(1) $\displaystyle\lim_{x\to\infty}\frac{x^2+x}{3x^2+1}$　(2) $\displaystyle\lim_{x\to\infty}\frac{x}{e^x}$　(3) $\displaystyle\lim_{x\to\infty}\frac{\log x}{x}$

【解】　(1)　$f(x)=x^2+x, g(x)=3x^2+1$ とおくと $f(x), g(x)\to\infty$ $(x\to\infty)$ を得る. 次に1階微分について $f'(x)=2x+1\to\infty, g'(x)=6x\to\infty$

$(x \to \infty)$ が成り立つ．2階微分を考えると $\dfrac{f''(x)}{g''(x)} = \dfrac{2}{6} = \dfrac{1}{3}$ $(x \to 3)$ であるため，定理 3.55 より1階微分を考えた極限 $\displaystyle\lim_{x \to 0} \dfrac{f'(x)}{g'(x)}$ は存在してその値は $\dfrac{1}{3}$ である．再び定理 3.55 を適用すると，$\displaystyle\lim_{x \to 0} \dfrac{f(x)}{g(x)}$ は存在してその値は $\dfrac{1}{3}$ である．

(2) 1階微分を考えると $\dfrac{x'}{(e^x)'} = \dfrac{1}{e^x} \to 1$ $(x \to 0)$ であるから，定理 3.55 により $\displaystyle\lim_{x \to \infty} \dfrac{x}{e^x}$ は存在して値は 1 である．

(3) 1階微分を考えると $\dfrac{(\log x)'}{x'} = \dfrac{1}{x} \to 0$ $(x \to \infty)$ であるから定理 3.55 により $\displaystyle\lim_{x \to \infty} \dfrac{\log x}{x}$ は存在して値は 0 である． ∎

問 3.32 次の極限を求めよ．

(1) $\displaystyle\lim_{x \to \infty} \dfrac{x^2}{x - x^2}$ (2) $\displaystyle\lim_{x \to \infty} \dfrac{e^x}{x^2 + \sin x}$ (3) $\displaystyle\lim_{x \to \infty} \dfrac{(\log x)^2}{x}$ (4) $\displaystyle\lim_{x \to 0} |x|^x$ (5) $\displaystyle\lim_{x \to \infty} x^{\frac{1}{x}}$

3.7 微分の応用：曲線のパラメータ表示

パラメータ表示を導入すると $y = f(x)$ より一般の曲線を表すことができる．

定義 3.57 曲線とパラメータ

区間 $[a, b]$ 上の連続関数 $\varphi(t), \psi(t)$ に対して $x = \varphi(t), y = \psi(t)$ で決まる点全体の集合 $C = \big\{ (\varphi(t), \psi(t)) \,|\, t \in [a, b] \big\}$ を**連続曲線**とよぶ．このとき，t を**パラメータ**とよぶ．さらに φ, ψ が $\mathcal{C}^1$ 級で任意の $t \in [a, b]$ に対して $(\varphi'(t), \psi'(t)) \neq (0, 0)$ のとき C を**滑らかな曲線**とよぶ．

注意 3.58 連続関数 $y = f(x)$ について，$x = t, y = f(t)$ とすれば定義 3.57 の意味で連続曲線であるから，$y = f(x)$ のグラフも連続曲線とよぶことにする．また，パラメータを用いた連続曲線または滑らかな曲線としての表示を単に曲線のパラメータ表

示とよぶことにする.

例題 3.59 中心が原点で半径が 1 の円についてパラメータ表示を 1 つ与えよ.

【解】 $x = \cos\theta, y = \sin\theta \ (0 \leq \theta < 2\pi)$ とすればこれは中心が原点で半径が 1 の円を表す滑らかな曲線である. ■

問 **3.33** (1) $y = x^2 \ (x \in \mathbb{R})$ のパラメータ表示を 1 つ与えよ.

(2) $x^2 - y^2 = -1 \ (x \in \mathbb{R}, y > 0)$ のパラメータ表示を 1 つ与えよ.

以下は $y = f(x)$ の導関数とパラメータ表示との関係である.

定理 3.60

$x = \varphi(t), y = \psi(t) \ (t \in [a, b])$ は滑らかな曲線を定めており,任意の t に対して $\varphi'(t) \neq 0$ とする.このとき,y は x を変数にもつ関数 $y = y(x)$ とみなすことができ,さらに微分可能で次が成り立つ.

$$\frac{dy}{dx}\big(\varphi(t)\big) = \frac{\psi'(t)}{\varphi'(t)}.$$

[証明] 定理 3.28 から $x = \varphi(t)$ の逆関数 $t = \varphi^{-1}(x)$ が存在する.これを $y = \psi(t)$ に代入すれば $y = \psi\big(\varphi^{-1}(x)\big)$ を得る.まず定理 3.9(合成関数の微分)から $\dfrac{dy}{dx} = \psi'\big(\varphi^{-1}(x)\big)\dfrac{d}{dx}\big(\varphi^{-1}(x)\big)$ が成り立つ.次に両辺に定理 3.28 (逆関数の微分)を適用し,$x = \varphi(t)$ を代入すれば定理 3.60 の主張を得る. □

例題 3.61 $x = \varphi(t), y = \psi(t) \ (t \in [a, b])$ で定義された滑らかな曲線について,$\varphi'(t) \neq 0 \ (t \in [a, b])$ ならば,$(\varphi(t_0), \psi(t_0))$ における接線の方程式は次で与えられることを示せ.

$$\psi'(t_0)\big(x - \varphi(t_0)\big) - \varphi'(t_0)\big(y - \psi(t_0)\big) = 0.$$

【解】 定理 3.60 から例題 3.61 の曲線は x を変数にもつ関数 $y = y(x)$ と書けて,接線の方程式は次のようになる.

$$y - \psi(t_0) = \frac{\psi'(t_0)}{\varphi'(t_0)}(x - \varphi(t_0))$$

両辺に $\varphi'(t_0)$ をかけて整理すると求める式が得られる. ∎

$\varphi'(t) = 0$ の場合を含めて曲線の接線を次のように定義する.

── 定義 3.62　**接線** ─────────────────────

$x = \varphi(t), y = \psi(t)$ $(t \in [a,b])$ は滑らかな曲線とし，任意の t に対して $(\varphi'(t), \psi'(t)) \neq (0,0)$ とする. このとき，点 $(\varphi(t), \psi(t))$ における**接線**とは次の方程式で表される直線である.

$$\psi'(t_0)\big(x - \varphi(t_0)\big) - \varphi'(t_0)\big(y - \psi(t_0)\big) = 0.$$

問 3.34　円のパラメータ表示 $x = \cos t, y = \sin t$ $(t \in [0, 2\pi])$ を考える. 円周上の点 $(\cos t, \sin t)$ における接線の方程式を求めよ.

3.8　微分の応用：ニュートンの逐次近似法

$f(x) = 0$ の解の構成方法としてニュートン（Newton）近似を説明する.

── 定理 3.63　**ニュートン近似** ─────────────────

f は閉区間 $[a,b]$ 上の $\mathcal{C}^2$ 級関数で

$$f(a) < 0 < f(b), \quad \text{任意の } x \in [a,b] \text{ に対して } f'(x), f''(x) > 0$$

を満たすとする. このとき，方程式 $f(x) = 0$ は区間 $[a,b]$ においてただ 1 つの解 $x = \alpha$ をもつ. さらに

$$c_1 = b, \quad c_{n+1} = c_n - \frac{f(c_n)}{f'(c_n)} \ (n \geq 1)$$

とすると $\displaystyle\lim_{n \to \infty} c_n = \alpha$ が成り立つ.

注意 3.64　$f(x) = x^2 - 2$ $(x \in [1,2])$ に定理 3.63 を適用すると，$c_1 = 2, c_{n+1} = c_n - \dfrac{c_n^2 - 2}{2c_n}$ を満たす有理数列 $\{c_n\}_{n=1}^{\infty}$（単調減少）の極限として $\sqrt{2}$ を理解できる.

[証明]　中間値の定理 (定理 2.20) から $f(x) = 0$ を満たす $x = \alpha$ が 1 つ存在する. 一意性については, $f' > 0$ (単調増加性) より $x > \alpha$ ならば $f(x) > f(\alpha) = 0$, $x < \alpha$ ならば $f(x) < f(\alpha) = 0$ となるため正しい.

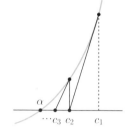

次に後半の主張を示すために, 準備として

「$\{c_n\}_{n=1}^\infty$ は単調減少で任意の $n \in \mathbb{N}$ に対して

$c_n > \alpha$」

を示す. c_2 について, $c_2 < c_1$ は以下からわかる.

$$c_2 - c_1 = c_1 - \frac{f(c_1)}{f'(c_1)} - c_1 = -\frac{f(c_1)}{f'(c_1)} < 0$$

$c_2 > \alpha$ については, $y = f(x)$ と $(c_1, f(c_1))$ での接線の位置関係と, c_n がその接線と x 軸との交点の x 座標であることを用いて示すことができる. 実際, $[c_1, c_2]$ において平均値の定理 (定理 3.17) を適用し, f' の単調増加性 ($f'' > 0$ より正しい) から次が成り立つ.

$$f(c_2) = f(c_1) + f'(\tilde{c})(c_2 - c_1) > f(c_1) + f'(c_1)(c_2 - c_1) = 0.$$

ただし $\tilde{c} \in (c_1, c_2)$ である. さらに f の単調増加性 ($f' > 0$ より正しい) と $f(\alpha) = 0 < f(c_2)$ から $\alpha < c_2$ である. 同様の議論により $c_{n+1} - c_n > 0$, $c_n > \alpha$ を帰納法で示すことができる.

従って $\{c_n\}_{n=1}^\infty$ は有界な単調減少数列であるから公理 1.21 により収束する. その極限を β とすると漸化式 $c_{n+1} = c_n - \frac{f(c_n)}{f'(c_n)}$ で $n \to \infty$ としたとき f, f' の連続性から $\beta = \beta - \frac{f(\beta)}{f'(\beta)}$ を得る. $f'(\beta) \neq 0$ であったから $f(\beta) = 0$ を得る. 一意性から $\alpha = \beta$ であるため $c_n \to \beta = \alpha$ $(n \to \infty)$ が従う.　　　□

問 3.35　$\sqrt{3}$ を近似する有理数列 $\{c_n\}_{n=1}^\infty$ をニュートン近似によって定めよ. さらに c_1, c_2, c_3 を求めよ.

3.9 テイラーの公式と多項式近似について

テイラーの公式（定理 3.34）の適用例として，e^x を考える．各 x に対して

$$e^x = 1 + x + \frac{x^2}{2!} + \cdots + \frac{x^{n-1}}{(n-1)!} + \frac{e^{\theta x} x^n}{n!}$$

を満たす $\theta \in (0,1)$ が存在する．$n = 2$ とし x が 0 に近ければ，e^x を 1 次式 $1 + x$ で近似できることが期待される．一方で x が 0 に近くない場合として，例えば，$x = 3$ として上式を適用すると

$$|e^{10} - 4| \leq \frac{3}{2} \cdot 3^2 = \frac{27}{2}, \quad 8 = 2^3 < e^3 < 3^3 = 27$$

であるため，$x = 3$ の場合に e^x を $1 + x$ で近似するのは無理がある．そこで，展開の次数を大きくすることでより良い近似が得られる．近似の精度を表す不等式を章末問題 3.15 とする．一般に，x を固定す
るたびに

$$\lim_{n \to \infty} \sup_{\theta \in [0,1]} \left| \frac{e^{\theta x} x^n}{n!} \right| = 0$$

であるから，x を固定するたびに展開の次数 n を大きくすれば，計算量はより増えるがより精度の高い近似が可能となる．

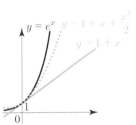

第 3 章　章末問題

3.1　次の関数の導関数を求めよ.

(1) $(x^2 + 3)^5 (3x - 1)$　　(2) $\sin^5(2x + 1)$　　(3) $\arctan 2x$

(4) $\log|\sin x|$　　(5) $\log(\log x)$　　(6) $x \log x$

(7) x^x　　(8) e^{x^x}　　(9) $(\sin x)^{\cos x}$

3.2　$y = e^x$ に関して，$x = a$ における接線の方程式を求めよ.

3.3　$a, b > 0$ とする．楕円 $\left\{ (x,y) \,\middle|\, \dfrac{x^2}{a^2} + \dfrac{y^2}{b^2} = 1 \right\}$ 上の任意の点 (x_0, y_0) における接線の方程式をパラメータ表示を利用して求めよ.

3.4　次の不等式を示せ.

(1) $\dfrac{x}{1+x} \leq \log(1+x)$ $(x \geq 0)$　　(2) $1 + x \leq e^x \leq \dfrac{1}{1-x}$ $(x < 1)$

3.5　次の関数の最大値, 最小値を求めよ.

(1) $f(x) = \dfrac{x^2-1}{x^2+1}$　　(2) $f(x) = x - \sqrt{1-x^2}$ $(|x| \leq 1)$

3.6　次の極限を求めよ.

(1) $\displaystyle\lim_{x\to\infty} \dfrac{x^2+1}{\log x}$　　(2) $\displaystyle\lim_{x\to 0} \dfrac{(\log x)^{10}}{e^x+1}$　　(3) $\displaystyle\lim_{x\to 0} \dfrac{x^3}{\sin x \tan^2 x}$

(4) $\displaystyle\lim_{x\to 0} \dfrac{1-\cos x}{\sin x}$　　(5) $\displaystyle\lim_{x\to 0} \dfrac{\arctan x}{x}$　　(6) $\displaystyle\lim_{x\to 0} \left(\dfrac{1}{x^2} - \dfrac{1}{\tan^2 x}\right)$

(7) $\displaystyle\lim_{x\to 1} x^{\frac{x}{1-x}}$　　(8) $\displaystyle\lim_{x\to\infty} x^{\frac{1}{x}}$　　(9) $\displaystyle\lim_{x\to 0} \dfrac{x^2\log(1+x)}{\sin^3 x}$

3.7　$y = f(x)$ の逆関数 $x = f^{-1}(y)$ について, その導関数 $\dfrac{dx}{dy}, \dfrac{d^2x}{dy^2}$ を f とその導関数を用いて表せ.

3.8[*]　f は $\mathcal{C}^1$ 級関数で, $f(0) = f'(0) = 0$, かつ, $x > 0$ ならば $f(x) > 0$ を満たすとする. このとき, ある $\delta > 0$ が存在して $(0, \delta)$ において $f' > 0$ が成り立つことを示せ.

3.9　$f(x) = \begin{cases} \dfrac{\sin x}{x} & (0 < x \leq \pi) \\ 1 & (x = 0) \end{cases}$ とする. 次の問に答えよ.

(1)　$x > 0$ のとき, $f(x) < f(0)$ が成り立つことを確かめよ.

(2)　f の逆関数が存在することを示せ.

3.10　次の関数が原点で極値をとるかどうか明らかにせよ.

(1) $f(x) = (\cos x - 1)\sin^2 x$　　(2) $f(x) = (e^{x^2} - 1)\log(1+x)$

3.11　$f(x) = e^{-x}\cos x$ について, 極値を求めよ.

3.12　$f(x) = e^{-x^2}\sin x$ $\left(-\dfrac{\pi}{2} < x < \dfrac{\pi}{2}\right)$ について, 極値の数を求めよ.

3.13*　定理 3.54 を次の手順で証明せよ.

(1)　$x = a$ の近傍の点 a_0 $(< a)$ をとる. $a_0 < x < a$ とすると, 定理 3.51（コーシーの平均値定理）から, 次を満たす c が存在することを示せ.

$$\frac{f(x)}{g(x)} = \frac{f(x)}{g(x)}\left(1 - \frac{1 - \frac{f(a_0)}{f(x)}}{1 - \frac{g(a_0)}{g(x)}}\right) + \frac{f'(c)}{g'(c)}, \quad x < c < a$$

(2)　$\displaystyle\lim_{x \to a}\frac{f(x)}{g(x)}$ が存在して $\displaystyle\lim_{x \to a}\frac{f(x)}{g(x)} = \lim_{x \to a}\frac{f'(x)}{g'(x)}$ が成り立つことを示せ.

3.14*　定理 3.55 について, $f(x), g(x) \to 0$ $(x \to \infty)$ の場合の主張を次の手順で示せ.

(1)　関数 F, G を次を満たすように定める.

$$F(x) = f(x^{-1}), \quad G(x) = g(x^{-1}), \quad F(0) = G(0) = 0.$$

このとき, F, G $(x \geq 0)$ は連続であり, $\displaystyle\lim_{x \to 0}\frac{F'(x)}{G'(x)} = \lim_{y \to \infty}\frac{f'(y)}{g'(y)}$ を示せ.

(2)　$\displaystyle\lim_{x \to \infty}\frac{f(x)}{g(x)}$ が存在して $\displaystyle\lim_{x \to \infty}\frac{f(x)}{g(x)} = \lim_{x \to 0}\frac{f'(x)}{g'(x)}$ が成り立つことを示せ.

3.15　（近似多項式の誤差評価）e^x に対する $x = 0$ のまわりでのテイラーの公式（定理 3.34）に関して次の問に答えよ. ただし, $2 < e < 3$ を用いてよい.

(1)　$|x| < 1$ のとき, $\left|e^x - (1 + x)\right| \leq \dfrac{3}{2}x^2$ が成り立つことを確かめよ.

(2)　$n = 10$ の場合のテイラーの公式を用いて次を確かめよ.

$$\left|e^3 - \sum_{k=0}^{9}\frac{3^k}{k!}\right| \leq \frac{3^3 \cdot 3^{10}}{10!} = \frac{1594323}{3628800} = 0.43935\cdots.$$

第4章

1変数関数の積分

　有界閉区間で連続な関数の場合を基本にして，区分求積法に基づく方法で積分を導入する．初等関数で積分の値を求められる場合をまとめ，値を求められない場合については実数として積分の値が定まることを学ぶ．また，積分と微分が逆演算となる関係は積分の定義から導かれる性質であることに注意しておく．

4.1 定積分の定義と基本性質

　区間 $[a, b]$ 上の関数 f について，高校で習った区分求積法を思い出すと

$$\int_a^b f(x)\,dx = \lim_{n \to \infty} \sum_{k=1}^n f\left(a + (b-a)\frac{k}{n}\right)\frac{b-a}{n}$$

という公式が知られている．上式の左辺は以下の左図の面積，右辺は右図のように長方形の面積の合計を考えて分割の幅を小さくしたときの極限である．

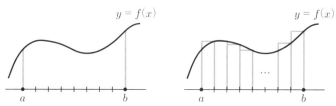

　これは**リーマン**（Riemann）**積分**という考え方に基づいており，これから扱う定積分とは，大雑把に言えば右辺の極限によって定義される実数である．本来はリーマン積分可能という概念を導入する必要があるが，後回しにして（4.6節を参照），基本となる連続関数の積分から導入する．

― 定義 4.1 連続関数の定積分 ―

閉区間 $[a,b]$ 上の連続関数 f に対して，極限 $\displaystyle\lim_{n\to\infty}\sum_{k=1}^{n}f\Big(a+(b-$

$a)\dfrac{k}{n}\Big)\dfrac{b-a}{n}$ を**定積分**または**積分**とよび $\displaystyle\int_{a}^{b}f(x)\,dx$ と書く．さらに，

$\displaystyle\int_{b}^{a}f(x)\,dx=-\int_{a}^{b}f(x)\,dx,\ \int_{a}^{a}f(x)\,dx=0$ と定義する．

本来は極限 $\displaystyle\lim_{n\to\infty}\sum_{k=1}^{n}f\Big(a+(b-a)\dfrac{k}{n}\Big)\dfrac{b-a}{n}$ が実数を定めることを確認す

る必要があるが後回しにする（4.6 節を参照）．具体的に計算できる例を挙げる．

> **例題 4.2** 次の定積分を a,b で表せ．

(1) $\displaystyle\int_{a}^{b}1\,dx$ (2) $\displaystyle\int_{a}^{b}x\,dx$

【解】 (1) 被積分関数は定数関数であるから

$$\int_{a}^{b}1\,dx=\lim_{n\to\infty}\sum_{k=1}^{n}1\cdot\frac{b-a}{n}=b-a.$$

(2) x の積分については，和の公式 $\displaystyle\sum_{k=1}^{n}k=\frac{1}{2}n(n+1)$ を用いて

$$\int_{a}^{b}x\,dx=\lim_{n\to\infty}\sum_{k=1}^{n}\Big(a+(b-a)\frac{k}{n}\Big)\frac{b-a}{n}=\lim_{n\to\infty}\Big\{\frac{b+a}{2}+\frac{b-a}{2n}\Big\}(b-a)$$

$$=\frac{b+a}{2}(b-a)=\frac{b^{2}-a^{2}}{2}. \qquad\blacksquare$$

問 4.1 $\displaystyle\int_{a}^{b}x^{2}\,dx$ を求めよ．

以下，積分に関する基本性質をまとめる．

定理 4.3

k, a, b, c を実数，f, g を連続関数とすると次が成り立つ.

(1) $\displaystyle\int_a^b \left(f(x) + g(x)\right)\, dx = \int_a^b f(x)\, dx + \int_a^b g(x)\, dx$

(2) $\displaystyle\int_a^b kf(x)\, dx = k\int_a^b f(x)\, dx$

(3) $\displaystyle\int_a^b f(x)\, dx + \int_b^c f(x)\, dx = \int_a^c f(x)\, dx$

[(3) の証明] 区間 $[a, b]$ と $[b, c]$ の幅が同じ場合のみ考える（そうでないとき は 4.6 節の区間の分割のとり方によらずに極限が定まる議論を用いる）．$[a, b]$ と $[b, c]$ での分割を併せると，$b - a = c - b = \dfrac{c-a}{2}$ より次を得る.

$$\sum_{k=1}^n f\left(a + (b-a)\frac{k}{n}\right)\frac{b-a}{n} + \sum_{k=1}^n f\left(b + (c-b)\frac{k}{n}\right)\frac{c-b}{n}$$

$$= \sum_{k=1}^{2n} f\left(a + (c-a)\frac{k}{2n}\right)\frac{c-a}{2n}.$$

各項を n に関する数列とみなして極限をとれば (3) の主張を得る. □

問 4.2 定理 4.3 の (1), (2) を示せ.

命題 4.4

$[a, b]$ 上の連続関数 f, g が $f(x) \le g(x)$ $(x \in [a, b])$ を満たすならば次 が成り立つ.

$$\int_a^b f(x)\, dx \le \int_a^b g(x)\, dx.$$

[証明] n を自然数とする．仮定から，$k = 1, 2, \ldots, n$ に対して次が成り立つ.

$$f\left(a + (b-a)\frac{k}{n}\right) \le g\left(a + (b-a)\frac{k}{n}\right).$$

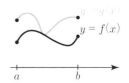

両辺に $(b-a)n^{-1}$ をかけて和をとることで,

$$\sum_{k=1}^{n} f\Big(a + (b-a)\frac{k}{n}\Big)\frac{b-a}{n} \leq \sum_{k=1}^{n} g\Big(a + (b-a)\frac{k}{n}\Big)\frac{b-a}{n}.$$

両辺について $n \to \infty$ とすれば, $\displaystyle\int_a^b f(x)\,dx \leq \int_a^b g(x)\,dx$ を得る. □

区間 $[a,b]$ における平均値は, 区間内の関数の値で表すことができる.

定理 4.5 **積分を用いた平均値の定理**

$[a,b]$ 上の連続関数 f に対して, ある c $(a < c < b)$ が存在して次が成り立つ.

$$\frac{1}{b-a}\int_a^b f(x)dx = f(c).$$

[証明] 定理 2.21 (最大最小の存在) から, f は最大値 M と最小値 m をもつ. このとき, $m \leq f(x) \leq M$ $(x \in [a,b])$ が成り立つ. 従って命題 4.4 から

$$m(b-a) \leq \int_a^b f(x)\,dx \leq M(b-a), \quad m \leq \frac{1}{b-a}\int_a^b f(x)\,dx \leq M.$$

実数 $\displaystyle\frac{1}{b-a}\int_a^b f(x)\,dx$ について中間値の定理 (定理 2.20) を適用すると

$\displaystyle\frac{1}{b-a}\int_a^b f(x)\,dx = f(c)$ を満たす $c \in (a,b)$ が存在する. □

積分に対する変数変換の公式を説明する.

定理 4.6 **置換積分**

$f(x)$ は $[a,b]$ 上の連続関数で, $x = \varphi(t)$ は $[\alpha, \beta]$ 上の $\mathcal{C}^1$ 級関数で $x(\alpha) = a, x(\beta) = b$ とすると, 次が成り立つ.

$$\int_a^b f(x)\,dx = \int_\alpha^\beta f\big(\varphi(t)\big)\varphi'(t)\,dt$$

[証明の方針] 分割したときの各点を $x_k = a + (b-a)\dfrac{k}{n}$ と書く. さらに,

$x_k = \varphi(t_k)$ を満たす t_k $(\alpha = t_0 < t_1 < \cdots < t_n = \beta)$ をとり次を用いる.

$$f\left(a + (b-a)\frac{k}{n}\right)\frac{b-a}{n} = f(x_k)(x_k - x_{k-1})$$
$$= f(x_k)\frac{\varphi(t_k) - \varphi(t_{k-1})}{t_k - t_{k-1}}(t_k - t_{k-1}).$$

次に φ に対して平均値の定理（定理 3.17）を適用すると

$$f(x_k)\frac{\varphi(t_k) - \varphi(t_{k-1})}{t_k - t_{k-1}}(t_k - t_{k-1}) = f(x_k)\varphi'(c_k)(t_k - t_{k-1})$$

が成り立つような $c_k \in (t_{k-1}, t_k)$ が存在する. 従って両辺の和をとり, $n \to \infty$ とすれば定理 4.6 の主張を得る（ただし, c_k の取り扱いについてはリーマン積分の考え方が必要で, 後の命題 4.43 と定理 4.46 を参照する）. □

問 4.3　$a > 0$ とする. $\displaystyle\int_0^1 (ax+5)^{10}\,dx = \frac{1}{a}\int_0^a (t+5)^{10}\,dt$ を確かめよ.

4.2　微分積分学の基本定理，部分積分

定理 4.7　微分積分学の基本定理

(1)　連続関数 f に対して $\displaystyle\frac{d}{dx}\int_a^x f(t)\,dt = f(x)$ が成り立つ.

(2)　$\mathcal{C}^1$ 級関数 F に対して $\displaystyle\int_a^b F'(x)\,dx = F(b) - F(a)$ が成り立つ.

[(1) の証明]　x を固定して $h \neq 0$ とすると次を得る.

$$\frac{\int_a^{x+h} f(t)\,dt - \int_a^x f(t)\,dt}{h} = \frac{1}{h}\int_x^{x+h} f(t)\,dt.$$

上式と $f(x)$ との差を考えるために, $\displaystyle f(x) = \frac{1}{h}\int_x^{x+h} f(x)\,dt$ と書き直す. これを用いて f の連続性から (1) の主張を示すことができる. 実際,

$$\left|\frac{1}{h}\int_x^{x+h} f(t)\,dt - f(x)\right| = \left|\frac{1}{h}\int_x^{x+h} \big(f(t) - f(x)\big)\,dt\right|$$

$$\leq \left| \frac{1}{h} \int_x^{x+h} dt \right| \sup_{|t-x| \leq |h|} |f(t) - f(x)|$$

$$= \sup_{|t-x| \leq |h|} |f(t) - f(x)| \to 0 \ (h \to 0).$$

[**(2) の証明の方針**] 区間 $[a,b]$ を点 $x_k = a + (b-a)\dfrac{k}{n}$ により分割する．$F(a)$ から $F(b)$ への変化量を $F(x_k)$ を使って以下のように書き直す．

$$F(b) - F(a) = \sum_{k=1}^n \big(F(x_k) - F(x_{k-1})\big) = \sum_{k=1}^n \frac{F(x_k) - F(x_{k-1})}{x_k - x_{k-1}}(x_k - x_{k-1}).$$

F に平均値の定理（定理 3.17）を適用すると，

$$F(b) - F(a) = \sum_{k=1}^n F'(c_k)(x_k - x_{k-1}) = \sum_{k=1}^n F'(c_k)\frac{b-a}{n}$$

を満たす $c_k \in (x_k, x_{k-1})$ が存在する．$n \to \infty$ とすると次が成り立つ．

$$F(b) - F(a) = \sum_{k=1}^n F'(c_k)\frac{b-a}{n} \to \int_a^b F'(t)\ dt.$$

ただし，$F'(c_k)$ の厳密な取り扱いは命題 4.43 と定理 4.46 を参照する．以上から (2) の主張が示された． □

微分積分学の基本定理により，計算できる初等関数の積分の例が増える．

例題 4.8 次の定積分の値を求めよ．

(1) $\displaystyle\int_0^1 x^{10}\, dx$ (2) $\displaystyle\int_0^1 e^{2x}\, dx$

【解】 (1) $(x^{11})' = 11x^{10}$ より，$\displaystyle\int_0^1 x^{10}\, dx = \left[\frac{x^{11}}{11}\right]_0^1 = \frac{1}{11}$.

(2) $(e^{2x})' = 2e^{2x}$ より，$\displaystyle\int_0^1 e^{2x} dx = \left[\frac{e^{2x}}{2}\right]_0^1 = \frac{e^2 - 1}{2}$. ■

問 4.4　次の定積分の値を求めよ.

(1) $\displaystyle\int_0^1 x^{\frac{1}{2}}\,dx$　(2) $\displaystyle\int_0^1 \frac{1}{1+x}\,dx$　(3) $\displaystyle\int_0^{\frac{\pi}{2}} \sin x\,dx$　(4) $\displaystyle\int_0^1 \frac{1}{\sqrt{1-x^2}}\,dx$

問 4.5　置換積分を用いて次の定積分の値を求めよ.

(1) $\displaystyle\int_0^1 (10x+1)^{100}\,dx$　(2) $\displaystyle\int_0^1 \frac{x}{x^2+1}\,dx$　(3) $\displaystyle\int_0^{\infty} xe^{-x^2}\,dx$

定義 4.9　定積分の記号

以下の記述を用いる.

$$\int_a^b F'(t)\,dt = F(b) - F(a) = \left[F(t)\right]_a^b = \left[F(t)\right]_{t=a}^b.$$

定理 4.10　部分積分

$\mathcal{C}^1$ 級関数 f, g に対して次が成り立つ.

$$\int_a^b f'(t)g(t)\,dt = \left[f(t)g(t)\right]_a^b - \int_a^b f(t)g'(t)\,dt.$$

[証明]　定理 3.5 (3) から $(fg)' = f'g + fg'$ であり, 両辺を積分すると

$$\left[f(t)g(t)\right]_a^b = \int_a^b f'(t)g(t)\,dt + \int_a^b f(t)g'(t)\,dt$$

が成り立つため定理 4.10 の主張を得る.　　　　　　　　　□

例題 4.11　部分積分によって次の定積分の値を求めよ.

(1) $\displaystyle\int_0^1 xe^x\,dx$　(2) $\displaystyle\int_0^{\frac{\pi}{2}} e^x \sin x\,dx$

【解】　(1)　e^x を積分して x を微分するように部分積分を実行すると,

$$\int_0^1 xe^x\,dx = [xe^x]_0^1 - \int_0^1 1\cdot e^x\,dx = e - [e^x]_0^1 = 1.$$

(2)　e^x を積分して $\sin x$ を微分するような部分積分を 2 回実行すると,

$$\int_0^{\frac{\pi}{2}} e^x \sin x \, dx = [e^x \sin x]_0^{\frac{\pi}{2}} - \int_0^{\frac{\pi}{2}} e^x \cos x \, dx$$

$$= e^{\frac{\pi}{2}} - [e^x \cos x]_0^{\frac{\pi}{2}} + \int_0^{\frac{\pi}{2}} e^x \cdot (-\sin x) \, dx$$

$$= e^{\frac{\pi}{2}} + 1 - \int_0^{\frac{\pi}{2}} e^x \sin x \, dx.$$

最右辺の積分を右辺に移項してまとめる．求める値は $\dfrac{e^{\frac{\pi}{2}} + 1}{2}$ である． ■

問 4.6 部分積分によって次の定積分の値をを求めよ．

(1) $\displaystyle\int_1^2 \log x \, dx$ (2) $\displaystyle\int_0^{\frac{\pi}{2}} x \sin x \, dx$ (3) $\displaystyle\int_0^{\frac{\pi}{2}} e^x \cos x \, dx$

以下は部分積分を用いて漸化式を導き，定積分の値を求められる例である．

$\boxed{\text{例題 4.12}}$ $I_n = \displaystyle\int_0^{\frac{\pi}{2}} \cos^n x \, dx$ を求めよ．

【解】 $n = 0, 1$ のときは次が成り立つ．

$$I_0 = \int_0^{\frac{\pi}{2}} dx = \frac{\pi}{2}, \quad I_1 = \int_0^{\frac{\pi}{2}} \cos x \, dx = [\sin x]_0^{\frac{\pi}{2}} = 1.$$

$n \geq 2$ のとき，$\cos^n x = \cos^{n-2} x \cdot (1 - \sin^2 x)$ と書き換えて部分積分すると

$$I_n = \int_0^{\frac{\pi}{2}} \cos^{n-2} x \cdot (1 - \sin^2 x) \, dx = I_{n-2} - \int_0^{\frac{\pi}{2}} \left(\frac{-\cos^{n-1} x}{n-1} \right)' \sin x \, dx$$

$$= I_{n-2} + \left[\frac{\cos^{n-1} x}{n-1} \sin x \right]_0^{\frac{\pi}{2}} - \int_0^{\frac{\pi}{2}} \frac{\cos^{n-1} x}{n-1} \cos x \, dx$$

$$= I_{n-2} - \frac{1}{n-1} I_n.$$

得られた式を I_n についてまとめると $I_n = \dfrac{n-1}{n} I_{n-2}$ を得る．従って，

$$I_n = \frac{n-1}{n} \cdot \frac{n-3}{n-2} \cdots \frac{2}{3} \cdot I_1 = \frac{n-1}{n} \cdot \frac{n-3}{n-2} \cdots \frac{2}{3} \qquad (n \text{ は奇数})$$

$$I_n = \frac{n-1}{n} \cdot \frac{n-3}{n-2} \cdots \frac{1}{2} \cdot I_0 = \frac{n-1}{n} \cdot \frac{n-3}{n-2} \cdots \frac{1}{2} \cdot \frac{\pi}{2} \quad (n \text{ は偶数})$$

が得られる．

■

注意 4.13　$0!! = (-1)!! = 0$, $n!! = \begin{cases} n(n-2)(n-4)\cdots 1 & (n \text{ は奇数}) \\ n(n-2)(n-4)\cdots 2 & (n \text{ は偶数}) \end{cases}$ という記

号を導入すると $I_n = \dfrac{(n-1)!!}{n!!}$ （n は奇数），$\dfrac{(n-1)!!}{n!!} \cdot \dfrac{\pi}{2}$ （n は偶数）と書ける．

問 4.7　$\displaystyle\int_0^{\frac{\pi}{2}} \sin^n x \, dx$ を求めよ．

例題 4.14　定理 3.34（テイラーの公式）の n 次の項について次を示せ．

$$\frac{f^{(n)}(c)}{n!}(x-a)^n = \int_0^1 \frac{(1-\theta)^{n-1}}{(n-1)!} f^{(n)}(\theta x + (1-\theta)a) \, d\theta \cdot (x-a)^n.$$

【解】　$n = 1$ のときは定理 4.7 (2) より示すことができる．実際，

$$f(x) - f(a) = \left[f(\theta x + (1-\theta)a)\right]_{\theta=0}^1 = \int_0^1 \frac{d}{d\theta} f(\theta x + (1-\theta)a) \, d\theta$$

$$= \int_0^1 f'(\theta x + (1-\theta)a) \, d\theta \cdot (x-a).$$

$n = n_0$ （$n_0 \geq 1$）のとき次が成り立つと仮定して帰納法を用いる．

$$f(x) - \sum_{k=0}^{n_0} \frac{f^{(k)}(a)}{k!}(x-a)^k$$

$$= \int_0^1 \frac{(1-\theta)^{n_0-1}}{(n_0-1)!} f^{(n_0)}(\theta x + (1-\theta)a) \, d\theta (x-a)^{n_0}.$$

右辺について $(1-\theta)^{n_0-1}$ を積分して $f^{(n_0)}$ を微分するように部分積分すると

$$f(x) - \sum_{k=0}^{n_0} \frac{f^{(k)}}{k!}(x-a)^k$$

$$= \left\{ -\left[\frac{(1-\theta)^{n_0}}{n_0!} f^{(n_0)}(\theta x + (1-\theta)a)\right]_{\theta=0}^1 \right.$$

$$+ \int_0^1 \frac{(1-\theta)^{n_0}}{n_0!} f^{(n_0+1)}(\theta x + (1-\theta)a) \, d\theta \cdot (x-a) \Bigg\}(x-a)^{n_0}$$

$$= \frac{f^{(n_0)}(a)(x-a)^{n_0}}{n_0!}(x-a)^{n_0}$$

$$+ \int_0^1 \frac{(1-\theta)^{n_0}}{n_0!} f^{(n_0+1)}(\theta x + (1-\theta)a) \, d\theta \cdot (x-a)^{n_0+1}.$$

従って帰納法により主張が示された. ■

4.3 不定積分の計算

> **定義 4.15 不定積分と原始関数**
>
> (1) f を区間 I 上の連続関数とする. 1 点 $c \in I$ を固定したとき, I 上の関数 $F(x) = \displaystyle\int_c^x f(t) \, dt$ を f の**不定積分**という. さらに, f の不定積分を $\displaystyle\int f(x) \, dx$ と書く.
>
> (2) 区間 I 上の関数 f に対して, 任意の $x \in I$ に対して $F'(x) = f(x)$ を満たす I 上の微分可能な関数 $F(x)$ を**原始関数**という.

注意 4.16 定理 4.7 より不定積分と原始関数の差は定数であることがわかる. すなわち, $c \in I$, f を区間 I 上の連続関数とし, $F(x)$ を f の任意の原始関数とすると, ある実数 C が存在して次が成り立つ.

$$F(x) = \int_c^x f(t) \, dt + C, \quad x \in I.$$

不定積分を記述する際, 厳密には積分定数 C を書く必要があるが, 単純な記述のために定数を省略して以下のような記述も用いる.

$$\int x^n \, dx = \frac{x^{n+1}}{n}.$$

初等関数の不定積分のうち, 基本的なものをまとめておく.

> **初等関数の不定積分**（ただし，積分定数は省略する．）
>
> (1) $\displaystyle\int x^a\,dx = \frac{x^{a+1}}{a+1}$　$(a \neq -1)$　　　　(2) $\displaystyle\int \frac{dx}{x} = \log|x|$
>
> (3) $\displaystyle\int e^x\,dx = e^x$　　　　　　　　　(4) $\displaystyle\int \log x\,dx = x\log x - x$
>
> (5) $\displaystyle\int a^x\,dx = \frac{a^x}{\log a}$　$(a > 0, a \neq 1)$　　(6) $\displaystyle\int \sin x\,dx = -\cos x$
>
> (7) $\displaystyle\int \cos x\,dx = \sin x$　　　　　　(8) $\displaystyle\int \frac{dx}{\cos^2 x}\,dx = \tan x$
>
> (9) $\displaystyle\int \frac{dx}{\sqrt{1-x^2}} = \arcsin x$　　　(10) $\displaystyle\int \frac{(-1)\,dx}{\sqrt{1-x^2}} = \arccos x$
>
> (11) $\displaystyle\int \frac{dx}{1+x^2} = \arctan x$

　こうした初等関数について，部分積分，置換積分の組み合わせによる不定積分については具体的に求めることができる．

問 4.8　次の不定積分を求めよ．

(1) $\displaystyle\int \frac{(\log x)^5}{x}\,dx$　(2) $\displaystyle\int \tan x\,dx$　(3) $\displaystyle\int xe^{x^2}\,dx$　(4) $\displaystyle\int (\log x)^2\,dx$

(5) $\displaystyle\int x^2\sin x^3\,dx$　(6) $\displaystyle\int \frac{x}{\sqrt{1-x^2}}\,dx$　(7) $\displaystyle\int \frac{e^x}{1+e^{2x}}\,dx$　(8) $\displaystyle\int \frac{x}{\sqrt{1-x^4}}\,dx$

● **有理式の不定積分**

　分母と分子が多項式（実数係数）である関数の不定積分を扱う．例えば $\displaystyle\int \frac{dx}{x} = \log|x|$ が最も単純な例であり，分母が 1 次式のときは容易である．次に分母が 2 次式の場合について基本になる 3 種類の例題を解いて，その後で一般形を考える．

例題 4.17 (基本：その 1) $\displaystyle\int \frac{2x+b}{(x^2+bx+c)^m}\,dx$ を求めよ（m は自然数）.

【解】 $2x+b = (x^2+bx+c)'$ より,

$$\int \frac{2x+b}{(x^2+bx+c)^m}\,dx = \begin{cases} \log|x^2+bx+c| & (m=-1) \\[2mm] \dfrac{(x^2+bx+c)^{-m+1}}{-m+1} & (m \neq -1) \end{cases} \text{を得る.} \qquad \blacksquare$$

例題 4.18 (基本：その 2) $\displaystyle\int \frac{dx}{x^2},\ \int \frac{dx}{x^2+1},\ \int \frac{dx}{x^2-1}$ を求めよ.

【解】 1 つ目については, $(x^{-1})' = -x^{-2}$ より $\displaystyle\int \frac{dx}{x^2} = -x^{-1}$.

2 つ目については, $(\arctan x)' = \dfrac{1}{x^2+1}$ より $\displaystyle\int \frac{dx}{x^2+1} = \arctan x$.

3 つ目については, $\dfrac{1}{x^2-1} = \dfrac{1}{2}\Big(\dfrac{1}{x-1} - \dfrac{1}{x+1}\Big),\ (\log|x\pm1|)' = \dfrac{1}{x\pm1}$ よ

り, $\displaystyle\int \frac{dx}{x^2-1} = \dfrac{1}{2}\Big(\log|x-1| - \log|x+1|\Big) = \dfrac{1}{2}\log\dfrac{|x-1|}{|x+1|}$. $\qquad \blacksquare$

注意 4.19 $\dfrac{1}{x^2+1} = \dfrac{1}{(x+i)(x-i)} = \dfrac{1}{2i}\Big(\dfrac{1}{x-i} - \dfrac{1}{x+i}\Big)$ ($i=\sqrt{-1}$, 虚数単位) と変形すると, 不定積分を形式的に対数関数 $\log(x\pm i)$ で書けるようにみえる. 複素数を変数にもつ対数関数を導入する必要があるが, 本書の範囲外であるため扱わない.

問 4.9 次の不定積分を求めよ.

(1) $\displaystyle\int \frac{dx}{2x+3}$ $\qquad$ (2) $\displaystyle\int \frac{x+2}{x^2+4x+2}\,dx$ (3) $\displaystyle\int \frac{dx}{x^2+a}\,dx\ (a>0)$

(4) $\displaystyle\int \frac{dx}{x^2-a}\,dx\ (a>0)$ (5) $\displaystyle\int \frac{x+2}{x^2+1}\,dx$ $\qquad$ (6) $\displaystyle\int \frac{x}{x^2+2x-3}\,dx$

例題 4.20 (基本：その 3) $\displaystyle I_m = \int \frac{dx}{(x^2+1)^m},\ J_m = \int \frac{dx}{(x^2-1)^m}$ とする. I_{m+1}, J_{m+1} をそれぞれ I_m, J_m で表せ.

【解】　次の等式を用いて，I_{m+1} の被積分関数を書き換える.

$$\frac{1}{(x^2+1)^{m+1}} = \frac{x^2+1-x^2}{(x^2+1)^{m+1}} = \frac{1}{(x^2+1)^m} - \frac{x}{-2m}\big((x^2+1)^{-m}\big)'$$

両辺の不定積分について，上式の右辺第 2 項について部分積分を実行すると，

$$I_{m+1} = I_m + \frac{x}{2m(x^2+1)^m} - \int \frac{1}{2m(x^2+1)^m}dx$$

$$= \frac{2m-1}{2m}I_m + \frac{x}{2m(x^2+1)^m}.$$

J_{m+1} についても同様に，$J_{m+1} = -\dfrac{2m-1}{2m}J_m - \dfrac{x}{2m(x^2+1)^m}$　を得る. ■

注意 4.21　例題 4.20 について，I_1, J_1 を求めることは可能（例題 4.18）であるため，帰納法により I_m, J_m を求めることができる.

問 4.10　次の不定積分を求めよ. (1) $\displaystyle\int \frac{dx}{(x^2+1)^2}$　(2) $\displaystyle\int \frac{dx}{(x^2-1)^2}$

補題 4.22　**有理式の積分**

$P(x), Q(x)$ を実数係数の多項式とする. このとき，$\displaystyle\int \frac{Q(x)}{P(x)}\,dx$ は，初等関数で記述される.

[証明の方針]　Step 1（分母が 1 次式の場合）．$\dfrac{Q(x)}{P(x)}$ は，多項式と $\dfrac{1}{ax+b}$ を用いて書けるため，その不定積分は多項式と $\log|ax+b|$ で表される.

Step 2（分母が 2 次式の場合）．$\dfrac{Q(x)}{P(x)}$ は，多項式と $\dfrac{dx+e}{ax^2+bx+c}$ を用いて書ける. 多項式の不定積分は多項式である. 次に，$(ax^2+bx+c)' = 2ax+b$，$dx+e = \dfrac{d}{2a}(2ax+b)e + e - \dfrac{bde}{2a}$ であることから，次を得る.

$$\int \frac{dx+e}{ax^2+bx+c}\,dx = \int \left\{\frac{d}{2a}\cdot\frac{2ax+b}{ax^2+bx+c} + \left(e - \frac{bde}{2a}\right)\frac{1}{ax^2+bx+c}\right\}dx.$$

右辺第 1 項は例題 4.17 より対数関数である. 右辺第 2 項の分母に着目して，

$$\frac{1}{ax^2 + bx + c} = \frac{1}{a} \cdot \frac{1}{(x + \frac{b}{2a})^2 - \frac{b^2 - 4ac}{4a}}$$

と平方完成すれば，不定積分は有理式，$\arctan x$，対数関数の何れかとなる（例題 4.18）．従って分母が 2 次式である有理式の不定積分は初等関数で書ける．

Step 3（一般の場合）．$P(x) = 0$ の解を複素数も含めて考えると多項式 $P(x)$ の次数の数だけ解が存在する．$P(x)$ は実数を係数にもつので複素数解 z が存在する場合はその複素共役 $\overline{z}$ も解となる．ここで，

$$(x - z)(x - \overline{z}) = x^2 - (z + \overline{z})x + z\overline{z}, \qquad 右辺の係数 z + \overline{z}, z\overline{z} は実数$$

であるから，$P(x)$ は実数係数の 1 次式と 2 次式を用いて次のように書ける．

$$P(x) = (1 次式) \cdots (1 次式) \times (2 次式) \cdots (2 次式)$$

このとき，$\dfrac{Q(x)}{P(x)}$ を部分分数分解すると，分母が上式にある 1 次式または 2 次式およびそれらの累乗となっている有理式の和を得る．従って Step 1, Step 2, 例題 4.20 により，一般の有理式の不定積分も初等関数で書ける．　　□

• $\sqrt[n]{ax + b}$, $\sqrt{ax^2 + bx + c}$ を含む有理式の不定積分

x と $\sqrt[n]{ax + b}$ からなる有理式，x と $\sqrt{ax^2 + bx + c}$ からなる有理式の不定積分を求める方法を解説する．以下の補題にある変数変換を用いれば，こうした関数の不定積分を補題 4.22 にある有理式の場合に帰着できる．

補題 4.23

n を 2 以上の自然数，a, b, c, α, β を実数とする．

(1)（1 次式の累乗根）$t = \sqrt[n]{x + 1}$ とおくと

$$x, \sqrt[n]{x + 1}, \frac{dx}{dt} は t の多項式である．$$

(2)（2 次式の平方根 1）$\sqrt{x^2 + bx + c} = t - x$ とおくと

$$x, \sqrt{x^2 + bx + c}, \frac{dx}{dt} は t の有理式である．$$

> (3)　(2 次式の平方根 2) $t = \sqrt{\dfrac{a(x-\beta)}{x-\alpha}}$ とおくと
>
> $$x, \sqrt{a(x-\alpha)(x-\beta)}, \frac{dx}{dt} \text{ は } t \text{ の有理式である.}$$

[証明]　(1)　$t = \sqrt[n]{x+1}$ について, $x = t^n - 1, \dfrac{dx}{dt} = nt^{n-1}$.

(2)　$\sqrt{x^2 + bx + c} = t - x$ の両辺を 2 乗すると, $bx + c = t^2 - 2tx$. さらに

$$x = \frac{-t^2 + c}{2t + b}, \quad \sqrt{x^2 + bx + c} = t - \frac{-t^2 + c}{2t + b}$$

より $x, \sqrt{x^2 + bx + c}$ は t の有理式で書ける. 最後に, 有理式の微分は有理式であるから $\dfrac{dx}{dt}$ についても t の有理式で書ける.

(3)　$x > \alpha$ の場合のみ説明する (他の場合も同様). $t = \sqrt{\dfrac{a(x-\beta)}{x-\alpha}}$ の両辺を 2 乗すると, $t^2(x - \alpha) = a(x - \beta)$. 従って,

$$x = \frac{\alpha t^2 - a\beta}{t^2 - a}, \quad \sqrt{a(x-\alpha)(x-\beta)} = (x - \alpha) \cdot t = \left(\frac{\alpha t^2 - a\beta}{t^2 - a} - \alpha \right) t$$

であり, さらに $\dfrac{dx}{dt}$ についても t の有理式で書ける. □

問 4.11　次の不定積分を補題 4.23 にある変数変換を用いて求めよ.

(1) $\displaystyle\int \frac{x}{\sqrt[n]{x+1}}\, dx$　(2) $\displaystyle\int \sqrt{x^2+1}\, dx$　(3) $\displaystyle\int \frac{dx}{\sqrt{x^2+1}}$　(4) $\displaystyle\int \frac{dx}{\sqrt{1-x^2}}$

● 三角関数の有理式

$\cos x, \sin x, \tan x$ からなる有理式の不定積分を求める方法を解説する. 以下の補題にある変数変換を用いれば, こうした問題を補題 4.22 にある有理式の不定積分の場合に帰着できる.

> **補題 4.24　三角関数の有理式**
>
> $u = \tan \dfrac{x}{2}$ とおくと次が成り立つ.

$$\sin x = \frac{2u}{1+u^2}, \quad \cos x = \frac{1-u^2}{1+u^2}, \quad \frac{dx}{du} = \frac{2}{1+u^2}.$$

問 4.12　補題 4.24 を示せ.

問 4.13　次の不定積分を求めよ.

(1) $\displaystyle\int \frac{1}{\cos x}\,dx$　(2) $\displaystyle\int \frac{1}{\sin x}\,dx$　(3) $\displaystyle\int \frac{dx}{\sin x + 2}$　(4) $\displaystyle\int \frac{\sin x + 1}{\cos x + 1}\,dx$

4.4　広 義 積 分

4.1 節では有界閉区間で連続な関数に対する積分を導入した. ここでは有界閉区間または連続性の条件を除いた場合を考える. 典型例は $(0,1]$ 上の連続関数の積分 $\displaystyle\int_0^1 \frac{dx}{\sqrt{x}}$ である. $x^{-\frac{1}{2}}$ は $x > 0$ において連続であるが, $x = 0$ で連続ではない. 一方で $\varepsilon > 0$ に対して $[\varepsilon, 1]$ において

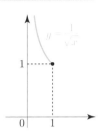

$x^{-\frac{1}{2}}$ は連続であるため $\displaystyle\int_\varepsilon^1 \frac{dx}{\sqrt{x}}$ は実数の値として定まっており, $\varepsilon \to 0$ のとき次が成り立つ.

$$\int_\varepsilon^1 \frac{dx}{\sqrt{x}} = 2[1 - \varepsilon^{\frac{1}{2}}] \to 2.$$

そこで $\displaystyle\int_0^1 \frac{dx}{\sqrt{x}}$ を $\displaystyle\lim_{\varepsilon \to 0}\int_\varepsilon^1 \frac{dx}{\sqrt{x}}$ と定義するのが広義積分の考え方である. 他の例として $[0,1), [1,\infty), (-\infty, -1]$ などいくつかあるためまとめて定義する.

定義 4.25

(1)　$(a, b]$ における連続関数 f に対して $\displaystyle\lim_{\varepsilon \to 0}\int_{a+\varepsilon}^b f(t)\,dt$ が実数として存在するとき f は $(a, b]$ で**広義積分可能**であるという. その極限を**広**

義積分とよび，$\displaystyle\int_a^b f(t)\ dt$ と書く．

　同様に，$[a,b)$ での連続関数 f に対しても同様に広義積分可能性を定義して f の $[a,b)$ での広義積分を次のように書く．

$$\int_a^b f(t)\ dt = \lim_{\varepsilon \to 0} \int_a^{b-\varepsilon} f(t)\ dt.$$

(2)　$[a,\infty)$ における連続関数 f に対して $\displaystyle\lim_{R \to \infty} \int_a^R f(t)\ dt$ が実数として存在するとき f は $[a,\infty)$ で**広義積分可能**であるという．その極限を

広義積分とよび，$\displaystyle\int_a^\infty f(t)\ dt$ と書く．

　同様に，$(-\infty,a]$ での連続関数 f に対しても同様に広義積分可能性を定義し f の $(-\infty,a]$ での広義積分を次のように書く．

$$\int_{-\infty}^a f(t)\ dt = \lim_{R \to \infty} \int_{-R}^a f(t)\ dt.$$

(3)　f が広義積分可能であるとき，広義積分は収束する という．

(4)　上の (1), (2) において，極限が存在しない，あるいは，極限が $\pm\infty$ のとき広義積分可能ではないという．そのとき，広義積分は発散する という．

注意 4.26　f が開区間 $(-1,1)$ のみで連続（例えば $(1-x^2)^{-\frac{1}{2}}$）などのように 2 点以上で連続でない場合は，2 つの区間 $(-1,0]$, $[0,1)$ それぞれで f が広義積分可能であれば f は「$(-1,1)$ において広義積分可能」という．このように有界閉区間での定積分を考えて極限をとったものが広義積分である．

注意 4.27　より一般的な設定での広義積分として，定義 4.25 の関数の連続性をリーマン積分可能性（4.6 節を参照）で置き換えた定義がある．この考え方で，これから示す定理 4.30，定理 4.31，定理 4.34 を適用できる関数の範囲を広げられる．

広義積分可能か否かについて直接的に判定できる場合を考える.

例題 4.28　次の関数が区間 $(0,1]$ で広義積分可能かどうかを明らかにせよ.
(1) $x^\alpha \ (\alpha > -1)$　　(2) $x^\alpha \ (\alpha \leq -1)$

【解】　(1)　$0 < \varepsilon < 1$ とする. $\displaystyle\int_\varepsilon^1 x^\alpha \, dx = \frac{1 - \varepsilon^{\alpha+1}}{\alpha + 1} \to \frac{1}{\alpha + 1}$ $(\varepsilon \to 0)$

が成り立つため, $x^\alpha \ (\alpha > -1)$ は $(0,1]$ で広義積分可能である.

(2)　$0 < \varepsilon < 1$ とする. $\alpha = -1$ のとき, $\displaystyle\int_\varepsilon^1 \frac{dx}{x} = -\log \varepsilon \to \infty$ $(\varepsilon \to 0)$

を得る. 次に $\alpha < -1$ のとき, $\displaystyle\int_\varepsilon^1 x^\alpha \, dx = \frac{1 - \varepsilon^{\alpha+1}}{\alpha + 1} \to \infty$ $(\varepsilon \to 0)$ を得

る. 以上から $x^\alpha \ (\alpha \leq -1)$ は $(0,1]$ において広義積分可能ではない.　■

例題 4.29　次の関数が区間 $[1, \infty)$ で広義積分可能かどうかを明らかにせよ.
(1) $x^\alpha \ (\alpha < -1)$　(2) $x^\alpha \ (\alpha \geq -1)$　(3) $\sin x$　(4) e^x　(5) e^{-x}

　ここで, 積分の値が具体的に求まらなくとも値が存在する場合を考える. 定
義域の典型例として $[0, \infty), (0,1]$ を考え, 主張を述べる.

定理 4.30

(1)　関数 $f(x)$ は半直線 $[0, \infty)$ において非負の値のみをとる連続関数で

あり, $\displaystyle\sup_{R \geq 0} \int_0^R f(x) \, dx < \infty$ を満たすとする. このとき, f は $[0, \infty)$

で広義積分可能である.

(2)　関数 $f(x)$ は区間 $(0,1]$ において非負の値のみをとる連続関数であり,

$\displaystyle\sup_{0 < \varepsilon \leq 1} \int_\varepsilon^1 f(x) \, dx < \infty$ を満たすとする. このとき, f は $(0,1]$ で広

義積分可能である.

[証明の方針]　(1) を示す. $I(R) = \displaystyle\int_0^R f(x) \, dx$ とおくと, $I(R)$ は $[0, \infty)$ に

おける有界関数であることが仮定からわかる．さらに，$I(R)$ は R に関して単調増加関数であるため，実数の連続性から $R \to \infty$ のとき $I(R)$ は収束する．従って f は $[0, \infty)$ で広義積分可能である．(2) も同様に示すことができる．□

問 4.14[*]　関数 $f(x)$ は半直線 $[0, \infty)$ において連続な関数とする．このとき，$\displaystyle \lim_{R \to \infty} \int_0^R f(x)dx$ が実数の値として存在するならば，$\displaystyle \sup_{R \geq 0} \left| \int_0^R f(x)\,dx \right| < \infty$ が成り立つことを示せ．

　x^α は広義積分可能性の判定が可能である．こうした具体的に計算できる関数を用いて，他の関数の広義積分可能性を判定できる．

定理 4.31　優関数と広義積分の収束

　$I = (a, b], [a, b), [a, \infty), (-\infty, a]$（$\mathbb{R}$ の区間）とし，f, g は I における連続関数で，任意の $x \in I$ に対して $|f(x)| \leq g(x)$，かつ，g は I で広義積分可能であるとする．このとき，f は I において広義積分可能である．

注意 4.32　g の典型例は，区間 $(0, 1]$ では $x^{-1+\alpha}$，$[1, \infty)$ では $x^{-1-\alpha}$（$\alpha > 0$）．

[証明]　$I = [a, \infty)$ の場合のみ示す．関数 f を 0 以上と 0 以下の部分に分ける．

$$f_1(x) = \max\{f(x), 0\}, \quad f_2(x) = \min\{f(x), 0\}$$

と定めると f_1, f_2 は連続で，$f = f_1 + f_2$ であることを確かめられる．このとき，$0 \leq f_1 \leq g$，$-g \leq f_2 \leq 0$ であるから $R > a$ に対して次が成り立つ．

$$0 \leq \int_a^R f_1(x)\,dx \leq \int_a^R g(x)\,dx \to \int_a^\infty g(t)\,dt \in \mathbb{R} \quad (R \to \infty),$$

$$0 \geq \int_a^R f_2(x)\,dx \geq -\int_a^R g(x)\,dx \to -\int_a^\infty g(t)\,dt \in \mathbb{R} \quad (R \to \infty).$$

これより，$j = 1, 2$ に対して $\left\{ \displaystyle \int_a^R f_j(x)\,dx \right\}_{R > a}$ は有界でさらに R に関する単調性も容易に確かめられる．従って公理 1.21 から $\displaystyle \int_a^R f_j(x)\,dx$ $(j = 1, 2)$

は $R \to \infty$ のとき収束する. さらに $f = f_1 + f_2$ より $\int_a^R f(x)\,dx$ も $R \to \infty$ のとき収束する. 以上から f は I で広義積分可能である. □

$\boxed{\text{例題 } 4.33}$　次の広義積分が収束することを示せ.

(1) $\displaystyle\int_0^1 \frac{\cos\frac{1}{x}}{\sqrt{x}}\,dx$　(2) $\displaystyle\int_1^\infty \frac{1}{x^2 + |\sin x| + 1}\,dx$

【解】　(1)　$\left|\dfrac{\cos\frac{1}{x}}{\sqrt{x}}\right| \leq \dfrac{1}{\sqrt{x}}$ が成り立ち, $0 < \varepsilon < 1$ のとき $\displaystyle\int_\varepsilon^1 \dfrac{dx}{\sqrt{x}} = 2(1 - \varepsilon^{\frac{1}{2}}) \to 2\ (\varepsilon \to 0)$ である. 従って $g(x) = \dfrac{1}{\sqrt{x}}$ として定理 4.31 を適用すれば広義積分 $\displaystyle\int_0^1 \dfrac{\cos\frac{1}{x}}{\sqrt{x}}\,dx$ は収束することがわかる.

(2)　$x^2 + |\sin x| + 1 \geq x^2$ より $0 \leq \dfrac{1}{x^2 + |\sin x| + 1} \leq \dfrac{1}{x^2}$ を得る. さらに, $\displaystyle\int_1^R \dfrac{dx}{x^2} = 1 - R^{-1} \to 1\ (R \to \infty)$ である. 従って $g(x) = \dfrac{1}{x^2}$ として定理 4.31 を適用すれば広義積分 $\displaystyle\int_1^\infty \dfrac{1}{x^2 + |\sin x| + 1}\,dx$ は収束することがわかる. ■

問 4.15　次の広義積分が収束することを示せ.

(1) $\displaystyle\int_0^\infty \frac{1}{x^{100} + 1}\,dx$　(2) $\displaystyle\int_0^\infty x^2 e^{-x}\,dx$　(3) $\displaystyle\int_0^1 \log x\,dx$　(4) $\displaystyle\int_0^1 \frac{\sin x}{x}\,dx$

問 4.16　**（ガンマ関数）** $\Gamma(s) = \displaystyle\int_0^\infty e^{-s} x^{s-1}\,dx\ (s > 0)$ とする.

(1) $\displaystyle\int_0^1 e^{-s} x^{s-1}\,dx$ の収束を示せ.　(2) $\displaystyle\int_1^\infty e^{-s} x^{s-1}\,dx$ の収束を示せ.

┌─ 定理 4.34　**劣関数と広義積分の発散** ──────────

　$I = (a, b], [a, b), [a, \infty), (-\infty, a]$ とし, f, g は I における連続関数で,

任意の $x \in I$ に対して $0 \le g(x) \le f(x)$, かつ, g は I で広義積分は ∞ に発散するとする. このとき f の I における広義積分は発散する.

注意 4.35 g の典型例は, 区間 $(0,1]$ では $x^{-1-\alpha}$, $[1,\infty)$ では $x^{-1+\alpha}$ $(\alpha \ge 0)$.

[証明] $I = [a,\infty)$ の場合のみ示す. $\displaystyle\int_a^R f(x)\,dx \ge \int_a^R g(x)\,dx \to \infty$ $(R \to \infty)$ となるため広義積分 $\displaystyle\int_a^\infty f(x)\,dx$ は発散する. □

例題 4.36　次の広義積分が発散することを示せ.

(1) $\displaystyle\int_0^1 \frac{2 + \sin x}{x}\,dx$　(2) $\displaystyle\int_e^\infty \frac{dx}{\log x}$

【解】 (1) $x \in (0,1]$ のとき, $\dfrac{2 + \sin x}{x} \ge \dfrac{1}{x}$ を得る. また, $\displaystyle\int_\varepsilon^1 \frac{dx}{x} = \log \varepsilon^{-1} \to \infty$ $(\varepsilon \to 0)$. 従って定理 4.34 より広義積分 $\displaystyle\int_0^1 \frac{2 + \sin x}{x}\,dx$ は発散する.

(2) $x \ge e$ のとき $\dfrac{1}{\log x} \ge \dfrac{1}{x}$ が成り立つ. さらに, $\displaystyle\int_e^R \frac{dx}{x} = \log R - \log e \to \infty$ $(R \to \infty)$. 従って, 定理 4.34 より広義積分 $\displaystyle\int_0^1 \frac{dx}{\log x}$ は発散する. ■

問 4.17 次の広義積分が発散することを示せ.

(1) $\displaystyle\int_0^1 \frac{e^x}{x^2 \log(x+1)}\,dx$　(2) $\displaystyle\int_0^1 \frac{\sin x}{x^2}\,dx$　(3) $\displaystyle\int_1^\infty \frac{e^x}{x^3}\,dx$　(4) $\displaystyle\int_1^\infty \frac{dx}{x + \sin^2 x}\,dx$

4.5　曲線の長さとパラメータ表示

曲線の長さを導入する. $y = f(x)$ より一般の $x = \varphi(t), y = \psi(t)$ $(t \in [a,b])$ により与えられる滑らかな曲線を考える. 以下のように区間 $[a,b]$ を分割する

点 t_k と対応する (x_k, y_k) を導入する.

$$a = t_0 < t_1 < t_2 < \cdots < t_n = b, \quad t_k = a + (b-a)\frac{k}{n},$$

$$x_k = \varphi(t_k), \quad y_k = \psi(t_k), \quad k = 0, 1, 2, \ldots, n.$$

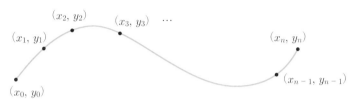

これらの点 (x_k, y_k) を結んでできる折れ線の長さの合計 L_n を考える.

$$L_n = \sum_{k=1}^{n} \sqrt{(x_k - x_{k-1})^2 + (y_k - y_{k-1})^2}$$

$$= \sum_{k=1}^{n} \sqrt{\left(\frac{\varphi(t_k) - \varphi(t_{k-1})}{t_k - t_{k-1}}\right)^2 + \left(\frac{\psi(t_k) - \psi(t_{k-1})}{t_k - t_{k-1}}\right)^2} \cdot (t_k - t_{k-1})$$

ここで,平均値の定理(定理 3.17)から $k = 1, 2, \ldots, n$ に対して

$$\frac{\varphi(t_k) - \varphi(t_{k-1})}{t_k - t_{k-1}} = \varphi'(c_{1,k}), \quad \frac{\psi(t_k) - \psi(t_{k-1})}{t_k - t_{k-1}} = \psi'(c_{2,k})$$

を満たす $c_{1,k}, c_{2,k} \in (t_{k-1}, t_k)$ が存在する.これを用いると $n \to \infty$ のとき

$$L_n = \sum_{k=1}^{n} \sqrt{\varphi'(c_{1,k})^2 + \psi'(c_{2,k})^2} \cdot (t_k - t_{k-1}) \to \int_a^b \sqrt{\varphi'(t)^2 + \psi'(t)^2}\, dt$$

を期待できる.極限の正当化は,例えば φ', ψ' が連続ならば可能で,後の命題 4.43 と定理 4.46 を参照する.曲線の長さを以下で定める.

定義 4.37

$x = \varphi(t), y = \psi(t)$ $(t \in [a, b])$ で定まる滑らかな曲線について,**曲線の長さ**を $\displaystyle \int_a^b \sqrt{\varphi'(t)^2 + \psi'(t)^2}\, dt$ と定義する.

特に $y = f(x)$ が表す曲線に対しては $x = \varphi(t) = t, y = \psi(t) = f(t)$ と考

えることができる. このとき $\varphi'(t) = 1$ であるから次を得る.

定理 4.38

区間 $[a, b]$ 上の $\mathcal{C}^1$ 級関数 $y = f(x)$ で決まる曲線の長さは $\displaystyle\int_a^b \sqrt{1 + f'(t)^2}\, dt$ となる.

例題 4.39（円弧の長さ）　$\theta \in [0, 2\pi]$ とし，$x = \cos t, y = \sin t$ $(t \in [0, \theta])$ により定義される曲線の長さ $L(\theta)$ を求めよ.

【解】　$x' = -\sin t, y' = \cos t$ と定義 4.37 より，求める曲線の長さは，$L(\theta) = \displaystyle\int_0^\theta \sqrt{\sin^2 t + \cos^2 t}\, dt = \theta$ である. ∎

問 4.18　次の曲線の長さを求めよ.

(1) $y = x^2$ $(1 \le x \le 2)$　(2) $x = \cos^3 t, y = \sin^3 t$ $(t \in [0, 2\pi])$

　曲線の表し方は 1 通りでないことを指摘しておく. 例えば $y = x^2$ について，$x = t, y = t^2$ $(t \in \mathbb{R})$ や，$x = 2t, y = 4t^2$ $(t \in \mathbb{R})$ がある. どのような表示を用いても曲線の長さは一定の値になることを証明できる（章末問題 4.10）.

4.6　厳密な理解のために

• **定積分（リーマン積分）の定義**

　4.1 節で導入した積分 $\displaystyle\lim_{n \to \infty} \sum_{k=1}^n f\left(a + (b-a)\frac{k}{n}\right)\frac{b-a}{n}$ を思い出す. これから説明する定積分の導入方法を大まかに言えば，区間の分割幅を一定幅だけではなく任意として，f の変数に代入する値を分割した区間の端だけでなく分割区間内で任意にとり，分割の最大幅を 0 に近づける極限を考える，というものである. そのような和を全て考えて，下限 $s(\delta, f)$ と，上限 $S(\delta, f)$ を導入する.

　区間 $[a, b]$ の分割を Δ で表し，分割幅の最大値を $|\Delta|$ と書く.

$$\Delta : a = x_0 < x_1 < x_2 < \cdots < x_n = b,$$

$$|\Delta| := \max\{x_1 - x_0, x_2 - x_1, \cdots, x_n - x_{n-1}\}.$$

各区間における f の下限 m_k と上限 M_k を導入する.

$$m_k = \inf_{x \in [x_{k-1}, x_k]} f(x), \quad M_k = \sup_{x \in [x_{k-1}, x_k]} f(x).$$

そこで, $0 < \delta \leq 1$ に対して分割幅の最大が δ 以下の和の下限と上限を考える.

$$s(\delta, f) := \inf_{|\Delta| \leq \delta} \sum_{k=1}^{n} m_k(x_k - x_{k-1}), \quad S(\delta, f) := \sup_{|\Delta| \leq \delta} \sum_{k=1}^{n} M_k(x_k - x_{k-1}).$$

以上の記号を用いて積分可能性と定積分を定義する.

定義 4.40

f を $[a,b]$ 上の有界な関数とする.

(1) $c_k \in [x_{k-1}, x_k]$ を任意に選んだとき $\displaystyle\sum_{k=1}^{n} f(c_k)(x_k - x_{k-1})$ を**リーマン和**とよぶ.

(2) $\displaystyle\lim_{\delta \to 0} s(\delta, f) = \lim_{\delta \to 0} S(\delta, f)$ が成り立つとき f は**リーマン積分可能**（または**可積分**）であるという. この極限を $\displaystyle\int_a^b f(x)\, dx$ と書く.

(3) f がリーマン積分可能であるとき, 極限 $\displaystyle\lim_{\delta \to 0} s(\delta, f)$, $\displaystyle\lim_{\delta \to 0} S(\delta, f)$ を f の**リーマン積分**または単に**積分**とよぶ.

注意 4.41 定義 4.40 の積分可能性の定義では, 全ての分割と微小区間の点 c_k を考慮したリーマン和の下限と上限による表現を採用した. 一方で,

$$\sup_{\Delta : \, \text{分割}} \sum_{k=1}^{n} m_k(x_k - x_{k-1}) = \inf_{\Delta : \, \text{分割}} \sum_{k=1}^{n} M_k(x_k - x_{k-1})$$

によって積分可能性を定義する方法がある. 2つの定義の同値性は, ダルブー（Darboux）の定理をもとにして証明できるが本書では省略する. 区間の分割を細かくしていくと, m_k を考えたリーマン和の値がより大きくなっていき, M_k を考えたリーマン和の値

がより小さくなっていくことを用いる.

下限 $s(\delta, f)$ と上限 $S(\delta, f)$ の $\delta \to 0$ のときの極限の存在を確かめておく.

例題 4.42　f が $[a, b]$ 上の有界関数ならば, $\delta \to 0$ のとき $s(\delta, f), S(\delta, f)$ は収束することを示せ.

【解】　下限と上限の性質から次の不等式を確かめられる.

$$0 < \delta_2 < \delta_1 \text{ ならば}\quad s(\delta_1, f) \le s(\delta_2, f) \le S(\delta_2, f) \le S(\delta_1, f).$$

従って $s(\delta, f), S(\delta, f)$ は, $0 < \delta \le 1$ のとき有界で単調であるため, 公理 1.21 より $\delta \to 0$ のとき実数の値に収束する. ∎

リーマン積分可能性は, $s(\delta, f), S(\delta, f)$ の極限が一致する性質であるから

$$\int_a^b f(x)\,dx = \lim_{n \to \infty} \sum_{k=1}^n f\Big(a + (b-a)\frac{k}{n}\Big)\frac{b-a}{n}$$

はこれまで通り使える. 右辺のリーマン和をより一般の形にした主張を命題 4.43 とする.

── 命題 4.43 ──

f は区間 $[a, b]$ でリーマン積分可能とする. このとき, リーマン積分は 1 つの実数を定めており, 任意のリーマン和の極限として書ける. すなわち, Δ を $[a, b]$ の任意の分割, $|\Delta|$ を分割した区間の最大幅, $c_k \in [x_{k-1}, x_k]$ を任意に選んだとき, 次が成り立つ.

$$\int_a^b f(x)\,dx = \lim_{|\Delta| \to 0} \sum_{k=1}^n f(c_k)(x_k - x_{k-1}).$$

[証明]　$\delta > 0$ に対して $|\Delta| \le \delta$ を満たすように区間の分割 Δ を選ぶ. この分割 Δ は $s(\delta, f), S(\delta, f)$ の定義内の下限, 上限をとる分割の 1 つであるから,

$$s(\delta, f) \le \sum_{k=1}^n f(c_k)(x_k - x_{k-1}) \le S(\delta, f)$$

が成り立つ. f はリーマン積分可能であるため, $\delta \to 0$ のとき最左辺と最右辺

は同一の値に収束する．はさみうちの原理から命題 4.43 の主張を得る． □

問 4.19[*] $f(x) = \begin{cases} 0 & (x \in [0,1]) \\ 1 & (x \in (1,2]) \end{cases}$ は $[0,2]$ でリーマン積分可能であることを示せ．

問 4.20[*] 区間 $[0,2]$ 上でリーマン積分可能である関数 f は，$[0,1]$ でリーマン積分可能であることを示せ．

─── 定理 4.44 **リーマン積分の基本性質** ───────────

定理 4.3，命題 4.4 の主張はリーマン積分可能な関数に対して成り立つ．

定理 4.3 (3) $\int_a^b f(x)\,dx + \int_b^c f(x)\,dx = \int_a^c f(x)\,dx$ について，2 つの区間幅が異なる場合を想定した証明をする．

[**定理 4.3 (3) の証明**] （$a < b < c$，f がリーマン積分可能の場合）f は区間 $[a,c]$ においてリーマン積分可能であるとする．$[a,c]$ において，分割区間の幅が δ 以下であるリーマン和の下限，上限を $s(\delta, f), S(\delta, f)$ とし，$\delta > 0$ に対して $\dfrac{b-a}{n}, \dfrac{c-b}{n}, \dfrac{c-a}{n} \leq \delta$ を満たす $n \in \mathbb{N}$ をとる．

区間 $[a,b], [b,c]$ の分割をまとめて $[a,c]$ の分割とみなし，各分割区間において f の上限，下限を考えることで次が得られる．

$$s(\delta, f) \leq \sum_{k=1}^{n} f\left(a + (b-a)\frac{k}{n}\right)\frac{b-a}{n} + \sum_{k=1}^{n} f\left(b + (c-b)\frac{k}{n}\right)\frac{c-b}{n} \leq S(\delta, f).$$

左辺について，問 4.20 の考え方により f は $[a,b], [b,c]$ でもリーマン積分可能であるから $\delta \to 0$ とすれば次を得る．

$$\int_a^c f(x)\,dx \leq \int_a^b f(x)\,dx + \int_b^c f(x)\,dx \leq \int_a^c f(x)\,dx.$$

以上から $\int_a^c f(x)\,dx = \int_a^b f(x)\,dx + \int_b^c f(x)\,dx$ を得る． □

注意 4.45 広義積分可能性について，連続関数に対する定義 4.25 と同様に，リーマン積分可能な関数に対しても考えることができる．

• 連続関数の場合

┌─── 定理 4.46　**連続関数の積分可能性** ───────

　f が $[a, b]$ 上の連続関数ならばリーマン積分可能である.

[証明]　$[a, b]$ において f の最大値と最小値が存在するので次が成り立つ.

$$\left(\min_{x \in [a,b]} f(x) \right)(b - a) \leq s(\delta, f) \leq S(\delta, f) \leq \left(\max_{x \in [a,b]} f(x) \right)(b - a).$$

従って $s(\delta, f)$, $S(\delta, f)$ $(0 < \delta \leq 1)$ は有界であり単調性も確かめられるため, $\delta \to 0$ のとき収束する. さらに, $S(\delta, f), s(\delta, f)$ の差について f の一様連続性 (命題 2.39) を用いて評価する. 区間 $[a, b]$ を等間隔に分割して, 1 つのリーマン和 $S(n)$ を考える.

$$x_k = a + \frac{b - a}{n} \cdot k, \quad S(n) = \sum_{k=1}^{n} f(x_k)(x_k - x_{k-1}) = \sum_{k=1}^{n} f(x_k) \frac{b - a}{n}.$$

$\delta = \dfrac{b - a}{n}$ のとき, $S(\delta, f)$ の定義に現れる f の値と $f(x_k)$ の差を考えると,

$$|S(\delta, f) - S(n)| \leq \sum_{k=1}^{n} \sup_{|x - \widetilde{x}| \leq \delta} |f(x) - f(\widetilde{x})| \cdot (x_k - x_{k-1})$$

$$\leq \sup_{|x - \widetilde{x}| \leq \delta} |f(x) - f(\widetilde{x})| \cdot (b - a) \to 0 \quad (\delta \to 0).$$

を得る. $s(\delta, f)$ についても同様に, $\delta = \dfrac{b - a}{n}$ のとき次が成り立つ.

$$|s(\delta, f) - S(n)| \leq \sum_{k=1}^{n} \sup_{|x - \widetilde{x}| \leq \delta} |f(x) - f(\widetilde{x})| \cdot (x_k - x_{k-1})$$

$$\leq \sup_{|x - \widetilde{x}| \leq \delta} |f(x) - f(\widetilde{x})| \cdot (b - a) \to 0 \quad (\delta \to 0).$$

従って, $\delta = \dfrac{b - a}{n} \to 0$ のとき,

$$|S(\delta, f) - s(\delta, f)| = |S(\delta, f) - S(n) + S(n) - s(\delta, f)|$$

$$\leq |S(\delta, f) - S(n)| + |S(n) - s(\delta, f)| \to 0.$$

最後に，$S(\delta, f), s(\delta, f)$ は δ に関して単調であるから，$S(\delta, f) - s(\delta, f) \to 0$ $(\delta \to 0)$ も得られる．以上から $[a, b]$ 上の連続関数は積分可能である． $\square$

問 4.21[*] f を $[0, 2]$ 上の有界関数で $x \neq 1$ のとき f は連続であるとする．このとき，f は $[0, 2]$ においてリーマン積分可能であることを示せ．

注意 4.47 問 4.21 と同様にして，一般に，有界閉区間上の有界関数で不連続点が有限個のみの関数はリーマン積分可能であることがわかる．

• 4.5 節の曲線の長さの定義

┌─ 定理 4.48 ─────────────

$x = \varphi(t), y = \psi(t)$ $(t \in [a, b])$ は区分的に滑らかな曲線とし，$t_k = a + (b - a)\dfrac{k}{n}$ $(k = 0, 1, 2, \ldots, n)$ とする．$n \to \infty$ のとき，

$$\sum_{k=1}^{n} \sqrt{\left(\frac{\varphi(t_k) - \varphi(t_{k-1})}{t_k - t_{k-1}}\right)^2 + \left(\frac{\psi(t_k) - \psi(t_{k-1})}{t_k - t_{k-1}}\right)^2} \cdot (t_k - t_{k-1})$$

$$\to \int_a^b \sqrt{\varphi'(t)^2 + \psi'(t)^2} dt.$$

さらに，φ', ψ' が有界で不連続点が有限個の場合も同じ主張が成り立つ．

└──────────────────────────

注意 4.49 φ', ψ' の不連続点が有限個のみで，滑らかな曲線を有限個つなぎ合わせた曲線を**区分的に滑らか**な曲線という．

[証明] 曲線が滑らかな曲線の場合のみを示す．考えるリーマン和を $S(n)$ とおく．平均値の定理（定理 3.17）を適用すると，ある $c_k \in [t_{k-1} - t_k]$ $(k = 1, 2, \ldots, n)$ が存在して次が成り立つ．

$$S(n) = \sum_{k=1}^{n} \sqrt{\left(\frac{\varphi(t_k) - \varphi(t_{k-1})}{t_k - t_{k-1}}\right)^2 + \left(\frac{\psi(t_k) - \psi(t_{k-1})}{t_k - t_{k-1}}\right)^2} \cdot (t_k - t_{k-1})$$

$$= \sum_{k=1}^{n} \sqrt{\left(\varphi'(c_k)\right)^2 + \left(\psi'(c_k)\right)^2} \cdot (t_k - t_{k-1}).$$

従って命題 4.43 より $\displaystyle\lim_{n\to\infty} S(n) = \int_a^b \sqrt{\varphi'(t)^2 + \psi'(t)^2}\, dt$ を得る．区分的

に滑らかな場合は注意 4.47 により正しい．　　　　　　　　　　□

● 円弧の長さと三角関数

　円の方程式 $x^2 + y^2 = 1$ から円弧の長さを求めて三角関数を定める手順を説明する．この方法では，ある関数（後に L_1, L_2 と書く）の逆関数として $\cos\theta, \sin\theta$ を導入し，逆三角関数は L_1, L_2 である．$x, y \geq 0$ の場合に絞る．

$\boxed{\text{例題 4.50}}$　中心が原点の単位円を考える．$0 \leq x \leq 1$ としたとき，点 $(1,0)$ から単位円上の点 $(x, \sqrt{1-x^2})$ までの円弧の長さ $L_1(x)$ を求めよ．

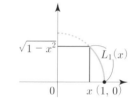

【解】　$y = \sqrt{1-x^2}$ について $y' = \dfrac{-x}{\sqrt{1-x^2}}$ であ

る．$0 \leq x \leq 1$ としたとき，点 $(1,0)$ から円周上の点

$(x, \sqrt{1-x^2})$ までの円弧の長さは，定理 4.38 より

$$L_1(x) = \int_x^1 \sqrt{1 + \left(\frac{-t}{\sqrt{1-t^2}}\right)^2}\, dt = \int_x^1 \frac{1}{\sqrt{1-t^2}}\, dt.$$

この積分は広義積分であるが収束性を確かめられる．　　　　　　■

$\boxed{\text{例題 4.51}}$　中心が原点の単位円を考える．$0 \leq y \leq 1$ としたとき，点 $(1,0)$ から単位円上の点 $(\sqrt{1-y^2}, y)$ までの円弧の長さ $L_2(y)$ を求めよ．

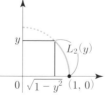

【解】　$\dfrac{d}{dy}\sqrt{1-y^2} = -\dfrac{-y}{\sqrt{1-y^2}}$ である．$0 \leq y \leq$

1 としたとき，点 $(1,0)$ から円周上の点 $(\sqrt{1-y^2}, y)$

までの円弧の長さは，定理 4.38 より

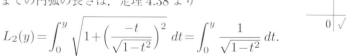

$$L_2(y) = \int_0^y \sqrt{1 + \left(\frac{-t}{\sqrt{1-t^2}}\right)^2}\, dt = \int_0^y \frac{1}{\sqrt{1-t^2}}\, dt.$$

この積分は $y = 1$ で広義積分であるが収束性を確かめられる．　■

例題 4.50, 例題 4.51 の L_1, L_2 の逆関数を用いて三角関数を導入する.

$$\cos\theta = L_1^{-1}(\theta), \quad \sin\theta = L_2^{-1}(\theta)$$

ここで, L_1, L_2 の被積分関数は正値であり, さらに連続性と狭義の単調性があるため, 定理 2.25 より $\cos\theta, \sin\theta$ と書いた逆関数は存在して連続である.

注意 4.52 $(1,0)$ と円周上の点 $(x,y) = (x, \sqrt{1-x^2}) = (\sqrt{1-y^2}, y)$ の間の円弧の長さについて, パラメータのとり方によらずに長さが決まることから $L_1(x) = L_2(y)$ である (補題 4.53). $\theta = L_1(x) = L_2(y)$ とおいたときに $x = L_1^{-1}(\theta), y = L_2^{-1}(\theta)$ をそれぞれ $x = \cos\theta, y = \sin\theta$ と定めた. (x,y) は円周上の点であったから

$$x^2 + y^2 = \cos^2\theta + \sin^2\theta = 1$$

は自然に成り立つ. 例題 2.32 の解答で用いた $|\sin\theta| \leq |\theta|$ も確かめることができる. 実際, $0 \leq y \leq 1$ の場合に

$$\theta = L_2(y) = \int_0^y \frac{1}{\sqrt{1-t^2}} dt \geq \int_0^y 1\, dt = y = \sin\theta$$

が成り立つため $\sin\theta \leq \theta$ を得る. なお, 円周率の定義から

$$\frac{\pi}{2} = L_1(0) = L_2(1).$$

曲線の長さ (定義 4.37) はパラメータ表示によらないことが知られている. ここでは, 円弧の長さという問題意識に沿って次の補題を示す.

補題 4.53

　L_1, L_2 を例題 4.50, 4.51 のとおりとし, 原点が中心で半径が 1 の円を考える. このとき, $(1,0)$ と円周上の点 $(x,y) = (x, \sqrt{1-x^2}) = (\sqrt{1-y^2}, y)$ の間の円弧の長さについて, $L_1(x) = L_2(y)$ が成り立つ.

[証明] $x_0, y_0 \geq 0, x_0^2 + y_0^2 = 1$ とする. $x = \varphi(t) = t, y = \psi(t) = \sqrt{1-t^2}$ ($t \in [x_0, 1]$) で定まる曲線の長さ L_1 と, $x = \widetilde{\varphi}(s) = \sqrt{1-s^2}, y = \widetilde{\psi}(s) = s$ ($s \in [0, y_0]$) で定まる曲線の長さ L_2 について $L_1 = L_2$ を示せばよい. 区間を分割して以下を満たすように2つの表示が対応する点を導入する.

$$\begin{cases} x_0 = t_0 < t_1 < \cdots < t_n = 1, \\ y_0 = s_0 > s_1 > \cdots > s_n = 0, \end{cases} \quad \big(\varphi(t_k), \psi(t_k)\big) = \big(\widetilde{\varphi}(s_k), \widetilde{\psi}(s_k)\big).$$

方針は 4.5 節の始めの曲線の長さの導入方法を逆にたどるというものである. そのために以下をみたす $x_k, y_k, c_{j,k}, \widetilde{c}_{j,k}$ $(j = 1, 2)$ をとる.

$$(x_k, y_k) = \big(\varphi(t_k), \psi(t_k)\big) = \big(\widetilde{\varphi}(s_k), \widetilde{\psi}(s_k)\big),$$

$$\frac{x_k - x_{k-1}}{t_k - t_{k-1}} = \varphi'(c_{1,k}), \quad \frac{y_k - y_{k-1}}{t_k - t_{k-1}} = \psi'(c_{2,k}),$$

$$\frac{x_{k-1} - x_k}{s_{k-1} - s_k} = \varphi'(\widetilde{c}_{1,k}), \quad \frac{y_{k-1} - y_k}{s_{k-1} - s_k} = \psi'(\widetilde{c}_{2,k}).$$

区間 $[x_0, 1], [0, y_0]$ の分割の最大幅をそれぞれ $|\Delta|, |\widetilde{\Delta}|$ とすれば次を得る.

$$L_1 = \int_{x_0}^{1} \sqrt{\varphi'(t)^2 + \psi'(t)^2}\, dt$$

$$= \lim_{|\Delta| \to 0} \sum_{k=1}^{n} \sqrt{\varphi'(c_k)^2 + \psi'(c_k)^2}\,(t_k - t_{k-1}).$$

$$L_2 = \int_{0}^{y_0} \sqrt{\widetilde{\varphi}'(s)^2 + \widetilde{\psi}'(s)^2}\, ds$$

$$= \lim_{|\widetilde{\Delta}| \to 0} \sum_{k=1}^{n} \sqrt{\widetilde{\varphi}'(c_k)^2 + \widetilde{\psi}'(c_k)^2}\,(s_{k-1} - s_k).$$

ここで, 上の 2 式の最右辺について次が成り立つ.

$$\sqrt{\varphi'(c_k)^2 + \psi'(c_k)^2}\,(t_k - t_{k-1}) = \sqrt{(x_k - x_{k-1})^2 + (y_k - y_{k-1})^2},$$

$$= \sqrt{\widetilde{\varphi}'(c_k)^2 + \widetilde{\psi}'(c_k)^2}\,(s_{k-1} - s_k).$$

従って $L_1 = L_2$ である. □

第 4 章　章末問題

4.1 次の不定積分を求めよ.

(1) $\displaystyle\int \frac{\log x}{x}\,dx$ 　　(2) $\displaystyle\int x^2 e^x\,dx$ 　　(3) $\displaystyle\int \frac{dx}{x\log x}$

(4) $\displaystyle\int xe^{-x^2}$ 　　(5) $\displaystyle\int \frac{dx}{x^3+1}$ 　　(6) $\displaystyle\int \frac{dx}{x^4+1}$

(7) $\displaystyle\int e^{-x}\sin x\,dx$ 　　(8) $\displaystyle\int \frac{dx}{x+\sqrt{x+5}}$ 　　(9) $\displaystyle\int \frac{dx}{\sqrt{1-x^2}}$

4.2 次の広義積分が収束するか発散するか明らかにせよ.

(1) $\displaystyle\int_1^\infty \frac{dx}{x\sqrt{x+1}}$ 　　(2) $\displaystyle\int_0^5 \frac{dx}{\sqrt{5-x}}$ 　　(3) $\displaystyle\int_0^\infty xe^{-x^2}\,dx$

(4) $\displaystyle\int_0^1 \log x\,dx$ 　　(5) $\displaystyle\int_0^1 \frac{dx}{\sin^2 x}$ 　　(6) $\displaystyle\int_0^1 \frac{x\,dx}{1-\cos x}$

(7) $\displaystyle\int_1^\infty \frac{dx}{x\log x}$ 　　(8) $\displaystyle\int_1^\infty \frac{dx}{x(\log x)^2}$ 　　(9) $\displaystyle\int_0^1 \frac{\sin x\,dx}{\log(1+x)}$

4.3 $\mathcal{C}^3$ 級関数 $f(x)$ に対して, 次の等式を確かめよ.

(1) $\displaystyle f(x) = f(0) + \int_0^1 f'(xt)\,dt\cdot x.$

(2) $\displaystyle f(x) = f(0) + f'(0)x + \int_0^1 (1-t)f''(xt)\,dt\cdot x^2.$

(3) $\displaystyle f(x) = f(0) + f'(0)x + \frac{f''(0)}{2}x + \frac{1}{2}\int_0^1 (1-t)^2 f'''(xt)\,dt\cdot x^3.$

4.4 f を実数全体を定義域とする連続関数とする. 次の問に答えよ.

(1) $\displaystyle F_1(x) = \int_0^{2x} f(t)\,dt$ とおく. $F_1'(x)$ を求めよ.

(2) $\displaystyle F_2(x) = \int_x^{2x} f(t)\,dt$ とおく. $F_2'(x)$ を求めよ.

(3) f は $\mathcal{C}^1$ 級とし, $\displaystyle F_3(x) = \int_0^1 f(x+t)\,dt$ とおく. $F_3'(x)$ を求めよ.

(4) f は $\mathcal{C}^1$ 級とし, $\displaystyle F_3(x) = \int_0^x f(x+t)\,dt$ とおく. $F_3'(x)$ を求めよ.

4.5 (**ベータ関数**) $p, q > 0$ とする. 広義積分 $\displaystyle\int_0^1 x^{p-1}(1-x)^{q-1}\,dx$ の収束を示せ.

4.6 不定積分 $\displaystyle\int \sqrt{1+x^2}\,dx$ を変数変換 $x = \dfrac{e^t - e^{-t}}{2}$ を用いて求めよ.

4.7 曲線 $C : \sqrt{x} + \sqrt{y} = 1 \ (x, y \geq 0)$ を考える. 以下の問に答えよ.

(1) 曲線 C, x 軸, y 軸で囲まれた図形の面積を求めよ.

(2) 曲線 C の長さを求めよ.

4.8 関数 $f = f(\theta)$ を区間 $[\alpha, \beta]$ における C^1 級とする. $x = f(\theta)\cos\theta, y = f(\theta)\sin\theta \ (\theta \in [\alpha, \beta])$ で表される曲線の長さを求めよ.

4.9 関数 $f = f(r)$ は区間 $[R_1, R_2]$ (ただし $R_1, R_2 > 0$) において C^1 級とする. $x = r\cos f(r), y = r\sin f(r) \ (r \in [R_1, R_2])$ で表される曲線の長さを求めよ.

4.10 曲線 C について, 以下はどちらも C のパラメータ表示とする.

$$\begin{cases} x = \varphi(s) \\ y = \psi(s) \end{cases} (s \in [a, b]), \qquad \begin{cases} x = \widetilde{\varphi}(t) \\ y = \widetilde{\psi}(t) \end{cases} (t \in [\widetilde{a}, \widetilde{b}])$$

このとき, φ, ψ で表示する曲線 C の長さ ℓ と, $\widetilde{\varphi}, \widetilde{\psi}$ で表示する曲線 C の長さ $\widetilde{\ell}$ は一致することを示せ.

第5章

多変数の連続関数

　本章の目的は，多変数（変数が2つ以上）の関数に対する収束や連続の概念を理解して，6章と7章の多変数関数に対する微分積分のための準備をすることである．記述が単純になるように，主に2変数関数で説明する．

5.1 多変数を表す記号について

　n を自然数として n 個の変数の記述方法について少しだけ説明して，その後，主に2変数の場合を説明する．実数 $x_1, x_2, \ldots, x_n$ を変数にもつ関数を多変数関数とよび，$f(x_1, x_2, \ldots, x_n)$ などの記号を用いて書き表す．例えば，2変数関数であれば $f(x_1, x_2) = x_1^2 + x_2^2$，3変数関数であれば $f(x_1, x_2, x_3) = x_1 + x_2 + x_3$ などがある．関数の定義域（変数の動く範囲）は，1変数の場合は $\mathbb{R}$ の区間であったが，2変数以上の場合は領域（または閉領域，定義 5.7 を参照）とよばれる集合を考える．

定義 5.1　$\mathbb{R}^n$，近傍，領域

n を自然数とする．

(1)　n 個の実数の組からなる集合を $\mathbb{R}^n$ と書き

$$\mathbb{R}^n = \{(x_1, x_2, \ldots, x_n) \mid x_1, x_2, \ldots, x_n \in \mathbb{R}\}$$

と定義する．$\mathbb{R}^n$ を **n 次元空間** とよぶ．

(2)　$\delta > 0$ とし，$a = (a_1, a_2, \ldots, a_n)$ を $\mathbb{R}^n$ の点とする．a の **近傍** または δ 近傍とは，次で定義される中心が a で半径が δ である n 次元の開球である．

$$\left\{(x_1, x_2, \ldots, x_n) \,\middle|\, \sqrt{(x_1 - a_1)^2 + \cdots + (x_n - a_n)^2} < \delta\right\}.$$

---

(3) $\mathbb{R}^n$ に含まれる集合 D が**領域**であるとは，次の 2 条件を満たすことである．

(a) D は開集合である．すなわち，任意の点 $a \in D$ に対して a のある δ 近傍が D に含まれる．

(b) D は連結である．すなわち，D の任意の 2 点を D 内の折れ線で結ぶことができる．

注意 5.2 定義 5.1 (2) において $\sqrt{(x_1 - a_1)^2 + \cdots + (x_n - a_n)^2}$ は 2 点間の距離である．$n = 1$ の場合は 2 つの実数の差の絶対値，$n = 2, 3$ の場合は 2 次元または 3 次元空間における 2 点間の距離である．

例題 5.3 次の集合が $\mathbb{R}^2$ の領域であることを確かめよ．

(1) 半径 1 の円の内側 $D = \{(x_1, x_2) \in \mathbb{R}^2 \mid \sqrt{x_1^2 + x_2^2} < 1\}$

(2) 正方形の内側 $D = \{(x_1, x_2) \in \mathbb{R}^2 \mid -1 < x_1, x_2 < 1\}$

【解】 (1), (2) の D の連結性は，D の任意の 2 点 $(x_1, x_2), (\widetilde{x}_1, \widetilde{x}_2)$ に対してそれらを結ぶ線分が再び D に含まれる，すなわち，内分点を考えて，任意の $\theta \in (0, 1)$ に対して

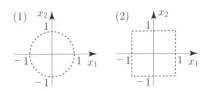

$$((1 - \theta)x_1 + \theta\widetilde{x}_1, (1 - \theta)x_2 + \theta\widetilde{x}_2) \in D,$$

を確かめられるため正しい．以下，D が開集合であることを示す．

(1) $(a_1, a_2) \in D$ とする．このとき，$\delta = \dfrac{1 - \sqrt{a_1^2 + a_2^2}}{2}$ とすれば，(a_1, a_2) の δ 近傍は D に含まれる．従って D は領域である．

(2) $(a_1, a_2) \in D$ とする．このとき，$\delta = \dfrac{\min\{1 - |x_1|, 1 - |x_2|\}}{2}$ とおけば (a_1, a_2) の δ 近傍は D に含まれる．従って D は領域である． ■

問 5.1　次の集合が $\mathbb{R}^2$ の領域であることを確かめよ.

(1)　$\mathbb{R}^2$　　(2)　楕円の内側の上半分 $D = \{(x_1, x_2) \in \mathbb{R}^2 \,|\, x_2 > 0, \sqrt{4x_1^2 + x_2^2} < 1\}$

(3)　長方形の内側 $D = \{(x_1, x_2) \in \mathbb{R}^2 \,|\, 0 < x_1 < 2, -2 < x_2 < 4\}$

(4)　$D = \{(x_1, x_2) \in \mathbb{R}^2 \,|\, -1 < x_1 < 1, x_1^2 < y < 1\}$

注意 5.4　$n = 1$ の場合, 領域は開区間である. 連結性について, $n = 1$ ならば 1 つだけの区間を意味し,「$f' = 0$ を満たす関数は定数関数である」を保証する性質に関係している. 定義域が連結でない場合として, 例えば $\{x \,|\, x \in (0, 1)$ または $x \in (2, 3)\}$ ならば $f' = 0$ を満たす関数は定数関数とは限らなくなってしまう ($f(x) = 0$ $(x \in (0, 1))$, $f(x) = 1$ $(x \in (2, 3))$ など). また, 折れ線とは線分をつなげたもので, 1 つ 1 つの線分は A_j, B_j $(j = 1, 2)$ を定数として $x = A_1 t + B_1, y = A_2 t + B_2$ $(t \in [a, b])$ のように 1 次式で与えられる曲線である.

・今後の記述の仕方について

これ以降, 2 変数関数は変数を x, y として

$$f(x, y), \quad z = f(x, y)$$

と書く. 3 変数の場合には, 変数を x, y, z として次のように書く.

$$f(x, y, z), \quad w = f(x, y, z)$$

5.2　基 本 的 事 項

2 変数関数 $z = f(x, y)$ のグラフは曲面を表す. 例えば下図は左から順に, $z = x + y$ (平面), $z = x^2$, $z = -x^2 - y^2$ のグラフである.

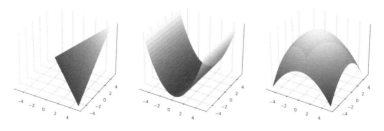

3 変数関数のグラフを記述するのは簡単ではない.

ここでは，$\mathbb{R}^2$ に含まれる集合または 2 変数関数に対して，有界性，最大・最小，上限・下限，収束と発散，極限を導入する（1 変数の場合は 1.3 節，2.1 節）．さらに，$\mathbb{R}^2$ に含まれる集合について，閉集合であることや境界を導入する．

定義 5.5　有界性

　D を $\mathbb{R}^2$ に含まれる空でない集合とする．

(1)　A が**有界**

　　$\overset{\text{def}}{\Longleftrightarrow}$　次を満たすようなある正数 $M > 0$ が存在する．

　　　　　すべての $(a, b) \in D$ に対して $\sqrt{a^2 + b^2} \le M$.

(2)　D 上の関数 f が**有界**である．

　　$\overset{\text{def}}{\Longleftrightarrow}$　$\{f(x, y) \,|\, (x, y) \in D\}$ が $\mathbb{R}$ に含まれる集合として有界.

注意 5.6　$\mathbb{R}$ での有界性は，実数の絶対値を用いて定義される．$\mathbb{R}^2$ では絶対値のかわりに，原点と (a, b) の距離 $\sqrt{a^2 + b^2}$ を用いる．

定義 5.7　$\mathbb{R}^2$ における点列の収束性，閉集合，閉領域

(1)　$\mathbb{R}^2$ の点列 $\{(x_n, y_n)\}_{n=1}^{\infty}$ が $(x, y) \in \mathbb{R}^2$ に**収束**する．

　　$\overset{\text{def}}{\Longleftrightarrow}$　$\displaystyle\lim_{n \to \infty} \sqrt{(x_n - x)^2 + (y_n - y)^2} = 0$ が成り立つ．

　　このとき (x, y) を**極限**とよび，$(x_n, y_n) \to (x, y)$ $(n \to \infty)$ と書く．

(2)　$\mathbb{R}^2$ の点列 $\{(x_n, y_n)\}_{n=1}^{\infty}$ が $\mathbb{R}^2$ の**収束列**である．

　　$\overset{\text{def}}{\Longleftrightarrow}$　$\{(x_n, y_n)\}_{n=1}^{\infty}$ がある点 $(x, y) \in \mathbb{R}^2$ に収束する．

(3)　$\mathbb{R}^2$ の部分集合 A が**閉集合**である

　　$\overset{\text{def}}{\Longleftrightarrow}$　A に含まれる任意の $\mathbb{R}^2$ の収束列 $\{(x_n, y_n)\}_{n=1}^{\infty}$ について，その極限が A の元である．

(4)　$\mathbb{R}^2$ の部分集合 A が**閉領域**である

　　$\overset{\text{def}}{\Longleftrightarrow}$　A が閉集合でかつ連結（定義 5.1 (3) を参照）である．

注意 5.8　$\mathbb{R}$ での点列の収束は，絶対値を用いて定義される．$\mathbb{R}^2$ では絶対値のかわりに，(x_n, y_n) と (x, y) の 2 点間の距離 $\sqrt{(x_n - x)^2 + (y_n - y)^2}$ を用いる．

注意 5.9　閉集合について，直観的には「境界を含む」という性質が定義の文章に含まれている．例えば区間 $(0,2]$ では，端点 0 について，$n^{-1} \in (0,2]$ は 0 に収束するが $0 \notin (0,2]$ である．端点 2 については $2 - n^{-1} \in (0,2]$ を考えれば 2 に収束する．読者の目的に応じて，直観的な理解で読み進めてもよい．

例題 5.10　次の集合 A, B の有界性と A, B が閉集合か否かを明らかにせよ．

$$A = \left\{ (x,y) \in \mathbb{R}^2 \mid \sqrt{x^2 + y^2} \le 1 \right\}, \ B = \left\{ (x,y) \in \mathbb{R}^2 \mid -1 < x < 1, y \ge 0 \right\}.$$

【解】　A の有界性は，定義から直ちに従う．次に，$\{(x_n, y_n)\}_{n=1}^{\infty} \subset A$ を $\mathbb{R}^2$ の収束列とし，極限を (x,y) とする．A の定義から $\sqrt{x_n^2 + y_n^2} \le 1$ が成り立ち，$n \to \infty$ とすると $\sqrt{x^2 + y^2} \le 1$ を得る．従って A は閉集合である．

B について，$\{(0,n)\}_{n=1}^{\infty} \subset B$ は $\sqrt{0^2 + n^2} \to \infty$（$n \to \infty$）を満たすので有界集合ではない．次に $x_n = 1 - \dfrac{1}{n}$ とし，点列 $\{(x_n, 0)\}_{n=1}^{\infty} \subset B$ を考えると，$(x_n, 0) \to (1,0) \notin B$（$n \to \infty$）となるため B は閉集合ではない．　■

問 5.2　(1)　$\mathbb{R}^2$ は閉集合であることを確かめよ．

(2)　$\left\{ (x,y) \in \mathbb{R}^2 \mid -1 \le x, y \le 1 \right\}$ は有界閉集合であることを確かめよ．

(3)　$\left\{ (x,y) \in \mathbb{R}^2 \mid y \ge x^2 \right\}$ は閉集合であるが，有界ではないことを確かめよ．

定義 5.11　**閉包と境界**

D を $\mathbb{R}^2$ に含まれる集合とする．

(1)　(x_0, y_0) が D の**内点**

　$\overset{\text{def}}{\Longleftrightarrow}$ (x_0, y_0) のある δ 近傍が D に含まれる

(2)　次を満たす点 (x,y) 全体の集合を**閉包**という．$(x,y) = \left(\lim_{n \to \infty} x_n, \lim_{n \to \infty} y_n \right)$ を満たすような D に含まれる点列 $\{(x_n, y_n)\}_{n=1}^{\infty}$ が存在する．D の閉包を $\overline{D}$ と書く．

(3)　$\left\{ (x,y) \in \overline{D} \mid (x,y) \text{ は } D \text{ の内点ではない} \right\}$ を D の**境界**とよび，∂D

と書く.

注意 5.12　D の閉包は D を含むような閉集合のうち，最小の集合である．D の境界とは，直観的には D と D の補集合の境目である．読者の目的に応じて，直観的な理解で読み進めてもよい．

例題 5.13　$D = \{(x,y) \in \mathbb{R}^2 \,|\, \sqrt{x^2 + y^2} < 1\}$ の閉包と境界の集合を調べよ．

【解】　$A = \{(x,y) \in \mathbb{R}^2 \,|\, \sqrt{x^2 + y^2} \leq 1\}$ とおき，閉包 $\overline{D}$ について，$\overline{D} = A$ を示す．そのために，$\overline{D} \subset A$ かつ $A \subset \overline{D}$ を示す．

$(x,y) \in \overline{D}$ とすると，$(x,y) = \left(\lim\limits_{n \to \infty} x_n, \lim\limits_{n \to \infty} y_n \right)$ を満たすような D に含まれる点列 $\{(x_n, y_n)\}_{n=1}^{\infty}$ が存在する．$\sqrt{x_n^2 + y_n^2} < 1$ より $n \to \infty$ とすると $\sqrt{x^2 + y^2} \leq 1$ となるため $(x,y) \in A$ を得る．

逆に $(x,y) \in A$ とすると，$\sqrt{x^2 + y^2} \leq 1$ を満たす．$\sqrt{x^2 + y^2} < 1$ のときは $(x_n, y_n) = (x,y)$ という一定数の数列 $\{(x_n, y_n)\}_{n=1}^{\infty} \subset D$ を考えることで $(x,y) \in \overline{D}$ を得る．$\sqrt{x^2 + y^2} = 1$ のときは，$(x_n, y_n) = (1 - n^{-1})(x,y)$ という点列 $\{(x_n, y_n)\}_{n=1}^{\infty} \subset D$ を考えることで $(x,y) \in \overline{D}$．従って $\overline{D} = A$．

次に境界について，$B = \{(x,y) \in \mathbb{R}^2 \,|\, \sqrt{x^2 + y^2} = 1\}$ とおき，$\partial D = B$ を示す．$(x,y) \in \partial D$ とする．$\sqrt{x^2 + y^2} < 1$ ならば，例題 5.3 (1) と同じ議論より (x,y) は D の内点である．$\sqrt{x^2 + y^2} = 1$ ならば，任意の $\varepsilon > 0$ に対して $\left(1 + \dfrac{\varepsilon}{2}\right)(x,y) \notin \overline{D}$ であるため (x,y) は D の内点ではない．従って $\partial D \subset B$．逆に $(x,y) \in B$ とすると，$\sqrt{x^2 + y^2} = 1$ より $(x,y) \in \overline{D}$ かつ (x,y) は D の内点ではないため $(x,y) \in \overline{D}$．以上から $\partial D = B$ を得る．　■

問 5.3　$D = \{(x,y) \in \mathbb{R}^2 \,|\, x, y > 0\}$ の閉包と境界を明らかにせよ．

—— 定義 5.14 **関数の有界性，最大・最小，上限・下限** ——

f を $D \subset \mathbb{R}^2$ を定義域とする関数とする．

(1) 関数 f の**上界，下界**，上（下）に有界であること，**有界**であることを f の値からなる集合 $\{f(x,y) \,|\, (x,y) \in D\}$ に対する上界，下界，有界性によって定義する．有界である関数を**有界関数**とよぶ．

(2) 関数 f の**最大値，最小値，上限，下限**を，集合 $\{f(x,y) \,|\, (x,y) \in D\}$ に対する最大元，最小元，上限，下限によって定義する．

(3) 関数 f に対して，最大値を $\max\limits_{(x,y)\in D} f(x,y)$，最小値を

$$\min_{(x,y)\in D} f(x,y),\ \ 上限を\ \sup_{(x,y)\in D} f(x,y),\ \ 下限を\ \inf_{(x,y)\in D} f(x,y)$$

と書く．$(x,y) \in D$ を省略して $\max f, \min f, \sup f, \inf f$ とも書く．

問 5.4[*] 問 2.1 のように f の有界性，最大最小，上限下限について同値な性質を書け．

問 5.5 次の関数の有界性，最大最小，上限下限を明らかにせよ．
(1) $f(x,y) = x + y$ $(-1 \le x, y < 1)$ (2) $f(x,y) = x^2 + y^2$ $(x^2 + y^2 \le 1)$

ボルツァーノ–ワイエルシュトラスの定理（定理 1.25）を $\mathbb{R}^2$ の場合で示す．

—— 定理 5.15 ——

$\mathbb{R}^2$ の有界な点列 $\{(x_n, y_n)\}_{n=1}^{\infty}$ は，ある $\mathbb{R}^2$ の収束部分列 $\{(x_{n_k}, y_{n_k})\}_{k=1}^{\infty} \subset \{(x_n, y_n)\}_{n=1}^{\infty}$ を含む．

[証明] $\{(x_n, y_n)\}_{n=1}^{\infty}$ を $\mathbb{R}^2$ の有界な点列とする．このとき，任意の $n \in \mathbb{N}$ に対して $\sqrt{x_n^2 + y_n^2} \le M$ を満たすような $M > 0$ が存在する．ここで，

$$|x_n|, |y_n| \le \sqrt{x_n^2 + y_n^2}\ より，\ すべての\ n \in \mathbb{N}\ に対して\ |x_n|, |y_n| \le M.$$

従って $\{x_n\}_{n=1}^{\infty}, \{y_n\}_{n=1}^{\infty}$ はそれぞれ $\mathbb{R}$ の有界数列である．定理 1.25 を $\{x_n\}_{n=1}^{\infty} \subset \mathbb{R}$ に適用すると収束部分列 $\{x_{n_k}\}_{k=1}^{\infty} \subset \{x_n\}_{n=1}^{\infty}$ を得る．さらに定理 1.25 を $\{y_{n_k}\}_{k=1}^{\infty} \subset \mathbb{R}$ 適用すると収束列 $\{y_{n_{k_l}}\}_{l=1}^{\infty}$ を得る．従っ

て，$l \to \infty$ のとき $(x_{n_{k_l}}, y_{n_{k_l}}) \to \left(\lim_{l\to\infty} x_{n_{k_l}}, \lim_{l\to\infty} y_{n_{k_l}} \right)$ が成り立つため，

$\{(x_{n_{k_l}}, y_{n_{k_l}})\}_{l=1}^{\infty}$ は $\mathbb{R}^2$ の収束列である．　　　　　　□

5.3　極限と連続性

定義 5.16　2 変数関数の収束と極限

(a, b) を $\mathbb{R}^2$ の点とする．

$(x, y) \to (a, b)$ のとき $f(x, y)$ は $l \in \mathbb{R}$ に**収束**する．

$\overset{\text{def}}{\Longleftrightarrow}$ 任意の $\varepsilon > 0$ に対して次を満たす $\delta > 0$ が存在する．

$$(x, y) \neq (a, b) \text{ かつ } \sqrt{(x-a)^2 + (y-b)^2} < \delta$$

ならば $|f(x, y) - l| < \varepsilon$．

このとき，$f(x, y) \to l, (x, y) \to (a, b)$ あるいは $\displaystyle\lim_{(x,y)\to(a,b)} f(x, y) = l$

と書く．また $(x, y) \to (a, b)$ を $\sqrt{(x-a)^2 + (y-b)^2} \to 0$ とも書く．

さらに l を**極限**とよぶ．

注意 5.17　1 変数関数の極限では右極限と左極限のみを考慮すれば十分であった
が，2 変数の場合には考慮すべき方向が増える．注意 2.4 のような直観的な記述は，
「$(x, y) \neq (a, b)$ である点 (x, y) を (a, b) に限りなく近づけると，$f(x, y)$ は l に限り
なく近づく」であり，「(x, y) を (a, b) に近づける」には，「任意の方向から近づける」
という意味が含まれる．さらに，この収束性は次のように書き換えられる．

$$\lim_{\delta\to 0} \sup_{0 < \sqrt{(x-a)^2+(y-b)^2} \leq \delta} |f(x, y) - l| = 0.$$

$(x, y) \to (a, b)$ を考えるための方法として極座標表示を挙げておく．

$\begin{cases} x = a + r\cos\theta \\ y = b + r\sin\theta \end{cases}$　$(r > 0, \theta \in [0, 2\pi])$

とおくと θ により様々な方向を表現で
きる．従って次の同値性を得る．

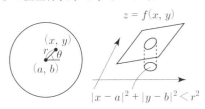

$$\lim_{r \to 0} \sup_{\theta \in [0,2\pi]} |f(a+r\cos\theta, b+r\sin\theta) - l| = 0 \iff \lim_{(x,y) \to (a,b)} f(x,y) = l.$$

例題 5.18　次の極限が存在するか否かを調べよ．存在する場合は値を求めよ．

(1) $\displaystyle \lim_{(x,y)\to(0,0)} \frac{xy}{|x|+|y|}$　　(2) $\displaystyle \lim_{(x,y)\to(0,0)} \frac{xy}{x^2+y^2}$

【解】　(1) $x = r\cos\theta, y = r\sin\theta$ $(r > 0, \theta \in [0,2\pi])$ とすれば，$r \to 0$ のとき次が成り立つ．

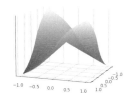

$$\left| \frac{xy}{|x|+|y|} \right| = \left| \frac{r^2 \cos\theta \sin\theta}{r(|\cos\theta|+|\sin\theta|)} \right| \le \frac{r \cdot 1 \cdot 1}{\frac{1}{\sqrt{2}}} \to 0.$$

従って，極限が存在してその値は 0.

(別解) $|xy| \le (|x|+|y|)\sqrt{x^2+y^2}$ より，$(x,y) \to (0,0)$ のとき $\left| \dfrac{xy}{|x|+|y|} \right| \le$

$\sqrt{x^2+y^2} \to 0$. 従って，極限が存在して値は 0.

(2) $x = r\cos\theta, y = r\sin\theta$ $(r > 0, \theta \in [0,2\pi])$ を
考える．右図は $x, y > 0$ のときのグラフで例えば

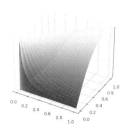

$$\frac{xy}{x^2+y^2} = \cos\theta\sin\theta = \begin{cases} 0 & (\theta = 0 \text{ のとき}) \\ \dfrac{1}{2} & \left(\theta = \dfrac{\pi}{4} \text{ のとき}\right) \end{cases}$$

を得る（r に依存しない）．極限は存在しない．■

問 **5.6**　次の極限が存在するか否かを調べよ．存在する場合は値を求めよ．

(1) $\displaystyle \lim_{(x,y)\to(0,0)} (x^2+y)$　(2) $\displaystyle \lim_{(x,y)\to(0,0)} y^2 e^x$　(3) $\displaystyle \lim_{(x,y)\to(0,0)} \frac{x-y}{|x|+|y|}$

問 **5.7**[*]　$l \in \mathbb{R}$, $\displaystyle \lim_{(x,y)\to(0,0)} f(x) = l$ とする．このとき f は $(0,0)$ のある近傍で有界
であることを示せ（ヒント：1 変数の場合は問 2.19）．

注意 **5.19**　無限大への発散については，$\displaystyle \lim_{(x,y)\to(a,b)} f(x,y) = \infty$ の定義のみ述べる
（1 変数の場合は定義 2.8）．任意の $M > 0$ に対して次を満たす $\delta > 0$ が存在する．

$$(x,y) \ne (a,b) \text{ かつ } \sqrt{(x-a)^2+(y-b)^2} \le \delta \text{ ならば } f(x,y) > M.$$

変数を無限大とする場合は，様々な方向がある．

定義 5.20　2 変数関数の連続性

$(a,b) \in \mathbb{R}^2$ とする．

(1)　$f(x,y)$ が点 (a,b) で**連続**であるとは $\displaystyle\lim_{(x,y)\to(a,b)} f(x,y) = f(a,b)$

が成り立つことと定義する．すなわち，

　(a)　$f(a,b)$ が実数として定まっている．

　(b)　極限 $\displaystyle\lim_{(x,y)\to(a,b)} f(x,y)$ が存在してその値が $f(a,b)$．

(2)　f が D 上で連続 $\overset{\text{def}}{\Longleftrightarrow}$ f は D の各点で連続である．

例題 5.21　次の f は原点で連続であるかどうかを調べよ．ただし $f(0,0) = 1$.

(1) $f(x,y) = \dfrac{\sin(x^2+y^2)}{x^2+y^2}$　(2) $f(x,y) = \dfrac{\sin(x^2-y^2)}{x^2+y^2}$

【解】　(1)　$\displaystyle\lim_{\delta\to 0} \dfrac{\sin\delta}{\delta} = 1$ より $\displaystyle\lim_{(x,y)\to(0,0)} \dfrac{\sin(x^2+y^2)}{x^2+y^2} = 1 = f(0,0)$ であるから f は原点で連続である．

(2)　$f(x,x) = 0 \to 0$（$x \to 0$）より f は原点で連続ではない．　■

問 **5.8**　次の関数が $(0,0)$ で連続であるかどうかを調べよ．

(1) $f(x,y) = \cos x + \sin y$　(2) $f(x,y) = \begin{cases} \dfrac{\tan(x^2+y^2)}{x^2+y^2} & ((x,y) \neq (0,0)) \\ 1 & ((x,y) = (0,0)) \end{cases}$

注意 5.22　「$(x,y) \to (0,0)$」と「$y \to 0$ の後に $x \to 0$」の違いを説明する．$(x,y) \to (0,0)$ は注意 5.17 でも記述した通り，原点に任意の方向から近づくという情報が含まれる．一方で，$\displaystyle\lim_{x\to 0}\left(\lim_{y\to 0} f(x,y)\right)$ は「先に $y \to 0$，その後に $x \to 0$」を意味する．例えば $f(x,y) = \dfrac{x^2}{x^2+y^2}$

$(y > 0)$ を考えたとき,

$$\lim_{x \to 0} \left(\lim_{y \to 0} f(x, y) \right) = \lim_{x \to 0} f(x, 0) = \lim_{x \to 0} 1 = 1$$

である. 一方で極限をとる順番を逆にすると, x 軸上の情報がなくなり,

$$\lim_{y \to 0} \left(\lim_{x \to 0} f(x, y) \right) = \lim_{y \to 0} f(0, y) = \lim_{y \to 0} 0 = 0.$$

なお, $x, y \to 0$ は曖昧な記述である. 本書では現れないが, $\displaystyle\lim_{(x,y) \to (0,0)} f(x, y)$ が定まっているときに, これを $\displaystyle\lim_{x,y \to 0} f(x, y)$ と記すことがある.

問 5.9 「f は点 (a, b) で連続」と「$f(x, y) = f(a, b) + o(1), (x, y) \to (a, b)$」の同値性を確かめよ.

5.4 連続関数の基本的性質

2 変数連続関数の和や積などに対する連続性, 有界閉集合での最大最小の存在を考える (1 変数の場合は定理 2.16, 定理 2.21 を参照). なお, 合成関数と逆関数を含む陰関数については, 次章で扱う.

定理 5.23

c を実数とし, $f(x, y)$ と $g(x, y)$ は点 (a, b) において連続であるとする. このとき, 以下の関数も点 (a, b) において連続である.

$$cf, \quad f \pm g, \quad fg, \quad \frac{f}{g} \quad (\text{ただし } g(a, b) \neq 0).$$

定理 5.24 連続関数の最大最小の存在

有界閉集合上の連続関数は最大値および最小値をもつ.

証明は 1 変数の場合 (定理 2.21) と同様であるため問とする.

問 5.10[*] 定理 5.24 を証明せよ (ヒント: 定理 5.15 を用いる).

例題 5.25 　$\mathbb{R}^2$ 上の関数 $f(x,y) = \dfrac{2x + 2y}{x^2 + y^2 + 1}$ は

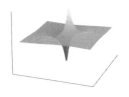

最大値をもつことを示せ.

【解】　$R > 1, \sqrt{x^2 + y^2} \geq R$ とすると次が成り立つ.

$$|f(x,y)| \leq \frac{4\sqrt{x^2 + y^2}}{x^2 + y^2 + 1} \leq \frac{4R}{R^2 + 1} \to 0 \ (R \to \infty).$$

これより $\varepsilon = \dfrac{1}{2} = \dfrac{f(1,0)}{2}$ に対して次を満たすような $R > 0$ が存在する.

$$\sup_{\sqrt{x^2 + y^2} \geq R} |f(x,y)| \leq \varepsilon. \quad \text{(円盤の外側では } |f| \text{ は } \varepsilon \text{ 以下)}$$

一方, 円盤の内側において, f は連続関数であるから定理 5.24 より有界閉集合 $\{(x,y) \mid \sqrt{x^2 + y^2} \leq R\}$ において最大値をもつ. $f(1,0) = 1 > 0$ よりその最大値は 1 以上である. 以上から f は $\mathbb{R}^2$ において最大値をもつ. ∎

問 **5.11**　$\mathbb{R}^2$ 上の関数 $f(x,y) = \dfrac{1}{\sin^2 x + e^{x^2 + y^2}}$ は最大値をもつことを示せ.

最後に, 一様連続性に関する命題を述べる (1 変数の場合は命題 2.39).

━━ 命題 5.26 ━━━━━━━━━━━━━━━━━━━━━━━━━━━━━

　有界閉集合 D 上の連続関数 f は一様連続である. すなわち, $(*)$ は条件「$(x,y), (a,b) \in D$ かつ $\sqrt{(x-a)^2 + (y-b)^2} < \delta$」を表すとしたとき, $\displaystyle\lim_{\delta \to 0} \sup_{(*)} |f(x,y) - f(a,b)| = 0$ が成り立つ.

問 **5.12***　命題 5.26 を証明せよ (ヒント:命題 2.39 の証明と定理 5.15).

第 5 章　章末問題

5.1　$x = (x_1, y_1), y = (x_2, y_2)$ に対して $\|x - y\| = \sqrt{(x_1 - x_2)^2 + (y_1 - y_2)^2}$ とおく．次を示せ．

(1) $\|x + y\| \leq \|x\| + \|y\|$　　　　(2) $\big| \|x\| - \|y\| \big| \leq \|x - y\|$

5.2　次の関数 f について，$(x, y) \to (0, 0)$ のとき収束するかどうかを明らかにせよ．

(1) $f(x, y) = \dfrac{\log(1 + x^4 + y^4)}{x^2 + 2y^2}$　　　　(2) $f(x, y) = \dfrac{\log(1 + x^2 + y^2)}{x^2 + 2y^2}$

(3) $f(x, y) = \dfrac{\sin(x^2 + y^2)}{y}$　$(y > 0)$　　(4) $f(x, y) = \dfrac{e^{x^2} - 1}{\sqrt{x^2 + y^2}}$

5.3　$f(x, y) = \dfrac{y^2}{x^2 + y^2}$ とおく．$\displaystyle \lim_{x \to 0} \left(\lim_{y \to 0} f(x, y) \right), \lim_{y \to 0} \left(\lim_{x \to 0} f(x, y) \right)$ を求めよ．

5.4　$\mathbb{R}^2$ 上の関数 $f(x, y)$ は $f(0, 0) > 0$ かつ $\displaystyle \lim_{r \to \infty} \sup_{x^2 + y^2 > r} |f(x, y)| = 0$ を満たす

とする．このとき，f は最大値をもつことを示せ．

5.5*　$\mathbb{R}^2$ 上の関数 $f(x, y)$ は連続で $\displaystyle \lim_{r \to \infty} \sup_{x^2 + y^2 > r} |f(x, y)| = 0$ を満たすとする．こ

のとき，f は一様連続であることを示せ．

第6章

多変数関数の微分

多変数関数を多項式で近似する方法を学ぶ（1変数の場合は3章）．例えば，2変数関数 $f(x,y)$ を多項式で表すならば，次を考えることになる．

$$f(x,y) = a_{0,0} + a_{1,0}x + a_{0,1}y + a_{2,0}x^2 + a_{1,1}xy + a_{0,2}y^2 + \cdots.$$

ただし $a_{j,k}$ $(j,k = 0,1,2,\ldots)$ は適当な実数である．ここで原点近傍において次数が高い多項式は値がより小さくなるため，f の主要な項は $a_{0,0}$，次に主要な項は $a_{1,0}x + a_{0,1}y$，その次に主要な項は $a_{2,0}x^2 + a_{1,1}xy + a_{0,2}y^2$，さらに高次の項は小さい誤差と期待する．1変数のテイラーの公式（定理 3.34，注意 3.35）と同様に両辺を形式的に微分すると，係数は

$$a_{0,0} = f(0,0), \quad a_{1,0} = f_x(0,0), \quad a_{0,1} = f_y(0,0), \quad \cdots$$

と予想できる（f_x, f_y はそれぞれ x, y に関する微分である）．本章では，2変数関数の微分を導入して，テイラーの公式，極値判定，微分の応用例を学ぶ．3変数以上でも同様の理論が成り立つが説明を単純にするため2変数を扱う．計算では変数1つ1つに対して微分するのが基本だが，多変数だからこそ考慮すべき事項が現れるため，その点に注意して読み進めることをおすすめする．なお，本章で現れる関数は $\mathbb{R}^2$ に含まれる領域を定義域にもつ実数値の関数とする．

6.1 偏微分

1つの変数について微分することを偏微分するという．

― 定義 6.1 ―

(1) $\mathbb{R}^2$ の点 (a,b) を固定し，$f(x,y)$ は (a,b) の近傍で定義されているとする．f が (a,b) において x について**偏微分可能**であるとは極限

$\displaystyle\lim_{h\to 0}\frac{f(a+h,b)-f(a,b)}{h}$ が実数の値として存在することと定義する.

この極限を $f_x(a,b), \dfrac{\partial f}{\partial x}(a,b)$ と書く.

　同様に, (a,b) において y について**偏微分可能**であるとは, 極限

$\displaystyle\lim_{h\to 0}\frac{f(a,b+h)-f(a,b)}{h}$ が実数の値として存在することと定義し,

この極限を $f_y(a,b), \dfrac{\partial f}{\partial y}(a,b)$ と書く.

　これらの極限を**偏微分係数**あるいは単に**微分係数**とよぶ.

(2)　f が領域 D の各点で偏微分可能であるとき, D 上で偏微分可能であるという. 各点 (a,b) に値 $f_x(a,b), f_y(a,b)$ を対応させる関数を**偏導関数**とよび $f_x, \dfrac{\partial f}{\partial x}, f_y, \dfrac{df}{\partial y}$ と書く.

例題 6.2　次の関数の偏導関数を求めよ. $a \in \mathbb{R}$ とする.

(1) $f(x,y) = 3xy^3 + y^4$　(2) $f(x,y) = \sin\dfrac{x}{y}$　(3) $f(x,y) = (x^2+y^2)^{\frac{a}{2}}$

【解】　(1)　$f_x(x,y) = 3y^3$, $f_y(x,y) = 9xy^2 + 4y^3$.

(2)　$f_x(x,y) = \dfrac{1}{y}\cos\dfrac{x}{y}$, $f_y(x,y) = -\dfrac{x}{y^2}\cos\dfrac{x}{y}$.

(3)　$f_x(x,y) = ax(x^2+y^2)^{\frac{a}{2}-1}$, $f_y(x,y) = ay(x^2+y^2)^{\frac{a}{2}-1}$.　■

問 **6.1**　次の関数の偏導関数を求めよ.

(1) $f(x,y) = (2xy+1)^5$　(2) $f(x,y) = \tan\dfrac{x}{y}$　(3) $f(x,y) = \log(x^2+y^2)$

　1変数では, 常に $f' = 0$ ならば f は定数関数 (定理 3.20 (3)) であったが, 多変数でも同様の主張が成り立つ.

定理 6.3

$f(x, y)$ は領域上の関数で偏微分可能であるとする．f_x, f_y がどちらも恒等的に 0 ならば f は定数関数である．

[証明] f_x, f_y が恒等的に 0 とする．x, y を固定し $(h, k) \neq (0, 0)$ のとき，$f(x+h, y+k) = f(x, y)$ を示せばよい．第 1 変数に着目して 1 変数関数の平均値の定理（定理 3.17）を適用すると，次を満たす $\theta \in (0, 1)$ が存在する．

$$f(x+h, y+k) = f(x, y+k) + f_x(x+\theta h, y+k)h = f(x, y+k).$$

ただし 2 つ目の等式で $f_x = 0$ を用いた．次に $f(x, y+k)$ の第 2 変数に関して平均値の定理（定理 3.17）を適用すると，次を満たす $\widetilde{\theta} \in (0, 1)$ が存在する．

$$f(x, y+k) = f(x, y) + f_y(x, y+\widetilde{\theta}k)k = f(x, y).$$

ただし 3 つ目の等式では $f_y = 0$ を用いた．以上から任意の (h, k) に対して $f(x+h, y+k) = f(x, y)$ が得られるため f は定数関数である． □

● 偏微分可能性と連続性

「偏微分可能であっても連続とは限らない」を説明する．偏微分可能性では x 軸または y 軸方向のみに着目した極限を考えるが，点 (a, b) における連続性には「任意の方向から (x, y) を点 (a, b) に近づける」という議論が必要である（全ての方向を考慮した全微分は次節で扱う）．

例題 6.4 次の f は $(0, 0)$ で偏微分可能であるが連続ではないことを示せ．

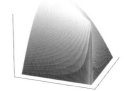

$$f(x, y) = \begin{cases} \dfrac{xy}{x^2 + y^2} & ((x, y) \neq (0, 0)) \\ 0 & ((x, y) = (0, 0)) \end{cases}$$

右図は $x, y > 0$ のときのグラフである．

【解】 偏微分係数について以下が成り立つ．

$$f_x(0, 0) = \lim_{h \to 0} \frac{f(h, 0) - f(0, 0)}{h} = \lim_{h \to 0} \frac{0 - 0}{h} = 0,$$

$$f_y(0,0) = \lim_{h \to 0} \frac{f(0,h) - f(0,0)}{h} = \lim_{h \to 0} \frac{0 - 0}{h} = 0.$$

一方で，例題 5.18 (2) から f は原点において連続ではない．　　　　■

　この例より，偏微分可能性から連続性を理解するのは難しいことがわかる．なお，1 変数の場合，定理 3.8 により連続性は成り立つ．さらに

　　f が $x = 0$ で微分可能　ならば　$f(x) = f(0) + f'(0)x + o(x)$ $(x \to 0)$

は正しいため，連続性はもちろん 1 次式による近似に関しても問題ない．次節では，2 変数関数の 1 次式による近似可能性を考えて全微分を導入する．準備として，ランダウの記号（定義 3.39 を参照）に関する例題を解く．1 次式や 2 次式などに対して，それらより小さい誤差の記述に慣れるのが目的である．

$\boxed{\text{例題 6.5}}$　(1)　$(x,y) \to (0,0)$ のとき $o(x) = o(\sqrt{x^2 + y^2})$ を示せ．

(2)　$\alpha, \gamma > 0$ とし，$(x,y) \to (0,0)$ のとき $r(x,y) = o(x^2 + y^2)$ とする．このとき，原点近傍で $\alpha x^2 + \gamma y^2 > |r(x,y)|$ が成り立つことを示せ．

(3)　$\alpha, \gamma > 0, \beta \in \mathbb{R}$ とする．ある $\tilde{\alpha}, \tilde{\gamma} > 0$ が存在して $\alpha(x - \beta y)^2 + \gamma y^2 \geq \tilde{\alpha} x^2 + \tilde{\gamma} y^2$ を示せ．さらに，$r(x,y)$ が (2) と同じ仮定を満たすとき，原点近傍で $\alpha(x - \beta y)^2 + \gamma y^2 > |r(x,y)|$ が成り立つことを示せ．

【解】　(1)　$\dfrac{1}{\sqrt{x^2 + y^2}} \leq \dfrac{1}{|x|}$ より，$\left| \dfrac{o(x)}{\sqrt{x^2 + y^2}} \right| \leq \left| \dfrac{o(x)}{x} \right| \to 0, (x,y) \to$

$(0,0)$ が成り立つため $o(x) = o(\sqrt{x^2 + y^2})$ は正しい．

(2)　$o(x^2 + y^2)$ の定義より $\displaystyle \lim_{(x,y) \to (0,0)} \frac{r(x,y)}{x^2 + y^2} = 0$ を得る．収束の定義から $\varepsilon = \min\{\alpha, \gamma\} > 0$ に対して次を満たす $\delta > 0$ が存在する．

$$0 < \sqrt{x^2 + y^2} < \delta ならば \left| \frac{r(x,y)}{x^2 + y^2} \right| < \varepsilon.$$

このとき，$|r(x,y)| < \varepsilon(x^2 + y^2) \leq \alpha x^2 + \gamma y^2$．

(3)　$\alpha(x - \beta y)^2 + \gamma y^2$ を，次のように下から x^2, y^2 で評価する．

$$|x| \geq \frac{|\beta y|}{2} \text{ のとき } \alpha(x - \beta y)^2 + \gamma y^2 \geq \alpha\left(\frac{x}{2}\right)^2 + \gamma y^2 = \frac{\alpha}{4}x^2 + \gamma y^2,$$

$$|x| \leq \frac{|\beta y|}{2} \text{ のとき } \alpha(x - \beta y)^2 + \gamma y^2 \geq \gamma y^2 = \frac{\gamma}{2}\left(\frac{2}{|\beta|}x\right)^2 + \frac{\gamma}{2}y^2.$$

従って $\widetilde{\alpha} = \min\left\{\dfrac{\alpha}{4}, \dfrac{2\gamma}{\beta^2}\right\}, \widetilde{\gamma} = \dfrac{\gamma}{2}$ とすれば前半の主張を得る. 後半の主張は,

今示した前半の不等式と (2) より示される. ∎

問 6.2 a, b を実数とする. $(x, y) \to (a, b)$ のとき次が成り立つことを確かめよ.

(1) $o(x - a), o(y - b) = o(\sqrt{(x-a)^2 + (y-b)^2})$

(2) $(x - a)(y - b) = o(\sqrt{(x-a)^2 + (y-b)^2})$

(3) $x - a, y - b \neq o(\sqrt{(x-a)^2 + (y-b)^2})$

6.2 全微分可能性と接平面

2 変数関数を 1 次式で近似することを考えて, 全微分可能性を導入する. 後の定理 6.10 で説明するが, 偏導関数 f_x, f_y が連続であれば偏微分可能性と全微分可能性の違いを意識しなくても問題ないことがわかる.

定義 6.6 全微分可能性

(1) 2 変数関数 $f(x, y)$ が (a, b) で**全微分可能**である

$\overset{\text{def}}{\Longleftrightarrow}$ ある定数 A, B が存在して次が成り立つ.

$$f(x, y) = f(a, b) + A(x - a) + B(y - b)$$
$$+ o\left(\sqrt{(x-a)^2 + (y-b)^2}\right), \quad (x, y) \to (a, b).$$

ただし, $o(\cdot)$ はランダウの記号 (定義 3.39 を参照) である.

(2) f が領域 D の各点で全微分可能であるとき, D 上で全微分可能であるという.

ランダウの記号の定義から, f が点 (a, b) で全微分可能性ならば, 点 (a, b) の近くで $f(x, y)$ の主要な値は $f(a, b) + A(x - a) + B(y - b)$ で決まる. 連続性が確かめられるが, これは問とする.

問 6.3 f が点 (a,b) で全微分可能ならば，点 (a,b) で連続であることを確かめよ.

注意 6.7 全微分可能性を証明するときは，定義 6.6 の式を同値変形して，以下を満たす実数 A, B を見つけることが必要である（見つからなければ全微分可能ではない）.

$$\lim_{(x,y)\to(a,b)} \frac{f(x,y) - \Big(f(a,b) + A(x-a) + B(y-b)\Big)}{\sqrt{(x-a)^2 + (y-b)^2}} = 0.$$

この式は複雑に見えるかもしれないが，1 変数の場合の拡張になっている. 実際，微分可能性をランダウの記号を使って書く（問 3.24）と，次のようになる.

$f(x) = f(a) + A(x-a) + o(x-a)\ (x\to a)$ を満たす実数 A が存在する.

これはランダウの記号の定義から次のように同値変形できる.

$$\lim_{x\to a} \frac{f(x) - f(a) - A(x-a)}{x-a} = 0\ \text{を満たす実数 } A \text{ が存在する.}$$

次に，全微分可能性に現れる A, B は偏微分係数と一致することを説明する.

定理 6.8　全微分可能性と偏微分係数

2 変数関数 $f(x,y)$ が点 (a,b) で全微分可能ならば点 (a,b) で偏微分可能であり，定義 6.6 に現れる定数 A, B は次で与えられる.

$$A = f_x(a,b), \quad B = f_y(a,b).$$

注意 6.9 定理 6.8 より f が点 (a,b) で全微分可能ならば次が成り立つ. $(x,y)\to(a,b)$ のとき，

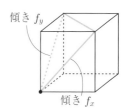

$$f(x,y) = f(a,b) + f_x(a,b)(x-a) + f_y(a,b)(y-b)$$
$$+ o\left(\sqrt{(x-a)^2 + (y-b)^2}\right).$$

$(x,y) = (a+h, b+k)$ とおいたときの記述も後で使うため書いておく. $(h,k)\to(0,0)$ のとき，

$$f(a+h, b+k) = f(a,b) + f_x(a,b)h + f_y(a,b)k + o\left(\sqrt{h^2 + k^2}\right).$$

[証明] 全微分可能性から，$(x,y)\to(a,b)$ のとき

$$f(x, y) = f(a, b) + A(x - a) + B(y - b) + o\left(\sqrt{(x-a)^2 + (y-b)^2}\right)$$

を満たす実数 A, B が存在する. この式で $y = b$ とすると, $x \to a$ のとき

$$\frac{f(x, b) - f(a, b)}{x - a} = A + \frac{B(b - b)}{x - a} + \frac{o\left(\sqrt{(x-a)^2 + (b-b)^2}\right)}{x - a} = A + o(1)$$

より $A = f_x(a, b)$ を得る. 一方で $x = a$ とすると, $y \to b$ のとき

$$\frac{f(a, y) - f(a, b)}{y - b} = \frac{A(a - a)}{y - b} + B + \frac{o\left(\sqrt{(a-a)^2 + (y-b)^2}\right)}{y - b} = B + o(1)$$

であるから $B = f_y(a, b)$ を得る. □

　偏微分可能性から全微分可能性は得られないが, 偏導関数が連続であれば全微分可能性が得られる.

━━ 定理 6.10 ━━

　　点 (a, b) の近傍において, f は偏微分可能であって f_x (または f_y) は連続とする. このとき, $f(x, y)$ は (a, b) で全微分可能である. 特に f_x, f_y が連続関数ならば全微分可能である.

[証明] 　f_x が連続である場合のみを示す. 全微分可能性のために

$$f(x, y) - f(a, b) = \underbrace{f(x, y) - f(a, y)}_{= F_1} + \underbrace{f(a, y) - f(a, b)}_{= F_2},$$

を考える. F_1 について 1 変数関数の平均値の定理 (定理 3.17) を適用すると,

$$F_1 = f(x, y) - f(a, y) = f_x\big(a + \theta(x - a), y\big)(x - a).$$

を満たす $\theta \in (0, 1)$ が存在する. 次に, $(x, y) \to (a, b)$ のとき $\big(a + \theta(x - a), y\big) \to (a, b)$ が成り立つことと, f_x の連続性 (問 5.9 を参照) から次を得る.

$$f_x\big(a + \theta(x - a), y\big) = f_x(a, b) + o(1), \quad (x, y) \to (a, b).$$

上の 2 式から次が成り立つ.

$$F_1 = f_x(a, b)(x - a) + o(x - a), \quad (x, y) \to (a, b).$$

F_2 については, y に関する偏微分可能性から, 次を得る.

$$F_2 = f(a,y) - f(a,b) = f_y(a,b)(y-b) + o(y-b), \quad y \to b.$$

以上から, $(x,y) \to (a,b)$ のとき次が成り立つ.

$$f(x,y) - f(a,b)$$

$$= f_x(a,b)(x-a) + f_y(a,b)(y-b) + o(x-a) + o(y-b)$$

$$= f_x(a,b)(x-a) + f_y(a,b)(y-b) + o\left(\sqrt{(x-a)^2 + (y-b)^2}\right).$$

最後の等式では問 6.2 の結果を用いた. 従って f は全微分可能である. □

例題 6.11 次の関数が原点で全微分可能であるかどうか調べよ.

(1) $f(x) = e^{x^2+y^2}$ (2) $f(x,y) = \begin{cases} \dfrac{x^2 y}{x^2+y^2} & ((x,y) \neq (0,0)) \\ 0 & ((x,y) = (0,0)) \end{cases}$

【解】 (1) $f_x(x,y) = 2xe^{x^2+y^2}, f_y(x,y) = 2ye^{x^2+y^2}$ であり, f_x, f_y は連続関数である. 従って, 定理 6.10 より f は全微分可能な関数である.

(別解) e^x の漸近展開 (定理 3.43) $e^x = 1 + x + o(x)$ $(x \to 0)$ において, x を $x^2 + y^2$ で置き換えると次が成り立つため, f は原点で全微分可能である.

$$e^{x^2+y^2} = 1 + x^2 + y^2 + o(x^2+y^2) = 1 + o\left(\sqrt{x^2+y^2}\right), \quad \sqrt{x^2+y^2} \to 0.$$

(2) 例題 6.4 と同様の方法で $f_x(0,0) = f_y(0,0) = 0$ を確かめられる. f が全微分可能であると仮定すると, 定理 6.8 より次が成り立つ.

$$f(x,y) = 0 + o\left(\sqrt{x^2+y^2}\right), \quad (x,y) \to (0,0).$$

これは $\displaystyle\lim_{(x,y)\to(0,0)} \frac{f(x,y)}{\sqrt{x^2+y^2}} = 0$ と同値である. しかし, $x > 0$ かつ $y = x$ とすると $\dfrac{f(x,x)}{\sqrt{x^2+x^2}} = \dfrac{\frac{1}{2}x}{\sqrt{2x^2}} = \dfrac{\sqrt{2}}{4} \neq 0$ であるため矛盾が導かれた. 従って f は原点において全微分可能ではない. ■

注意 6.12 全微分可能性の不成立を直接示そうとすると, 全ての A, B に対して定義 6.6 の式が成り立たないことを示すので結構手間がかかると思う. 偏微分係数が求

まるのであれば，例題 6.11 のように背理法もある．

問 6.4　次の関数が原点で全微分可能かどうかを調べよ．

(1) $f(x) = \sqrt{1 + x^2 + y}$　(2) $\sqrt{x^2 + y^2}$　(3) $\sin(x^2 + y^2)$

• 接平面

1 変数関数 $y = f(x)$ では，各点で 1 次式による近似を考えると接線の方程式が現れる（定義 3.15）．2 変数関数 $z = f(x, y)$ の場合には，それに対応するものとして平面の方程式が現れる．平面の方程式のうち，以下は基本的である．

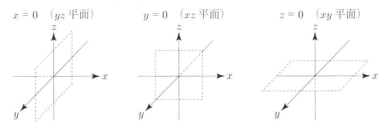

$x = 0$　（yz 平面）　　　$y = 0$　（xz 平面）　　　$z = 0$　（xy 平面）

一般に平面の方程式は実数 a, b, c, d を用いて次のように書ける．

$$ax + by + cz = d \quad \text{ただし } (a, b, c) \neq (0, 0, 0).$$

さて，3.2 節（1 変数のとき）と同様に，点 (a, b) で $z = f(x, y)$ に接する平面の方程式（$z = f(x, y)$ を近似する 1 次式）を，全微分可能の定義から見い出す．

$$z = f(x, y) = f(a, b) + f_x(a, b)(x - a) + f_y(a, b)(y - b)$$
$$+ o(\sqrt{(x - a)^2 + (y - b)^2}), \quad (x, y) \to (a, b).$$

定義 6.13　**接平面**

$z = f(x, y)$ が点 (a, b) において全微分可能であるとし，曲面 $z = f(x, y)$ 上の点 $(a, b, f(a, b))$ における接平面とは次の方程式で表される平面である．

$$z - f(a, b) = f_x(a, b)(x - a) + f_y(a, b)(y - b).$$

注意 6.14 $y = b$ とすると xz 平面で $z = f(a,b) + f_x(a,b)(x-a)$, $x = a$ とすると yz 平面で $z = f(a,b) + f_y(a,b)(y-b)$ を得る. 1 つの変数を固定すれば, 1 変数関数の接線の方程式 (定義 3.15) が現れる.

$\boxed{\text{例題 6.15}}$ $f(x,y) = x^2 + y$ とする. $z = f(x,y)$ について, 点 $(1,1)$ における接平面の方程式を求めよ.

【解】 $f(1,1) = 2, f_x = 2x, f_x(1,1) = 2, f_y(1,1) = 1$ がわかるため, 求める方程式は $z - 2 = 2(x-1) + 1 \cdot (y-1)$ である. 従って $z = 2x + y - 1$. ∎

問 6.5 $f(x,y) = x^3 - y$ とする. $z = f(x,y)$ について, 点 $(2,3)$ における接平面の方程式を求めよ.

6.3 合成関数の微分

パラメータの数が 1 つの場合から始めて, それをもとに 2 つの場合を考える.

定理 6.16 合成関数の微分 1

$z = f(x,y)$ は全微分可能であるとし, (x,y) は, パラメータ表示 $x = \varphi(t), y = \psi(t)$ $(a < t < b)$ で与えられる滑らかな曲線上を動くとする. このとき, 合成関数 $z = f(\varphi(t), \psi(t))$ $(a < t < b)$ は微分可能であり次が成り立つ.

$$\frac{d}{dt}\Big(f\big(\varphi(t), \psi(t)\big)\Big) = f_x\big(\varphi(t), \psi(t)\big)\,\varphi'(t) + f_y\big(\varphi(t), \psi(t)\big)\,\psi'(t).$$

注意 6.17 定理 6.16 の公式は $z_t = z_x x_t + z_y y_t$, $\dfrac{dz}{dt} = \dfrac{\partial z}{\partial x}\dfrac{dx}{dt} + \dfrac{\partial z}{\partial y}\dfrac{dy}{dt}$ とも書く. 証明では積の微分 (定理 3.5) がポイントの 1 つであり, 例えば $\varphi = \psi = t$ のとき

$$\frac{f\big(t+h, t+h\big) - f\big(t,t\big)}{h} = \frac{f\big(t+h, t+h\big) - f\big(t, t+h\big)}{h} + \frac{f\big(t, t+h\big) - f\big(t,t\big)}{h}$$

$$\to f_x(t,t) + f_y(t,t) \quad (h \to 0)$$

である. 従って f_x, f_y の和が現れる. φ, ψ が一般の関数の場合には, 合成関数の考え方 (1 変数の場合は定理 3.6) によるが, 以下の証明ではその点を漸近展開 (例題 3.42)

で処理する．なお，1 変数に対する微分では記号 d，偏微分では記号 ∂ を用いる．

[証明] $\dfrac{f\big(\varphi(t+h),\psi(t+h)\big) - f\big(\varphi(t),\psi(t)\big)}{h}$ を考える．まず φ,ψ の微分

可能性（問 3.24 を参照）について，$h \to 0$ のとき

$$\varphi(t+h) = \varphi(t) + \varphi'(t)h + o(h), \quad \psi(t+h) = \psi(t) + \psi'(t)h + o(h).$$

f は点 $\big(\varphi(t),\psi(t)\big)$ で全微分可能であるから次が成り立つ．

$$f\big(\varphi(t+h),\psi(t+h)\big) - f\big(\varphi(t),\psi(t)\big)$$

$$= f_x\big(\varphi(t),\psi(t)\big)\big(\varphi'(t)h + o(h)\big) + f_y\big(\varphi(t),\psi(t)\big)\big(\psi'(t)h + o(h)\big)$$

$$+ o\left(\sqrt{\big(\varphi'(t)h + o(h)\big)^2 + \big(\psi'(t)h + o(h)\big)^2}\right)$$

$$= f_x\big(\varphi(t),\psi(t)\big)\varphi'(t)h + f_y\big(\varphi(t),\psi(t)\big)\psi'(t)h + o(h).$$

両辺に h^{-1} をかけて $h \to 0$ により極限をとれば $z_t = z_x x_t + z_y y_t$ を得る．□

例題 6.18 $f(x,y) = \sin(x + y^2)$, $\varphi(t) = \log t$, $\psi(t) = e^t$ とし，$z = f\big(\varphi(t),\psi(t)\big)$ とおく．z_t を求めよ．

【解】 定理 6.16 より

$$z_t = \cos(x + y^2)\big|_{x=\log t, y=e^t} \cdot \frac{1}{t} + \cos(x + y^2)\big|_{x=\log t, y=e^t} \cdot 2y\big|_{y=e^t} \cdot e^t$$

$$= \left(\frac{1}{t} + 2e^{2t}\right)\cos(\log t + e^{2t}). \qquad ■$$

問 **6.6** $f(x,y)$ は全微分可能，φ,ψ は微分可能とし，$z = f\big(\varphi(t),\psi(t)\big)$ とおく．

(1) $f(x,y) = e^{-x^2-y^2}, \varphi(t) = 3t, \psi(t) = t$ のとき z_t を求めよ．

(2) $\varphi(t) = 2t, \psi(t) = 3t$ のとき z_t を f_x, f_y を用いて書け．

(3) $\varphi(t) = \cos t, \psi(t) = \sin t$ のとき z_t を f_x, f_y を用いて書け．

次は 2 つのパラメータの場合で，証明は定理 6.16 と同様のため省略する．

定理 6.19 **合成関数の微分 2**

$z = f(x, y)$ は全微分可能で,(x, y) は,パラメータ表示 $x = \varphi(u, v), y = \psi(u, v)$ で与えられる領域上を動くとする.ただし φ, ψ は偏微分可能な 2 変数関数とする.このとき,$z = f\big(\varphi(u, v), \psi(u, v)\big)$ は偏微分可能であり,次が成り立つ.

$$\frac{\partial}{\partial u}\Big(f\big(\varphi(u, v), \psi(u, v)\big)\Big)$$

$$= f_x\big(\varphi(u, v), \psi(u, v)\big)\,\varphi_u(u, v) + f_y\big(\varphi(u, v), \psi(u, v)\big)\,\psi_u(u, v).$$

変数 v についても,上式で $\dfrac{\partial}{\partial u}, \varphi_u, \psi_u$ をそれぞれ $\dfrac{\partial}{\partial v}, \varphi_v, \psi_v$ に置き換えた式が成り立つ.

注意 6.20 定理 6.19 の公式を $z_u = z_x x_u + z_y y_u, z_v = z_x x_v + z_y y_v$,あるいは,$\dfrac{\partial z}{\partial u} = \dfrac{\partial z}{\partial x}\dfrac{\partial x}{\partial u} + \dfrac{\partial z}{\partial y}\dfrac{\partial y}{\partial u}, \dfrac{\partial z}{\partial v} = \dfrac{\partial z}{\partial x}\dfrac{\partial x}{\partial v} + \dfrac{\partial z}{\partial y}\dfrac{\partial y}{\partial v}$ とも書く.また,定理 6.16 と違って定理 6.19 の z は 2 変数のため記号 ∂ を用いている.

問 6.7 $z = f(x, y)$ を全微分可能な関数,$x = r\cos\theta, y = r\sin\theta\,(r > 0, \theta \in [0, 2\pi])$ とする.z_r, z_θ を f_x, f_y, r, θ を用いて書け.

6.4 高次偏導関数とテイラーの公式

2 変数の場合のテイラーの公式,漸近展開を導入する(1 変数の場合は 3.4 節).1 次の場合(平均値の定理,1 変数の場合は定理 3.17)から始める.

定理 6.21 **平均値の定理**

f は全微分可能であるとする.このとき点 (a, b) と点 (x, y) に対して次を満たす $\theta \in (0, 1)$ が存在する.

$$f(x, y) - f(a, b) = f_x\big(a + \theta(x - a), b + \theta(y - b)\big) \cdot (x - a)$$

$$+ f_y\big(a + \theta(x - a), b + \theta(y - b)\big) \cdot (y - b).$$

また,$(x, y) = (a + h_1, b + h_2)$ として上式を書くと次のようになる.

$$f(a + h_1, b + h_2) - f(a, b) = f_x(a + \theta h_1, b + \theta h_2) \cdot h_1$$
$$+ f_y(a + \theta h_1, b + \theta h_2) \cdot h_2.$$

[証明]　実数 t を変数とする関数 $F(t) = f\big(a + t(x - a), b + t(x - a)\big)$ を考えると $F(1) = f(x, y), F(0) = f(a, b)$ である．1 変数の場合の平均値の定理（定理 3.17）を F に適用すると，次を満たす $\theta \in (0, 1)$ が存在する．

$$f(x, y) - f(0, 0) = F(1) - F(0) = F'(\theta)(1 - 0) = F'(\theta).$$

ここで，F の微分可能性は，f の全微分可能性と定理 6.16 より確かめられ，$F'(\theta)$ は定理 6.21 の主張の右辺と一致する．　　　　　□

　以下，2 次以上の偏導関数について考える．

定義 6.22

(1)　n を自然数とする．$f(x, y)$ が x, y について n 回偏微分可能であるとき，その導関数を

$$\frac{\partial^n f}{\partial x^{n-j} \partial y^j}, \quad \frac{\partial^n f}{\partial y^j \partial x^{n-j}} \quad (ただし\ j = 0, 1, 2, \ldots, n)$$

などと書き，**n 次偏導関数**とよぶ．また，$\dfrac{\partial^n}{\partial x^{n-j} \partial y^j}, \dfrac{\partial^n}{\partial y^j \partial x^{n-j}}$ を，n 回偏微分可能な関数 f に対してそれに対応する偏導関数を決める対応を表す記号とする．

(2)　2 回，3 回程度偏微分した場合について，$f_{xx} = (f_x)_x, f_{xy} = (f_x)_y, f_{yx} = (f_y)_x, f_{yy} = (f_y)_y$ のように f に添え字を付けて導関数を表す．3 回以上も同様の記号を用いる．

(3)　n 回までのすべての偏導関数が連続である関数は，**$\mathcal{C}^n$ 級**であるという．$\mathcal{C}^n$ 級関数全体の集合を $\mathcal{C}^n$ と書く．定義域が D のとき $\mathcal{C}^n = \mathcal{C}^n(D)$ と書く．

(4) 無限回偏微分可能であって，すべての偏導関数が連続であるとき，その関数は $\mathcal{C}^\infty$ **級関数**とよび，$\mathcal{C}^\infty$ 級関数全体の集合を $\mathcal{C}^\infty$ と書く．定義域が D の場合は $\mathcal{C}^\infty = \mathcal{C}^\infty(D)$ と書く．

2 次以上の偏導関数として，例えば x, y について 1 回ずつ偏微分した関数は

$$f_{xy} \ (x, y \text{ の順に微分}), \quad f_{yx} \ (y, x \text{ の順に微分})$$

である．ここでは $f_{xy} = f_{yx}$ が成り立つ場合（十分条件は定理 6.40 を参照）のみを想定し，微分する変数の順番は自由に考えられる設定でのみ考える．次は 2 変数関数のテイラーの公式である（1 変数の場合は定理 3.34）．

定理 6.23 テイラーの公式，原点のまわり

f を $\mathcal{C}^n$ 級関数とする．原点 $(0,0)$ と点 (x, y) に対して，次を満たす $\theta \in (0, 1)$ が存在する．

$$f(x, y) = \sum_{k=0}^{n-1} \sum_{j=0}^{k} \frac{1}{(k-j)!j!} \frac{\partial^k f}{\partial x^{k-j} \partial y^j}(0, 0) \cdot x^{k-j} y^j$$

$$+ \sum_{j=0}^{n} \frac{1}{(n-j)!j!} \frac{\partial^n f}{\partial x^{n-j} \partial y^j}(\theta x, \theta y) \cdot x^{n-j} y^j.$$

注意 6.24 注意 3.35 と同様に，$x^{k-j} y^j$ の係数を形式的に導くことができる．実際，

$$f(x, y) = a_{0,0} + a_{1,0} x + a_{0,1} y + \cdots + a_{k-j,j} x^{k-j} y^j + \cdots$$

について，x, y それぞれ $k - j$ 階，j 階の偏微分を考えれば，原点で $\dfrac{\partial^k f}{\partial x^{k-j} \partial y^j}(0, 0) = a_{k-j,j}(k-j)!j!$ を得る．なお，$(\theta x, \theta y)$ は原点と (x, y) の間の 1 点である．

また，点 (a, b) のまわりでも同様の主張が成り立つ．具体的には $(x, y) = (a + h_1, b + h_2)$ とおいて，変数 (h_1, h_2) の関数 $g(h_1, h_2) = f(a + h_1, b + h_2)$ に対して定理 6.23 を適用すればよい．

[証明] $F(t) = f(tx, ty)$ とおくと，$f(x, y) - f(0, 0) = F(1) - F(0)$ と書き換えられる．$F(t)$ に対して 1 変数の場合のテイラーの公式（定理 3.34）を適

用すると，$t > 0$ に対して次を満たす $\theta \in (0,1)$ が存在する．

$$F(t) = F(0) + F'(0)t + \frac{F''(0)}{2!}t^2 + \cdots + \frac{F^{(n-1)}(0)}{(n-1)!}t^{n-1} + \frac{F^{(n)}(\theta t)}{n!}t^n.$$

これに $t = 1$ を代入すると定理 6.23 の主張が得られる．実際，$F(1) = f(x,y)$，$F(0) = f(0,0)$．次に導関数に対しては定理 6.16 より

$$F'(0) = \frac{d}{dt}f(tx,ty)\Big|_{t=0} = \Big\{ f_x(tx,ty) \cdot x + f_y(tx,ty) \cdot y \Big\}\Big|_{t=0}$$

$$= f_x(0,0)x + f_y(0,0)y.$$

2 次以上の場合は定理 6.16 と二項定理の証明をもとにすると

$$F^{(k)}(t) = \sum_{j=0}^{k} \frac{k!}{(k-j)!j!} \frac{\partial^k f}{\partial x^{k-j}\partial x^j}(tx,ty) \cdot x^{k-j}y^j, \quad k = 2, \cdots, n.$$

上式で t を 0 $(k = 2, \ldots, n-1)$，θt $(k = n)$ として定理 6.23 を得る．　　□

注意 6.25　定理 6.23 の公式の右辺を f の**有限マクローリン展開**とよぶ．原点 $(0,0)$ より一般の点 (a,b) について考えたものを f の**有限テイラー展開**とよぶ．

問 6.8　定理 6.23 の主張について，点 (a,b) のまわりでのテイラー展開として書け．

以下が多変数の場合の漸近展開である（1 変数の場合は定理 3.43）．

定理 6.26　漸近展開

　$f(x,y)$ は原点 $(0,0)$ の近傍で $\mathcal{C}^n$ 級とする．$(x,y) \to (0,0)$ のとき次が成り立つ．

$$f(x,y) = \sum_{k=0}^{n}\sum_{j=0}^{k} \frac{1}{(k-j)!j!} \frac{\partial^k f}{\partial x^{k-j}\partial y^j}(0,0) \cdot x^{k-j}y^j + o\left((x^2+y^2)^{\frac{n}{2}}\right).$$

点 (a,b) の近傍で f が $\mathcal{C}^n$ 級ならば，$(x,y) \to (a,b)$ のとき上式の右辺について，$(0,0)$ を (a,b) に，x,y をそれぞれ $x-a, y-b$ に置き換えた式が成り立つ．

[証明] $\theta \in (0,1)$ と f の n 次偏導関数の連続性より $(x,y) \to (0,0)$ のとき

$$\frac{\partial^n f}{\partial x^{n-j} \partial y^j}(\theta x, \theta y) = \frac{\partial^n f}{\partial x^{n-j} \partial y^j}(0,0) + o(1).$$

これを定理 6.23 の式に適用すれば, 定理 6.26 の主張を得る. □

例題 6.27 (1) $n = 2$ の定理 6.26 の主張を和の記号を用いずに書き下せ.

(2) $f(x,y) = e^{x+y}$ の原点 $(0,0)$ での漸近展開を $o(x^2 + y^2)$ を用いて書け.

【解】 (1) $(x,y) \to (0,0)$ のとき次が成り立つ.

$$\begin{aligned}
f(x,y) =& f(0,0) + f_x(0,0)x + f_y(0,0)y \\
&+ \frac{f_{xx}(0,0)}{2!} + f_{xy}(0,0)xy + \frac{f_{yy}(0,0)}{2!}y^2 + o(x^2 + y^2).
\end{aligned}$$

(2) $f_x = f_y = f_{xx} = f_{xy} = f_{yy} = e^{x+y}$ であるため f は $\mathcal{C}^2$ 級関数である. $(x,y) = (0,0)$ のとき, $f_x = f_y = f_{xx} = f_{xy} = f_{yy} = 1$ であるから, 定理 6.26 より $(x,y) \to (0,0)$ のとき

$$\begin{aligned}
e^{x+y} =& 1 + x + y + \frac{1}{2!} \cdot x^2 + \frac{1}{1!1!} \cdot xy + \frac{1}{2!} \cdot y^2 + o(x^2 + y^2) \\
=& 1 + x + y + \frac{x^2}{2} + xy + \frac{y^2}{2} + o(x^2 + y^2).
\end{aligned}$$

(別解) e^x の漸近展開 (定理 3.43) $e^x = 1 + x + \dfrac{x^2}{2} + o(x)$ $(x \to 0)$ について, x を $x+y$ で置き換える. $\sqrt{x^2 + y^2} \to 0$ のとき $x+y \to 0$ であり,

$$\begin{aligned}
e^{x+y} &= 1 + x + y + \frac{(x+y)^2}{2} + o\big((x+y)^2\big) \\
&= 1 + x + y + \frac{x^2}{2} + xy + \frac{y^2}{2} + o(x^2 + y^2). \quad ■
\end{aligned}$$

問 **6.9** (1) $\cos(x+y)$ の原点 $(0,0)$ での漸近展開を $o(x^2 + y^2)$ を用いて書け.

(2) $\sin(x+y)$ の原点 $(0,0)$ での漸近展開を $o\big((x^2 + y^2)^{\frac{3}{2}}\big)$ を用いて書け.

(3) $\log(1 + x + y)$ の原点 $(0,0)$ での漸近展開を $o(x^2 + y^2)$ を用いて書け.

注意 6.28　点 (a, b) のまわりの $(x, y) = (a + h_1, b + h_2)$ を考えた場合の記述を紹

介する．二項定理 $(A + B)^k = \displaystyle\sum_{j=0}^{k} \dfrac{k!}{(k-j)! j!} A^{k-j} B^j$ をもとに

$$k! \sum_{j=0}^{k} \frac{1}{(k-j)! j!} \frac{\partial^k f}{\partial x^{k-j} \partial x^j}(a, b) \cdot h_1^{k-j} h_2^j = \left(\left(h_1 \frac{\partial}{\partial x} + h_2 \frac{\partial}{\partial y} \right)^k f \right)(a, b).$$

これを用いると例えば定理 6.26 は，$(h_1, h_2) \to (0, 0)$ のとき

$$f(a + h_1, b + h_2) = \sum_{k=0}^{n} \frac{1}{k!} \left(\left(h_1 \frac{\partial}{\partial x} + h_2 \frac{\partial}{\partial y} \right)^k f \right)(a, b) + o\left((h_1^2 + h_2^2)^{\frac{n}{2}} \right).$$

6.5　偏微分の応用：極値判定法

2 変数関数に対する極値を考える（1 変数の場合は定義 3.22，定理 3.46）．

定義 6.29　**極値**

(1)　$f(x, y)$ が点 (a, b) で**極大**（または**極小**）

　　$\overset{\text{def}}{\Longleftrightarrow}$ (a, b) のある近傍の任意の点 (x, y) $(\neq (a, b))$ に対して

$$f(x, y) < f(a, b) \qquad (\text{または } f(x, y) > f(a, b))$$

　　このときの $f(a, b)$ を**極大値**（または**極小値**）とよぶ．

(2)　極大値と極小値をあわせて**極値**とよぶ．

極値をとる点での 1 次偏微分係数の性質を述べる（1 変数の場合は定理 3.25）．

定理 6.30

　全微分可能な関数 $f(x, y)$ が点 (a, b) において極値をとるならば，
$f_x(a, b) = f_y(a, b) = 0$ が成り立つ．

[証明]　変数 x, y それぞれに 1 変数の場合の定理 3.25 を適用すればよい．　□

次に 2 次偏微分係数を考える．以下は 2 次式で表される基本形である．

$z = x^2 + y^2$ $z = -x^2 - y^2$ $z = \pm(x^2 - y^2), xy$

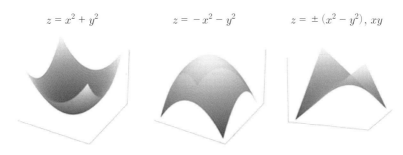

例題 6.31 次の関数が原点で極値をとるか否かを明らかにせよ．また，原点における 2 階偏微分係数を求めよ．

(1) $z = x^2 + y^2$ (2) $z = -x^2 - y^2$ (3) $z = x^2 - y^2$

【解】 (1) $(x, y) = (0, 0)$ のとき $z = 0$，$(x, y) \neq (0, 0)$ のとき $z > 0$ より原点で z は極小をとる．また，原点で $z_{xx} = z_{yy} = 2, z_{xy} = z_{yx} = 0$．

(2) $(x, y) = (0, 0)$ のとき $z = 0$，$(x, y) \neq (0, 0)$ のとき $z < 0$ より原点で z は極大をとる．また，原点で $z_{xx} = z_{yy} = -2, z_{xy} = z_{yx} = 0$．

(3) $x > 0, y = 0$ のとき $z = x^2 > 0$，$x = 0, y > 0$ のとき $z = -y^2 < 0$ より原点で $z = 0$ は極値ではない．また $z_{xx} = 2, z_{yy} = -2, z_{xy} = z_{yx} = 0$. ∎

問 6.10 次の関数が原点で極値をとるか否かを確認せよ．

(1) $z = (x + y)^2 + y^2$ (2) $z = -(x - 2y) + y^2$ (3) $z = xy + y^2$

次に一般の場合を考える．関数 $f(x, y)$ が点 $(0, 0)$ で極値をとるならば定理 6.30 より $f_x = f_y = 0$ であるから，例題 6.27 の漸近展開を想定して

$$f(x, y) = f(0, 0) + \frac{f_{xx}(0, 0)x^2 + 2f_{xy}(0, 0)xy + f_{yy}(0, 0)y^2}{2}$$
$$+ o(x^2 + y^2), \quad (x, y) \to (0, 0).$$

上式右辺に現れる 2 次式について x または y について平方完成し，例題 6.31 と同様に考えると次を得る（1 変数の場合は定理 3.46）．

— 定理 6.32　**極値判定法** —————————

$f(x,y)$ は C^2 級関数で，点 (a,b) で $f_x = f_y = 0$ を満たすとする．D を以下で定義する．

$$D = f_{xx}(a,b)f_{yy}(a,b) - \big(f_{xy}(a,b)\big)^2.$$

(1)　$D > 0$ ならば f は点 (a,b) において極値をとる．

　(a)　$f_{xx}(a,b) > 0$ の場合，点 (a,b) において極小をとる．

　(b)　$f_{xx}(a,b) < 0$ の場合，点 (a,b) において極大をとる．

(2)　$D < 0$ ならば f は点 (a,b) において極値をとらない．

注意 6.33　$D = 0$ の場合は，極値をとる場合，とらない場合の両方がある．$z = x^4 + y^4$，$z = x^3 y^4$ はその例で，より高次の偏導関数を調べる必要がある．

問 6.11*　定理 6.32 を証明せよ．

$$\left(\text{ヒント}:\; Ax^2 + 2Bxy + Cy^2 = A\Big(x + \frac{B}{A}y\Big)^2 + \frac{AC - B^2}{A}y^2\right)$$

[例題 6.34]　次の関数 $f(x,y)$ が原点で極値をとるか否かを判定せよ．

(1) $f(x) = x^2 - 6xy + y^2$　　　　　　　(2) $f = x^2 + xy + y^2$

【解】　(1)　$f_{xx}f_{yy} - (f_{xy})^2 = -32 < 0$ より f は原点で極値をとらない．

(2)　$f_{xx}f_{yy} - (f_{xy})^2 = 3 > 0,\ f_{xx} = 2 > 0$ より，f は原点で極小値をとる．∎

問 6.12　次の関数 $f(x,y)$ が原点で極値をとるか否かを判定せよ．

(1) $f = \sin(x^2 + y^2)$　　　　　　　(2) $f(x) = e^{x^2}\cos(y^2)$

6.6　偏微分の応用：陰関数定理

f を 2 変数関数とし，$f(x,y) = 0$ を満たす (x,y) について，y を x の関数とみなすことを考える．例えば $f(x,y) = ax + by + c\ (a,b,c$ は実数$)$ について

$$b \neq 0 \quad \text{ならば} \quad f(x,y) = 0 \text{ から } y = \frac{-ax - c}{b} \text{ を得る}.$$

さて, f について点 (a,b) の近傍で $\mathcal{C}^1$ 級（あるいは全微分可能）ならば

$$0 = f(x,y) = f(a,b) + f_x(a,b)(x-a) + f_y(a,b)(y-b)$$
$$+ o\big(\sqrt{(x-a)^2 + (y-b)^2}\big), \quad (x,y) \to (a,b).$$

右辺の 1 次式 y に着目して次を得る.

$$y = b + \frac{-f(a,b) - f_x(a,b)(x-a) + o\big(\sqrt{(x-a)^2 + (y-b)^2}\big)}{f_y(a,b)}.$$

上式について, $y = b + \dfrac{-f(a,b) - f_x(a,b)(x-a)}{f_y(a,b)}$ が主要な値となることを

用いて, 以下を証明できる（接平面（定義 6.13）の考え方も参照）.

定理 6.35　陰関数定理

　$f(x,y)$ は点 (a,b) の近傍で定義された $\mathcal{C}^1$ 級関数で, $f(a,b) = 0, f_y(a,b) \neq 0$ を満たすとする. このとき, a のある近傍 $(a - \delta, a + \delta)$ $(\delta > 0)$ で定義された 1 変数関数 $\varphi(x)$ が存在して

$$\varphi(a) = b, \quad f\big(x, \varphi(x)\big) = 0, \ x \in (a - \delta, a + \delta).$$

が成り立つ. さらに, $\varphi(x)$ は $\mathcal{C}^1$ 級であり次が成り立つ.

$$\varphi'(x) = -\frac{f_x(x, \varphi(x))}{f_y(x, \varphi(x))}.$$

同様に, $f_x(a,b) \neq 0$ のときも類似の主張が成り立つ. すなわち, b のある近傍 $(b - \delta, b + \delta)$ で定義された $\mathcal{C}^1$ 級関数 $\psi(t)$ が存在して, $\psi(b) = a, f(\psi(y), y) = 0, \psi'(y) = -\dfrac{f_y(\psi(y), y)}{f_x(\psi(y), y)}$ が成り立つ.

定義 6.36

　定理 6.35 の関数 φ, ψ を $f(x,y) = 0$ の**陰関数**とよぶ.

陰関数定理について, 連続性や微分可能性の証明は大変と思うが問とする.

問 6.13* 　定理 6.35 を証明せよ（ヒント：関数 $\varphi(x)$ の存在は，中間値の定理（定理 2.20）で証明できる）.

問 6.14　$x^3 + y^3 - 2xy = 0$ 上の点 $(1,1)$ において $\dfrac{dy}{dx}$ を求めよ．さらに，点 $(1,1)$ における接線の方程式を求めよ.

問 6.15　$f_y(x,y) \neq 0$ とする．$f(a,b) = 0$ を満たす点 (a,b) を固定したとき，$f(x,y) = 0$ が表す図形の点 (a,b) における接線の方程式を f, a, b を用いて表せ.

$\boxed{\textbf{例題 6.37}}$ （陰関数の 2 次導関数）　定理 6.35 で $f(x,y)$ を $\mathcal{C}^2$ 級関数とすると φ も $\mathcal{C}^2$ 級関数であり，次が成り立つことを示せ.

$$\varphi''(x) = -\frac{f_{xx}(f_y)^2 - 2f_{xy}f_x f_y + f_{yy}(f_x)^2}{(f_y)^3}.$$

ただし，右辺の変数には $(x, \varphi(x))$ が代入されている.

【解】　定理 6.35 で得られた公式を微分し，φ' に定理 6.35 の公式を適用すると，

$$\frac{d}{dx}\varphi'(x) = -\frac{\left(f_{xx} + f_{xy}\varphi'\right)f_y - f_x\left(f_{yx} + f_{yy}\varphi'\right)}{(f_y)^2}$$

$$= -\frac{f_{xx}f_y + f_{xy}(-f_x) - \left(f_x f_{yx} + f_x f_{yy}\left(-\dfrac{f_x}{f_y}\right)\right)}{(f_y)^2}$$

$$= -\frac{f_{xx}(f_y)^2 - 2f_{xy}f_x f_y + f_{yy}(f_x)^2}{(f_y)^3}.$$

を得る．ここで，φ' の微分可能性について上式ですでに微分を実行しているが，定理 6.35 の公式右辺について，f は $\mathcal{C}^2$ 級で φ は $\mathcal{C}^1$ 級のため正しい．　■

問 6.16　$f(x,y) = -x^2 + 2x - 2y^2$ を $x^2 + y^2 = 4$ のもとで考える．このとき，f を x を用いて表し，f の最大値と最小値を求めよ.

ラグランジュの未定乗数法

円周などの曲線上に定義域を制限した場合の極値を求める問題を考える (**条件付き極値問題**). より具体的には以下を考える.

$z = f(x, y)$ ($z = x + y$ など) の極値を
$g(x, y) = 0$ ($x^2 + y^2 - 1 = 0$ など) の制限のもとで考える

極値をとる点で微分が 0 (1 変数では定理 3.25, 2 変数では定理 6.30) がこれまでの基本であったが, 定義域が曲線上に制限されているため, $f_x = f_y = 0$ とは限らない. 実際, $z = x + y$ では $z_x = z_y = 1 \neq 0$ であるが, 円周上で最大値や最小値 (あるいは極値) が存在するのは直観的にわかると思う.

ラグランジュの未定乗数法は,「極値をとる点では勾配 (f_x, f_y) と勾配 (g_x, g_y) が平行となることに着目して極値をとる点の候補を絞る方法」である. f, g を多項式で近似できる (漸近展開, 定理 6.26) として大まかに説明すると, まず点 (a, b) の近くの (x, y) を想定して

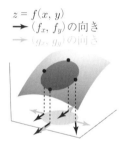
$z = f(x, y)$
→ (f_x, f_y) の向き
→ (g_x, g_y) の向き

$$f(x, y) = f(a, b) + f_x(a, b)(x - a)$$
$$+ f_y(a, b)(y - b) + (誤差項),$$
$$g(x, y) = g(a, b) + g_x(a, b)(x - a) + g_y(a, b)(y - b) + (誤差項),$$

と書く. 誤差項と書いた部分は, 2 次以上の多項式など (x, y) が点 (a, b) に近いとき 1 次式よりも増減の程度が小さい (無視できる) 関数を想定している.

2 つの勾配が平行でない場合 $\left(\dfrac{f_x}{f_y} \neq \dfrac{g_x}{g_y} \right)$ には, 上式で $g(x, y) = 0$ について $y = y(x)$ と解くこと (陰関数定理, 定理 6.35 を適用) を考えて

$$y - b = -\frac{g_x(a, b)}{g_y(a, b)}(x - a) - \frac{g(a, b)}{g_y(a, b)} + (誤差項)$$

と変形する. これを f の漸近展開の式に代入して, 1 次の式に着目する.

$$f(x,y) = \underbrace{f(a,b) - f_y(a,b)\frac{g(a,b)}{g_y(a,b)}}_{(\text{定数})} + \Big(\underbrace{f_x(a,b) - f_y(a,b)\frac{g_x(a,b)}{g_y(a,b)}}_{\neq 0}\Big)(x-a)$$

$$+ (\text{誤差項}).$$

これより，$x = a$ の前後で $f(x, y(x))$ と (定数) と記述した値の大小関係は入れ替わることがわかる．従って，f は $x = a$ で極値をとらない．

　一方で，点 (a,b) において (f_x, f_y) と (g_x, g_y) が平行であれば，点 (a,b) で $(f_x, f_y) = \lambda(g_x, g_y)$（$\lambda$ は実数）と書ける．これを上の $f(x,y)$ の式に代入すると x に関する 1 次式の係数が 0 となり，

$$f(x,y) = f(a,b) - f_y(a,b)\frac{g(a,b)}{g_y(a,b)} + (\text{誤差項})$$

が得られる．この式は f が点 (a,b) で極値をとる可能性を残している．

定理 6.38　ラグランジュの未定乗数法

　f, g は $\mathcal{C}^1$ 級の 2 変数関数とし，$g(x,y) = 0$ を満たす点 (x,y) に f の定義域を制限したとき，f は点 (a,b) で極値をとるものとする．このとき，$\big(g_x(a,b), g_y(a,b)\big) \neq (0,0)$ ならば，ある λ に対して点 (a,b) は次を満たす．

$$\begin{cases} f_x(a,b) - \lambda g_x(a,b) = 0, \\ f_y(a,b) - \lambda g_y(a,b) = 0, \\ g(a,b) = 0. \end{cases}$$

この条件は，$F(x,y,\lambda) = f(x,y) - \lambda g(x,y)$ を用いると次と同値である．

$$\frac{\partial F}{\partial x}(a,b,\lambda) = \frac{\partial F}{\partial y}(a,b,\lambda) = \frac{\partial F}{\partial \lambda}(a,b,\lambda) = 0.$$

問 6.17*　定理 6.38 を証明せよ．

　ラグランジュの未定乗数法は極値の候補を絞るだけのため，得られた候補の値が本当に極値かどうか，慎重に検討する必要がある．

例題 6.39 $f(x,y) = 2x + y - 1$ とし, (x,y) は $x^2 + y^2 = 1$ を満たす範囲のみ動くとする. このとき, f の極値を求めよ.

【解】 定理 6.38 により, 以下を満たす x, y, λ を考える.

$$f_x - \lambda g_x = 2 - \lambda \cdot 2x = 0, \quad f_y - \lambda g_y = 1 - \lambda \cdot 2y = 0, \quad x^2 + y^2 = 1.$$

これを解くと, $\lambda = \pm\dfrac{\sqrt{5}}{2}, x = \pm\dfrac{2\sqrt{5}}{5}, y = \pm\dfrac{\sqrt{5}}{5}$ を得る. 従って, 極値の候補として $f\left(\pm\dfrac{2\sqrt{5}}{5}, \pm\dfrac{\sqrt{5}}{5}\right) = \pm\sqrt{5} - 1$ を得る.

次に, $x^2 + y^2 - 1 = 0$ を満たす点 (x,y) の集合は有界閉集合で, f の連続性から, f は最大値と最小値をもつ (定理 5.24). 最大値は極大値, 最小値は極小値であるから, 求める極値は, 極大値 $\sqrt{5} - 1$, 極小値 $-\sqrt{5} - 1$ である. ■

問 **6.18** $f(x,y) = \dfrac{1}{3}x^3 - y$ とし, (x,y) は $x^2 + y^2 = 1$ を満たす範囲のみ動くとする. このとき, f の極値を求めよ.

6.8 f_{xy} と f_{yx} について注意

テイラーの公式 (定理 6.23) の直前で想定した以下の等式を考える.

$$f_{xy} = f_{yx} ?$$

結論からいうと, f が $\mathcal{C}^2$ 級などある程度滑らかならばこの等式は正しいが, そうでない場合には一般に成り立たない. まず, $\mathcal{C}^2$ 級の場合を説明する.

―― 定理 6.40 ――

点 (a, b) の近傍で f が $\mathcal{C}^2$ 級であるとする. このとき, $f_{xy}(a,b) = f_{yx}(a,b)$ が成り立つ.

[証明] $f_{xy}(a,b)$ を次のように書く.

$$f_{xy}(a,b) = \lim_{h_2 \to 0} \frac{f_x(a, b+h_2) - f_x(a,b)}{h_2}$$

$$= \lim_{h_2 \to 0} \frac{\displaystyle \lim_{h_1 \to 0} \frac{f(a+h_1, b+h_2) - f(a, b+h_2)}{h_1} - \lim_{h_1 \to 0} \frac{f(a+h_1, b) - f(a, b)}{h_1}}{h_2}.$$

ここで，極限の記号を外して得られる関数 $F(h_1, h_2)$ を次で定義する.

$$F(h_1, h_2) = \frac{f(a+h_1, b+h_2) - f(a, b+h_2) - \big(f(a+h_1, b) - f(a, b)\big)}{h_1 h_2}.$$

F の分子について，変数 x に着目した 1 変数関数 $\widetilde{F}(x) = f(x, b+h_2) - f(x, b)$ に平均値の定理（定理 3.17）を適用すると次を満たす $\theta_1 \in (0, 1)$ が存在する.

$$F(h_1, h_2) = \frac{\widetilde{F}(a+h_1) - \widetilde{F}(a)}{h_1 h_2} = \frac{\widetilde{F}_x(a+\theta_1 h_1) \cdot h_1}{h_1 h_2}$$

$$= \frac{f_x(a+\theta_1 h_1, b+h_2) - f_x(a+\theta_1 h_1, b)}{h_2}.$$

次に変数 y について 1 変数の場合の平均値の定理（定理 3.17）を適用すると

$$F(h_1, h_2) = \frac{f_{xy}(a+\theta_1 h_1, b+\theta_2 h_2) \cdot h_2}{h_2}$$

$$= f_{xy}(a+\theta_1 h_1, b+\theta_2 h_2),$$

を満たす $\theta_2 \in (0, 1)$ が存在する. ここで f は $\mathcal{C}^2$ 級より特に f_{xy} は連続のため，

$$F(h_1, h_2) = f_{xy}(a+\theta_1 h_1, b+\theta_2 h_2) = f_{xy}(a, b) + o(1), \quad (h_1, h_2) \to (0, 0).$$

また，平均値の定理を適用する変数の順番を逆に y 変数，x 変数とすれば

$$F(h_1, h_2) = f_{yx}(a, b) + o(1), \quad (h_1, h_2) \to (0, 0),$$

を得る. 以上 2 つの収束性から $f_{xy}(a, b) = f_{yx}(a, b)$ を得る. □

定理 6.40 の証明を精査すると仮定を若干弱められる. この内容を問とする.

問 6.19* 点 (a, b) の近傍で f_x, f_y, f_{xy} が存在して f_{xy} が連続ならば，$f_{yx}(a, b)$ が存在して $f_{xy}(a, b) = f_{yx}(a, b)$ が成り立つ.

問 6.20* f は点 (a, b) の近傍で偏導関数 f_x, f_y をもち，かつ，(a, b) の近傍で f_x, f_y が全微分可能ならば，$f_{xy}(a, b) = f_{yx}(a, b)$ が成り立つ.

例題 6.41 $(f_{xy} \neq f_{yx}$ の例)　次の f について,$f_{xy}(0,0), f_{yx}(0,0)$ を求めよ.

$$f(x,y) = \begin{cases} \dfrac{xy(x^2 - y^2)}{x^2 + y^2} & (x,y) \neq (0,0), \\ 0 & (x,y) = (0,0). \end{cases}$$

【解】　$x, y \neq 0$ のとき $f(x,0) = f(0,y) = 0$ であるから $f_x(0,0) = f_y(0,0) = 0$ を得る.次に $f_x(0,y) = -y, f_y(x,0) = x$ を確かめることができるため,

$$f_{xy}(0,0) = \lim_{h \to 0} \frac{f_x(0,h) - f_x(0,0)}{h} = \lim_{h \to 0} \frac{-h - 0}{h} = -1.$$

$$f_{yx}(0,0) = \lim_{h \to 0} \frac{f_x(h,0) - f_x(0,0)}{h} = \lim_{h \to 0} \frac{h - 0}{h} = 1. \qquad ∎$$

問 **6.21**　次の f は原点で $f_{xy} = f_{yx}$ かどうかを明らかにせよ.ただし $f(0,0) = 0$.

(1) $f(x,y) = \dfrac{x^5}{x^2 + y^2}$　　　(2) $f(x,y) = \dfrac{x^4}{x^2 + y^2}$

6.9　3変数の場合

2変数と同様に,3変数の場合のテイラー展開を考えることができる.定理6.26 にある漸近展開の主張を書くと次のようになる.$f(x,y,z)$ は原点 $(0,0,0)$ の近傍で $\mathcal{C}^n$ 級とすると,$(x,y,z) \to (0,0,0)$ のとき次が成り立つ.

$$f(x,y,z) = \sum_{k=0}^{n} \sum_{k_1 + k_2 + k_3 = k} \frac{1}{k_1! k_2! k_3!} \frac{\partial^k f}{\partial x^{k_1} \partial y^{k_2} \partial z^{k_3}}(0,0,0) \cdot x^{k_1} y^{k_2} z^{k_3}$$
$$+ o\left((x^2 + y^2 + z^2)^{\frac{n}{2}} \right).$$

ただし,k_1, k_2, k_3 に関する和は,各 k に対して,$k_1 + k_2 + k_3 = k$ かつ $0 \leq k_1, k_2, k_3 \leq k$ を満たす整数 k_1, k_2, k_3 の組全てを考えた総和である.

第 6 章　章末問題

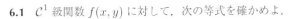

6.1　C^1 級関数 $f(x, y)$ に対して，次の等式を確かめよ．

(1)　$\dfrac{\partial}{\partial x} f(x, x) = f_x(x, x) + f_y(x, x)$

(2)　$\dfrac{\partial}{\partial y} f(x + y, y^2) = f_x(x + y, y^2) + 2y f_y(x + y, y^2)$

6.2　$f(x, y) = \begin{cases} \dfrac{\sin(x^2 + y^2)}{x^2 + y^2} & (x, y) \neq (0, 0) \\ 1 & (x, y) = (0, 0) \end{cases}$ の原点での全微分可能性を示せ．

6.3　$f(x, y) = x + 2y^2$ とする．

(1)　$z = f(x, y)$ について，点 $(1, 1)$ における接平面の方程式を求めよ．

(2)　(1) で求めた接平面と原点との距離を求めよ．

6.4　平面 $ax + by + cz = d$ と 1 点 (x_0, y_0, z_0) との距離 l を求めよ．

6.5　C^1 級関数 $f(x, y)$ に対して次の等式を確かめよ．

$$f(x, y) - f(0, 0) = \int_0^1 f_x(tx, ty) \, dt \cdot x + \int_0^1 f_y(tx, ty) \, dt \cdot y.$$

6.6　次の関数が，原点 $(0, 0)$ で極値をもつかどうか判定せよ．もし極値をもつ場合，それが極大値か極小値かを判定せよ．

(1) $f(x, y) = x^2 + y^2 - 4x - 2y$　　　(2) $f(x, y) = x^2 y + 3x + y$

(3) $f(x, y) = x^3 + y^2$　　　　　　　　(4) $f(x, y) = x^3 - x^2 - 2y^2$

(5) $f(x, y) = -y^3 + y^2 + \sin(x^2)$　　(6) $f(x, y) = x^2 + \cos(y^2)$

6.7　$f(x, y) = (2x + y)e^{-x^2 - y^2}$ とする．f が最大値と最小値をとることを示し，そのような値をとる (x, y) を求めよ．

6.8　$x, y > 0$ とし，(r, θ) は関係式 $x = r\cos\theta, y = r\sin\theta$ を満たすとする．

(1)　r, θ について，x, y の関数を用いて表せ．

(2)　$\dfrac{\partial x}{\partial r}, \dfrac{\partial x}{\partial \theta}, \dfrac{\partial y}{\partial r}, \dfrac{\partial y}{\partial \theta}$ について，r, θ を用いて表せ．

(3)　$\dfrac{\partial r}{\partial x}, \dfrac{\partial r}{\partial y}, \dfrac{\partial \theta}{\partial x}, \dfrac{\partial \theta}{\partial y}$ について，x, y を用いて表せ．

6.9　$x^3 + y^3 - 3xy + 1 = 0$ を満たす (x, y) を考える．

(1)　$x = 1$ の近傍で，各 x に対して $x^3 + y^3 - 3xy + 1 = 0$ を満たす y がただ 1 つ存在することを示せ．

(2)　(1) で定まる関数を $y = f(x)$ とする．$f'(1), f''(1)$ を求めよ．

6.10　(1)　条件 $x^2 + y^2 = 4$ のもとで，$f(x, y) = x - y$ の極値を求めよ．

(2)　条件 $2x^2 + y^2 = 1$ のもとで，$f(x, y) = xy$ の最大値と最小値を求めよ．

(3)　条件 $x^2 + y^2 \le 1$ のもとで，$f(x, y) = x^2 + xy + y^2$ の最大値と最小値を求めよ．

第7章

多変数関数の積分

　多変数のうち，2 変数の積分を主に説明する．2 変数では微小長方形による
分割を用いて積分を定義する．具体的な積分の値を求める問題では，1 つの変
数ずつ積分する方法（累次積分）が基本である．1 変数のとき（命題 4.43）と
同様に，積分可能ならば値を求められなくとも積分の値が実数として定まる．
なお，本章で現れる関数は，$\mathbb{R}^2$ または $\mathbb{R}^3$ に含まれる領域または閉領域を定
義域にもつ実数値の関数とする．

7.1　重積分と基本的性質

　関数の定義域が単純な正方形の閉領域の場合から始めて，その後，より一般
の閉領域に対する積分を導入する．4 章と同様に被積分関数が連続である場合
を説明し，リーマン積分については後の 7.9 節で説明する．

● 正方形の閉領域上の連続関数の場合

　D を 1 辺の長さ 2 の正方形の有界閉領域とする．

$$D := \{(x, y) \in \mathbb{R}^2 \mid |x|, |y| \leq 1\}.$$

$f(x, y)$ を定義域が D の連続関数とし，変数 x, y が
動く区間 $[-1, 1]$ をそれぞれ m 個，n 個に分割する．

$$-1 = x_0 < x_1 < x_2 < \cdots < x_m = 1, \quad x_j = -1 + \frac{2}{m} \cdot j,$$

$$-1 = y_0 < y_1 < y_2 < \cdots < y_n = 1, \quad y_k = -1 + \frac{2}{n} \cdot k.$$

さらに，分割幅の最大値について $\delta = \max\left\{\dfrac{2}{m}, \dfrac{2}{n}\right\} \to 0$ とし，**リーマン和**

$$\sum_{j=1}^{m}\sum_{k=1}^{n} f(x_j, y_k) \cdot \frac{2}{m} \cdot \frac{2}{n}$$ を考え，正方形の閉領域における重積分を導入する.

定義 7.1 **連続関数の重積分，正方形の場合**

正方形閉領域 D 上の連続関数 f に対して，極限 $\displaystyle\lim_{\delta \to 0}\sum_{j=1}^{m}\sum_{k=1}^{n} f(x_j, y_k) \cdot$

$\dfrac{2}{m} \cdot \dfrac{2}{n}$ を f の D 上の**重積分**あるいは多重積分とよび，$\displaystyle\iint_{D} f(x,y)\ dxdy$

と書く.

上の定義の重積分が実数を定めていることは後で示す（定理 7.49）.

例題 7.2 $D = \{(x,y)\,|\,0 \le x, y \le 1\}$ に対して $\displaystyle\iint_{D} x\ dxdy$ を求めよ.

【解】 x, y の範囲をそれぞれ $\dfrac{1}{m}, \dfrac{1}{n}$ で分けると，$\max\left\{\dfrac{1}{m}, \dfrac{1}{n}\right\} \to 0$ のとき,

$$\iint_{D} x\ dxdy = \sum_{j=1}^{m}\sum_{k=1}^{n} \frac{j}{m} \cdot \frac{1}{m}\frac{1}{n} = \frac{1}{m^2} \cdot \frac{1}{2}m(m+1) \to \frac{1}{2}.$$ ■

問 7.1 $D = \{(x,y)\,|\,|x|, |y| \le 1\}$ に対して $\displaystyle\iint_{D} xy^2\ dxdy$ を求めよ.

● より一般の閉領域の場合

境界が連続曲線となる閉領域のみ考える（例え
ば，円，正方形，半円，六角形など）.

D を境界が連続曲線である有界閉領域とし，f
を D 上の連続関数とする. まず $R > 0$ とし D の
有界性から次を満たす正方形領域 Q_R をとる.

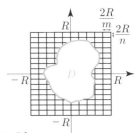

$$D \subset Q_R = \{(x,y)\,|\,|x| \le R, |y| \le R\}.$$

正方形の場合と同じような分割を導入する.

$$-R = x_0 < x_1 < x_2 < \cdots < x_m = R, \quad x_j = -R + \frac{2R}{m} \cdot j,$$

$$-R = y_0 < y_1 < y_2 < \cdots < y_n = R, \quad y_k = -R + \frac{2R}{n} \cdot k.$$

さらに，$\delta = \max\left\{\dfrac{2R}{m}, \dfrac{2R}{n}\right\}$ とおき，D の外側で 0 をとる $\widetilde{f}$ を導入する．

$$\widetilde{f}(x,y) = \begin{cases} f(x,y) & \text{if } (x,y) \in D \\ 0 & \text{if } (x,y) \notin D \end{cases}$$

$\widetilde{f}$ を f の**零拡張**という．以下では領域 D は面積確定（定義 7.43）とよばれる条件を満たす領域のみ考える．読者の目標に応じて面積確定については深入りする必要はない．境界が多角形や円，区分的に滑らかな曲線の場合は面積確定であり，こうした領域を想定しているとして読み進めてよい．

定義 7.3　有界閉領域の面積，連続関数の重積分

D は有界閉領域で面積確定であるとし，f は D 上の連続関数，$\widetilde{f}$ を f の零拡張とする．

(1) 極限 $\displaystyle\lim_{\delta \to 0} \sum_{j=1}^{m} \sum_{k=1}^{n} \widetilde{f}(x_j, y_k) \cdot \frac{2R}{m} \cdot \frac{2R}{n}$ を f の D 上の**重積分**または

多重積分とよび，$\displaystyle\iint_D f(x,y)\, dxdy$ と書く．

(2) D の**面積**を $\displaystyle\iint_D dxdy$ と定義し，$|D|$ と書く．

注意 7.4 定義 7.3 によって，三角形や四角形の面積を計算できる．一方で円についてはこの定義のみから直接計算することは容易ではないと思うが，累次積分（7.3 節）を使えば可能である．一般の図形の面積の値を求めることは容易ではない．

注意 7.5 $\displaystyle\iint_D f(x,y)\, dxdy = \iint_{Q_R} \widetilde{f}(x,y)\, dxdy$ であるが，$\widetilde{f}$ は連続関数とは限らない．例えば単位円盤上でのみ 1 をとる関数 f に対して，$\widetilde{f}$ は円周上で連続ではない．一方，その積分は実数を定めている（詳しくは注意 7.48 を参照）．

問 7.2 $a > 0$, $D = \{(x,y) \mid 0 \leq y \leq x \leq a\}$ のとき，面積 $|D|$ を求めよ.

積分の和や定数倍に関する性質（1変数の場合は定理 4.3），被積分関数と積分の大小（1変数の場合は命題 4.4），積分を用いた平均値の定理（1変数の場合は定理 4.5）は同様に成立する．大小関係と平均値の定理のみ問とする.

問 7.3 D において $f \leq g$ ならば $\displaystyle\int\int_D f(x,y)dxdy \leq \int\int_D g(x,y)dxdy$ を示せ.

問 7.4 （積分を用いた**平均値の定理**） D は面積確定の有界閉領域で，f を D における連続関数とする．このとき，ある $(x_0, y_0) \in D$ が存在して次が成り立つことを示せ.

平均が 0 の例

$z = (\sin x) \cdot (\sin y)$
$x, y \in [-\pi, \pi]$

$$\frac{1}{|D|} \int\int_D f(x,y) \, dxdy = f(x_0, y_0).$$

7.2 3 変数の場合

3変数の場合については，重積分の導入のみ解説する．2変数の場合は正方形閉領域（微小長方形で分割）を考えていたものを，3変数の場合は立方体の閉領域（微小直方体で分割）で置き換えて考える．すなわち，

$$\{(x,y,z) \mid |x| \leq 1, |y| \leq 1, |z| \leq 1\}$$

における積分が基本となり，$\mathbb{R}^3$ の一般の有界閉領域 D で考える場合には，以下が成り立つように $R > 0$ を十分大きくとる.

$$D \subset \{(x,y,z) \mid |x| \leq R, |y| \leq R, |z| \leq R\}.$$

1辺の長さが $2R$ の立方体を x 軸方向に m 個，y 軸方向に n 個，z 軸方向に l 個に分割してできる直方体の集合を $Q = \{Q_{ijk}\}$，分割幅の最大値を δ_Q，定義 7.3 と同様に零拡張 $\widetilde{f}$ を導入する.

$$\widetilde{f}(x,y,z) = \begin{cases} f(x,y,z) & \text{if } (x,y,z) \in D \\ 0 & \text{if } (x,y,z) \notin D \end{cases}$$

┌─ 定義 7.6　**有界閉領域の体積，3 変数連続関数の重積分** ─────

D は $\mathbb{R}^3$ の有界閉領域で体積確定とし，f は D 上の連続関数，$\widetilde{f}$ を f の零拡張とする.

(1)　$\displaystyle \lim_{\delta_Q \to 0} \sum_{i=1}^{m} \sum_{j=1}^{n} \sum_{k=1}^{l} \widetilde{f}(x_i, y_j, z_k) \cdot \frac{2R}{m} \cdot \frac{2R}{n} \cdot \frac{2R}{l}$ を f の D 上の**重積**

　　分または多重積分とよび，$\displaystyle \iint\int_D f(x,y,z)\,dxdydz$ と書く.

(2)　D の**体積**を $\displaystyle \iint\int_D dxdydz$ と定義し，$|D|$ と書く.

└────────────────────────────────────

7.3　累 次 積 分

1 変数の積分を繰り返すことで重積分を求められる．例えば正方形領域では

$$\int_0^1 \left(\int_0^1 x\,dy \right) dx = \int_0^1 x\,dx = \frac{1}{2}.$$

次の例は，x を決めるたびに y の動く範囲が x に依存して変わる領域である．y ではじめに積分してその後に x で積分すると，

$$\int_0^1 \left\{ \int_x^{2x+1} x\,dy \right\} dx = \int_0^1 [xy]_{y=x}^{2x+1}\,dx = \int_0^1 \left(x^2 + x \right) dx = \frac{5}{6}.$$

より一般に，各 x に対して y の範囲が $\varphi_1(x), \varphi_2(x)$ で挟まれている領域，各 y に対して x の範囲が $\psi_1(y), \psi_2(y)$ で挟まれている領域の場合をまとめる.

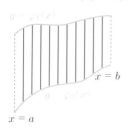
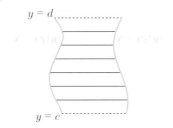

─── 定義 7.7 ───────────────────────

a, b, c, d は実数, $\varphi_1, \varphi_2, \psi_1, \psi_2$ は 1 変数の区分的に滑らかな関数とする.

(1)　（$\varphi_1 \leq y \leq \varphi_2$ により挟まれる場合）

$D = \{(x, y) \,|\, a \leq x \leq b, \varphi_1(x) \leq y \leq \varphi_2(x)\}$ 上の連続関数 f に対

して $\displaystyle\int_a^b \left\{ \int_{\varphi_1(x)}^{\varphi_2(x)} f(x, y) \, dy \right\} dx$ を f の**累次積分**とよぶ. この式を

$\displaystyle\int_a^b dx \int_{\varphi_1(x)}^{\varphi_2(x)} f(x, y) \, dy$ とも書く.

(2)　（$\psi_1 \leq x \leq \psi_2$ により挟まれる場合）

$D = \{(x, y) \,|\, \psi_1(y) \leq x \leq \psi_2(y), c \leq y \leq d\}$ 上の連続関数 f に対

して $\displaystyle\int_c^d \left\{ \int_{\psi_1(y)}^{\psi_2(y)} f(x, y) \, dx \right\} dy$ を f の**累次積分**とよぶ. この式を

$\displaystyle\int_c^d dy \int_{\psi_1(y)}^{\psi_2(y)} f(x, y) \, dx$ とも書く.

連続関数の重積分は累次積分を用いて表される.

─── 定理 7.8　**重積分と累次積分** ───────────────

f を D 上の連続関数とする. D が定義 7.7 (1) で与えられているとき, 次が成り立つ.

$$\iint_D f(x, y) \, dxdy = \int_a^b \left\{ \int_{\varphi_1(x)}^{\varphi_2(x)} f(x, y) \, dy \right\} dx.$$

D が定義 7.7 (2) で与えられているとき, 次が成り立つ.

$$\iint_D f(x, y) \, dxdy = \int_a^b \left\{ \int_{\psi_1(y)}^{\psi_2(y)} f(x, y) \, dx \right\} dy.$$

特に, D が長方形の閉領域 $D = \{(x, y) \,|\, a \leq x \leq b, c \leq y \leq d\}$ の場合, 積分順序の交換が可能である. すなわち,

$$\int_a^b \left\{ \int_c^d f(x,y)\,dy \right\} dx = \int_c^d \left\{ \int_a^b f(x,y)\,dx \right\} dy.$$

[証明の方針]　定義 7.7 (1) の積分領域の場合のみ示すことにする．$D \subset Q_R$ を満たす正方形閉領域 Q_R をとり，定義 7.3 (1) の極限 $\displaystyle \lim_{\delta \to 0} \sum_{j=1}^m \sum_{k=1}^n \widetilde{f}(x_j, y_k) \cdot$ $\dfrac{2R}{m} \cdot \dfrac{2R}{n}$ を考える．まず $n \to \infty$ を考える．各 x_j に対して変数 y の関数 $\widetilde{f}(x_j, y)$ は区間 $[-R, R]$ でリーマン積分可能（注意 4.47）であるから，次を得る．

$$\sum_{j=1}^m \sum_{k=1}^n \widetilde{f}(x_j, y_k) \cdot \frac{2R}{m} \cdot \frac{2R}{n} \to \sum_{j=1}^m \int_{-R}^R \widetilde{f}(x_j, y)dy\,(x_j - x_{j-1}),\,(n \to \infty).$$

次に関数 $F(x) = \displaystyle\int_{-R}^R \widetilde{f}(x,y)\,dy$ が $[-R, R]$ で連続であることを示せば，定理 4.46 より $m \to \infty$ のとき次が成り立つことがわかる．

$$\sum_{j=1}^m \int_{-R}^R \widetilde{f}(x_j, y)\,dy\,(x_j - x_{j-1}) \to \int_{-R}^R \left(\int_{-R}^R \widetilde{f}(x,y)dy \right) dx$$

$$= \int_{-R}^R \left(\int_{\varphi_1(x)}^{\varphi_2(x)} f(x,y)dy \right) dx.$$

この極限は重積分と一致することも確かめられる（厳密には極限操作において，定理 7.49，注意 7.48 を適用する）．

最後に F の連続性を示す．$h \neq 0$ とし，次を考える．

$$F(x+h) - F(x) = \int_{\varphi_1(x)}^{\varphi_2(x)} \left(\widetilde{f}(x+h, y) - \widetilde{f}(x,y) \right) dy.$$

上記積分区間の端点から離れている区間での積分について，$h \to 0$ のとき，

$$\left| \int_{\varphi_1(x)+|h|}^{\varphi_2(x)-|h|} \left(\widetilde{f}(x+h, y) - \widetilde{f}(x,y) \right) dy \right|$$

$$\leq \left(\sup_{x \in [a,b]} |\varphi_2(x) - \varphi_1(x)| \right) \sup_{|x_1 - x_2| \leq |h|, y \in [-R, R]} |f(x_1, y) - f(x_2, y)| \to 0.$$

ただし，最後の収束では f の一様連続性（命題 5.26）を用いた．積分区間の端
点近くについて，$h \to 0$ のとき，

$$\left| \int_{\varphi_1(x)}^{\varphi_1(x) \pm |h|} \left(\widetilde{f}(x+h, y) - \widetilde{f}(x, y) \right) dy \right| \leq |h| \cdot 2 \sup_{(x,y) \in D} |f(x,y)| \to 0.$$

従って F の連続性が証明された． □

例題 7.9　$\displaystyle\iint_D x\,dxdy$　$(D = \{(x,y)\,|\,x^2 + y^2 \leq 1, x \geq 0\})$ を求めよ．

【解】　先に y で積分する方針で定理 7.8 を適用する．
$a = 0$, $b = 1$, $\varphi_1(x) = -\sqrt{1-x^2}$, $\varphi_2(x) = \sqrt{1-x^2}$ として，

各 $x \in [0, 1]$
に対して
$-\sqrt{1-x^2} \leq y \leq \sqrt{1-x^2}$

$$\iint_D x\,dxdy = \int_0^1 dx \int_{-\sqrt{1-x^2}}^{\sqrt{1-x^2}} x\,dy$$

$$= \int_0^1 \left[xy \right]_{y=-\sqrt{1-x^2}}^{\sqrt{1-x^2}} dx = \int_0^1 2x\sqrt{1-x^2}\,dx = \left[-\frac{2}{3}(1-x^2)^{\frac{3}{2}} \right]_{x=0}^1 = \frac{2}{3}.$$

（別解）先に x で積分する方針で定理 7.8 を適用する．
$\psi_1(y) = 0, \psi_2(y) = \sqrt{1-y^2}, c = -1, d = 1$ と
して，

各 $y \in [-1, 1]$
に対して
$0 \leq x \leq \sqrt{1-y^2}$

$$\iint_D x\,dxdy = \int_{-1}^1 dy \int_0^{\sqrt{1-y^2}} x\,dx$$

$$= \int_{-1}^1 \left[\frac{1}{2}x^2 \right]_{x=0}^{\sqrt{1-y^2}} dx = \int_0^1 \frac{1}{2}(1-y^2)\,dx = \frac{2}{3}.$$ ■

問 7.5　(1)　$\displaystyle\iint_D y\,dxdy$　$(D = \{(x,y)\,|\,0 \leq y \leq x \leq 1\})$ を求めよ．

(2)　$\displaystyle\iint_D y\,dxdy$　$(D = \{(x,y)\,|\,0 \leq x \leq y \leq 1\})$ を求めよ．

注意 7.10　3 変数の場合にも定理 7.8 と同様の主張が成り立つ．一例として以下の
$$D = \{(x,y,z)\,|\,a \leq x \leq b, \varphi_1(x) \leq y \leq \varphi_2(x), \psi_1(x) \leq z \leq \psi_2(x)\}.$$

を考える. このとき, 重積分を累次積分で書き換えることができる.

$$\iiint_D f(x,y,z)dxdydz = \int_a^b dx \int_{\varphi_1(x)}^{\varphi_2(x)} dy \int_{\psi_1(x)}^{\psi_2(x)} f(x,y,z)dz.$$

これに関連して, 体積を断面積の積分によって表現する公式を紹介する. この主張は**カヴァリエリ** (Cavalieri) **の原理**とよばれており, 上の例で言えば

$$s(x) = \iint_{S_x} dydz, \quad S_x = \{(y,z) \,|\, \varphi_1(x) \le y \le \varphi_2(x), \psi_1(x) \le z \le \psi_2(x)\},$$

としたときに, $\displaystyle\iiint_D dxdydz = \int_a^b s(x)\,dx$ が成り立つ.

• 累次積分の典型例

三角形, 円, 球における累次積分は基本的であるためまとめておく. 球を考えるには3変数の重積分を考える必要がある (定義7.6を参照). なお, 円や球の場合は, 領域の対称性により変数を入れ替えてもよい.

(1) (三角形の内側) $D = \{(x,y)\,|\, 0 \le x \le 1, 0 \le y \le x\}$ ならば,

$$\iint_D f(x,y)\,dxdy = \int_0^1 dx \int_0^x f(x,y)\,dy = \int_0^1 dy \int_y^1 f(x,y)\,dx.$$

(2) (円の内側) $D = \{(x,y)\,|\, x^2 + y^2 \le 1\}$ ならば,

$$\iint_D f(x,y)\,dxdy = \int_{-1}^1 dx \int_{-\sqrt{1-x^2}}^{\sqrt{1-x^2}} f(x,y)\,dy.$$

(3) (球の内側) $D = \{(x,y,z)\,|\, x^2 + y^2 + z^2 \le 1\}$ ならば,

$$\iiint_D f(x,y)\,dxdydz$$
$$= \int_{-1}^1 dx \int_{-\sqrt{1-x^2}}^{\sqrt{1-x^2}} dy \int_{-\sqrt{1-x^2-y^2}}^{\sqrt{1-x^2-y^2}} f(x,y,z)\,dz.$$

[証明の概略] (1) $(x,y) \in D$ とする. 1つ目の等号は, $x \in [0,1]$ を固定したとき $y \in [0,x]$ であるため正しい. 2つ目の等号は, まず y のとりうる範囲は $0 \le y \le 1$ であることがわかる. $y \in [0,1]$ を固定したとき $x \in [y,1]$ を確

かめられるため 2 つ目の等号を得る.

(2) 例題 7.9 を参照.

(3) $(x, y, z) \in D$ とする. はじめに x のとりうる範囲は $-1 \leq x \leq 1$ であることがわかる. $x \in [-1, 1]$ を固定する. 次に $y^2 + z^2 \leq 1 - x^2$ (変数 (y, z) について半径 $\sqrt{1 - x^2}$ の円) から y のとりうる範囲は $-\sqrt{1 - x^2} \leq y \leq \sqrt{1 - x^2}$ となる. 次に $y \in \left[-\sqrt{1 - x^2}, \sqrt{1 - x^2} \right]$ を固定する. 最後に $z^2 \leq 1 - x^2 - y^2$ より $-\sqrt{1 - x^2 - y^2} \leq z \leq \sqrt{1 - x^2 - y^2}$ を得る. 以上から (3) を得る. $\square$

• 積分の順序交換ができない例

定理 7.8 より, 滑らかな境界をもつ有界閉領域上の連続関数の重積分について, 積分順序を交換できる. そうでない場合の例を問とする.

問 7.6 $f(x, y) = \begin{cases} \dfrac{x}{(x + y)^3} & (x, y) \neq (0, 0) \\ 0 & (x, y) = (0, 0) \end{cases}$ とする. 次を確かめよ.

(1) $\displaystyle\int_0^1 dx \int_0^1 f(x, y) dy = \frac{3}{4} - 2 \log 2$ (2) $\displaystyle\lim_{\varepsilon > 0, \varepsilon \to 0} \int_\varepsilon^1 dy \int_0^1 f(x, y) dx = \infty$

7.4 重積分の変数変換

1 変数では, 積分の変数変換の公式は $\displaystyle\int_a^b f(x)\, dx = \int_\alpha^\beta f(x(t))\, x'(t)\, dt$ ($x = x(t)$ を考えた) であるため, 導関数 $x'(t)$ が現れる (定理 4.6 を参照). 本節では 2 変数の場合を考える.

単純な場合として, $D = \{(x, y) \mid x, y \in [0, 2]\}$ とし, 変数変換 $x = 2u, y = v$ を考える. $E_1 = \{(u, v) \mid u \in [0, 1], v \in [0, 2]\}$ とすれば

$$\iint_D f(x, y)\, dxdy = \int_0^2 dy \int_0^2 f(x, y)\, dx = \int_0^2 dv \int_0^1 f(2u, v) \cdot 2\, du$$
$$= \iint_{E_1} f(2u, v) \cdot 2\, dudv.$$

同様に, $x = u, y = 2v$ により $E_2 = \{(u, v) \mid u \in [0, 2], v \in [0, 1]\}$ を考えれば

$$\int\int_D f(x,y)\ dxdy = \int_0^2 dx \int_0^2 f(x,y)\ dy = \int\int_{E_2} f(u,2v)\cdot 2\ dudv.$$

より一般に，変数が (u,v) である関数 $(x,y) = \big(x(u,v), y(u,v)\big)$ を考える.

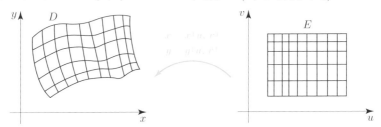

上図では，D 上の積分を（計算しやすいなど）都合のよい E 上の積分に書き換える目的で E を長方形とした．D, E は境界が区分的に滑らかな関数で書ける有界閉領域とし，変換 $x = x(u,v), y = y(u,v)$ によって D と E が 1 対 1 に対応しているとする．さらに，$x(u,v), y(u,v)$ は E 上の 2 変数関数で $\mathcal{C}^1$ 級とし，$f(x,y)$ は D 上の連続関数とする．x, y の偏導関数は 4 つあり，記述を単純にするために次の記号を導入する.

$$x_u = \frac{\partial x}{\partial u},\quad x_v = \frac{\partial y}{\partial v},\quad y_u = \frac{\partial x}{\partial v},\quad y_v = \frac{\partial y}{\partial u}.$$

── 定理 7.11 ──

$D, E, x = x(u,v), y = y(u,v)$ は上述の通りとする．すべての $(u,v) \in E$ に対して次が成り立つとする.

$$\frac{\partial(x,y)}{\partial(u,v)} = x_u y_v - x_v y_u = \begin{vmatrix} x_u & y_u \\ x_v & y_v \end{vmatrix} \neq 0.$$

このとき，D 上の連続関数 f に対して次が成り立つ.

$$\int\int_D f(x,y)\ dxdy = \int\int_E f\big(x(u,v), y(u,v)\big) \left|\frac{\partial(x,y)}{\partial(u,v)}\right|\ dudv.$$

─── 定義 7.12　**ヤコビ（Jacobi）行列** ───

行列 $\begin{pmatrix} x_u & y_u \\ x_v & y_v \end{pmatrix}$ を**ヤコビ行列**とよび，行列式 $\dfrac{\partial(x,y)}{\partial(u,v)} = \begin{vmatrix} x_u & y_u \\ x_v & y_v \end{vmatrix}$ を

ヤコビアン（Jacobian）とよぶ.

注意 7.13　定理 7.11 の主張の右辺に現れるヤコビアンは，絶対値をとっていることに注意する. また，ヤコビアンが 0 でないという条件は，以下に示す定理 7.11 の証明（x,y は u,v の 1 次式）で言えばリーマン和に現れる微小長方形を微小平行四辺形に変換することの正当性を保証している条件である. ヤコビアンが 0 になる得る場合には，変換後の微小図形が潰れる可能性があり，追加の議論が必要である.

　定理 7.11 は，リーマン積分（7.9 節を参照）の定義に基づいて証明できる. ここでは (x,y) が (u,v) の 1 次式で表される場合のみ説明する. より一般の場合は章末問題 7.12 で扱うことにする.

[定理 7.11 の証明の方針]　$(x,y$ が u,v の 1 次式の場合）$\alpha,\beta > 0, a,b,c,d \in \mathbb{R}$ とし，次の長方形閉領域と変換を考える.

$$E = \{(u,v) \mid u \in [0,\alpha], v \in [0,\beta]\}, \quad \begin{cases} x = x(u,v) = au + bv \\ y = y(u,v) = cu + dv \end{cases}$$

ただし，ヤコビアンの条件 $\dfrac{\partial(x,y)}{\partial(u,v)} = ad - bc \neq 0$ が成り立つものとする. E を $x(u,v), y(u,v)$ で変換した閉領域は平行四辺形であり，これを D とする.

$$D = \{(x(u,v), y(u,v)) \mid (u,v) \in E\}.$$

重積分の導入（3.1 節）に沿って変数 (u,v) について分割を考え，D で対応す

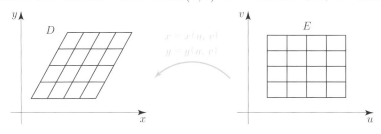

る点を x_{jk}, y_{jk} を用いて表す．すなわち，

$$0 = u_0 < u_1 < \cdots < u_m = \alpha, \quad u_j = \frac{\alpha}{m} \cdot j,$$

$$0 = v_0 < v_1 < \cdots < v_n = \beta, \quad v_k = \frac{\beta}{m} \cdot k,$$

$$x_{jk} = x(u_j, v_k), \quad y_{jk} = y(u_j, v_k).$$

このとき，各 (j,k) に対して，微小長方形の面積を $\square_{jk}$，それを $x(u,v), y(u,v)$ で変換したときの面積を $\diagdown\!\!\!\!\!\square_{jk}$ とすると次が成り立つ．

$$\square_{jk} = (u_j - u_{j-1})(v_k - v_{k-1}), \quad \diagdown\!\!\!\!\!\square_{jk} = |ad - bc|\square_{jk}.$$

実際，$\diagdown\!\!\!\!\!\square_{jk}$ は 2 つのベクトル $(u_j - u_{j-1})\begin{pmatrix} a \\ c \end{pmatrix}, (v_k - v_{k-1})\begin{pmatrix} b \\ d \end{pmatrix}$ で作られる平行四辺形の面積であるから，$\diagdown\!\!\!\!\!\square_{jk} = |ad - bc|\square_{jk}$ を得る．従って，

$$\iint_E f\big(x(u,v), y(u,v)\big)\left|\frac{\partial(x,y)}{\partial(u,v)}\right| dudv$$ を近似する和について次が成り立つ．

$$\sum_{j=1}^{m} \sum_{k=1}^{n} f\big(x(u_j, v_k), y(u_j, v_k)\big)|ad - bc|\square_{jk} = \sum_{j=1}^{m} \sum_{k=1}^{n} f\big(x_{jk}, y_{jk}\big)\diagdown\!\!\!\!\!\square_{jk}.$$

分割の最大幅を $\delta = \max\left\{\dfrac{\alpha}{m}, \dfrac{\beta}{n}\right\} \to 0$（あるいは $m \to \infty$）とすると，左辺は変数 (u,v) に関する重積分に収束する．右辺は，変数 x, y に関する重積分 $\displaystyle\iint_D f(x,y)\,dxdy$ に収束する．ただし，$\displaystyle\iint_D f(x,y)\,dxdy$ のリーマン和による近似は本来微小長方形を用いるが，上記右辺では微小平行四辺形を用いる点が異なる．しかしながら f は一様連続であるから，$\delta \to 0$ のとき，微小平行四辺形と微小長方形による分割で表される 2 つのリーマン和の差は 0 に近づくことを確かめられる．以上から定理 7.11 の変数変換の公式が得られる．なお，ヤコビアンの条件 $ad - bc \neq 0$ は，微小長方形と微小平行四辺形のそれぞれの辺の長さを 0 に近づけることの同値性を保証している． $\square$

注意 7.14　上の証明では (u,v) を用いたリーマン和で議論を始めたが，(x,y) からでも可能である．どちらも本質は変わらないが，以下の点に注意が必要である．

$$u = \frac{1}{ad - bc}(dx - by), \quad v = \frac{1}{ad - bc}(-cx + ay)$$

より，(x, y) が長方形領域を動くとき (u, v) は平行四辺形の領域を動く．従って，x, y の微小長方形の面積 $(x_j - x_{j-1})(y_k - y_{k-1})$ を考えたとき，変数 u, v で対応する平行四辺形は $\dfrac{x_j - x_{j-1}}{ad - bc} \begin{pmatrix} d \\ -c \end{pmatrix}$, $\dfrac{y_k - y_{k-1}}{ad - bc} \begin{pmatrix} -b \\ a \end{pmatrix}$ で作られる．その面積は

$\dfrac{1}{|ad - bc|}(x_j - x_{j-1})(y_k - y_{k-1})$ である．従って

$$\sum_{j,k} f(x_j, y_k)(x_j - x_{j-1})(y_k - y_{k-1})$$

$$= \sum_{j,k} f(x_j, y_k)|ad - bc| \Big(\underbrace{\frac{1}{|ad - bc|}(x_j - x_{j-1})(y_k - y_{k-1})}_{u, v \text{ に関する微小平行四辺形の面積}} \Big)$$

について分割の最大幅を 0 に近づけたときの極限が変数変換の公式を導く.

例題 7.15 $\displaystyle\iint_D (x+y)^{10}dxdy \ (D = \{(x, y)\,|\,|x+y| \le 2, |x-2y| \le 1\})$ を求めよ．

【解】 $u = x+y, v = x-2y$ とおくと $x = \dfrac{2u+v}{3}, y = \dfrac{u-v}{3}$ であるから

$$\frac{\partial(x, y)}{\partial(u, v)} = x_u y_v - x_v y_v = \frac{2}{3} \cdot \Big(-\frac{1}{3}\Big) - \frac{1}{3} \cdot \frac{1}{3} = -\frac{1}{3} \ne 0.$$

また $E = \{(u, v)\,|\,|u| \le 2, |v| \le 1\}$ とおけば D と E は 1 対 1 に対応する．定理 7.11 と定理 7.8 を適用すると，

$$\iint_D (x+y)^{10}dxdy = \iint_E u^{10} \cdot \frac{1}{3}\,dudv = \int_{-1}^{1} \Big(\int_{-2}^{2} u^{10}du\Big) dv = \frac{2^{12}}{11}.$$

■

問 7.7 $\displaystyle\iint_D (x-y)^{10}dxdy \ (D = \{(x, y)\,|\,|x+y| \le 1, |x-y| \le 1\})$ を求めよ．

3 変数の場合も定理 7.11 と同様の公式が成り立つ．ただし，微小直方体（7.2 節

を参照）を変数変換すると微小平行六面体（あるいはその近似）が現れるため，
対応するヤコビアンは 3×3 型の行列式で表すことができる．

定理 7.16

$$
\begin{cases} x = x(u, v, w) \\ y = y(u, v, w) \\ z = z(u, v, w) \end{cases} \quad \text{に対して，ヤコビアン} \quad \frac{\partial(x, y, z)}{\partial(u, v, w)} \quad =
$$

$$
\begin{vmatrix} x_u & x_v & x_w \\ y_u & y_v & y_w \\ z_u & z_v & z_w \end{vmatrix} = x_u(y_v z_w - y_w z_v) - y_u(x_v z_w - x_w z_v) + z_u(x_v y_w -
$$

$x_w y_v)$ が 0 でないとき，定理 7.11 と同様の公式が 3 変数の場合にも成り
立つ．

7.5　重積分の極座標変換

重積分の変数変換の典型例として**極座標変換**を取り扱う．

7.5.1　2 変数の場合

命題 7.17

$$
\begin{cases} x = r\cos\theta \\ y = r\sin\theta \end{cases} \quad \text{ならば} \quad \begin{vmatrix} x_r & x_\theta \\ y_r & y_\theta \end{vmatrix} = x_r y_\theta - x_\theta y_r = r.
$$

[証明]　$x_r y_\theta - x_\theta y_r = \cos\theta \cdot r\cos\theta - (-r\sin\theta) \cdot \sin\theta = r(\cos^2\theta + \sin^2\theta) = r$ より，命題 7.17 の主張を得る．　　　　　　　　　□

注意 7.18　右図は (x, y) と (r, θ) の関係
で，$1 \leq r \leq 2, \frac{\pi}{4} \leq \theta \leq \frac{\pi}{2}$ とした場合の
ものである．これにより，円環での積分を
長方形での積分に書き換えて計算できる．

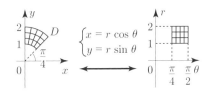

注意 7.19 命題 7.17 の結果を直観的に説
明する. 極座標で辺の長さが $dr, d\theta$ の微小
長方形は, xy 座標では右図のように辺の長
さが $dr, rd\theta$ の長方形で近似できる. 従っ

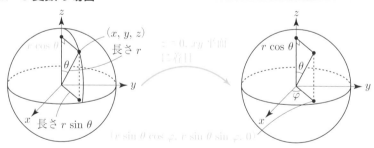

て, その面積は $r\,dr\,d\theta$ である. なお, 原点でヤコビアンは 0 である. 詳細は省略す
るが, 例えば被積分関数が連続関数ならば原点まわりを広義積分 (7.7 節を参照) で
扱うことで, 結果的に原点も含めて公式を利用できる.

$\boxed{\text{例題 7.20}}$ $D = \{(x,y) \,|\, x^2 + y^2 \le 1\}$ のとき $\displaystyle\iint_D dxdy$ を求めよ.

【解】 $E = \{(r,\theta) \,|\, 0 \le r \le 1, 0 \le \theta \le 2\pi\}$ とおく. 命題 7.17, 定理 7.8 より

$$\iint_D dxdy = \iint_E r\,drd\theta = \int_0^{2\pi}\left(\int_0^1 rdr\right)d\theta = \pi.$$ ∎

問 7.8 (1) $D = \{(x,y) \,|\, x^2 + y^2 \le 1\}$ のとき $\displaystyle\iint_D \frac{dxdy}{1+x^2+y^2}$ を求めよ.

(2) $D = \{(x,y) \,|\, x^2 + y^2 \le x\}$ のとき $\displaystyle\iint_D x^2\,dxdy$ を求めよ.

7.5.2 3 変数の場合

3 変数の極座標を導入する. 点 (x, y, z) をとり, この点を z 軸に射影, そ
の次に xy 平面への射影を考えた後に x 軸, y 軸への射影を考える. 原点から
(x, y, z) までの距離を r, 角度 θ, φ を上の図のようにとったとき, (x, y, z) と
(r, θ, φ) は以下のような関係式を満たす.

$$x = r \sin\theta \cos\varphi, \quad y = r \sin\theta \sin\varphi, \quad z = r \cos\theta.$$

ただし，$r \geq 0, \theta \in [0, \pi], \varphi \in [0, 2\pi]$. これが 3 変数の場合の極座標である.

命題 7.21

$$\begin{cases} x = r \sin\theta \cos\varphi \\ y = r \sin\theta \sin\varphi \\ z = r \cos\theta \end{cases} \quad \text{ならば,} \quad \begin{vmatrix} x_r & x_\theta & x_\varphi \\ y_r & y_\theta & y_\varphi \\ z_r & z_\theta & z_\varphi \end{vmatrix} = r^2 \sin\theta.$$

問 7.9　命題 7.21 を証明せよ.

注意 7.22　命題 7.21 で，ヤコビアンが $r^2 \sin\theta$ となる理由を直観的に説明する．極座標で辺の長さが $dr, d\theta, d\varphi$ の微小直方体は，xyz 座標では右図のように長さ dr の線分を θ, φ の 2 つの向きに回転したときにできる立体に対応する．さらにそれは，辺の長さが $dr, r d\theta, r \sin\theta \, d\varphi$ の直方体で近似できるため，その体積は $r \sin\theta \, dr \, d\theta \, d\varphi$ である.

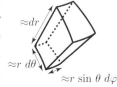

例題 7.23　$R > 0$ とし，3 次元の球体 $B = \{(x, y, z) \mid x^2 + y^2 + z^2 \leq R^2\}$ を考える．$\displaystyle\iiint_B dxdydz$ を求めよ.

【解】　$E = \{(r, \theta, \varphi) \mid 0 \leq r \leq R, 0 \leq \theta \leq \pi, 0 \leq \varphi \leq 2\pi\}$ とおく．命題 7.21 より，次が成り立つ.

$$\iiint_B dxdydz = \iiint_E dr d\theta d\varphi = \int_0^\pi d\theta \int_0^{2\pi} d\varphi \int_0^R r^2 \sin\theta \, dr.$$

この累次積分を計算することで次を得る.

$$\int_0^\pi d\theta \int_0^{2\pi} d\varphi \int_0^R r^2 \sin\theta \, dr = [-\cos\theta]_0^\pi \cdot 2\pi \cdot \left[\frac{1}{3}r^3\right]_0^R = \frac{4}{3}\pi R^3. \quad \blacksquare$$

問 7.10　(1)　$a, b, c > 0$ とし，楕円体 $D = \left\{(x, y, z) \,\middle|\, \dfrac{x^2}{a^2} + \dfrac{y^2}{b^2} + \dfrac{z^2}{c^2} \leq 1\right\}$ を考

える. $\displaystyle\iiint_D dxdydz$ を求めよ.

(2)　$R > 0$ とする. 2つの円柱 $\{(x,y,z)\,|\,x^2+y^2 \leq R^2\}$, $\{(x,y,z)\,|\,x^2+z^2 \leq R^2\}$ の共通部分を D とする. $\displaystyle\iiint_D dxdydz$ を求めよ.

7.6　曲 面 積

　D 上の関数 $z = f(x,y)$ が表す曲面の面積を次のように導入する. 説明を単純にするため, 領域は正方形とし重積分の導入 (7.1 節) で用いた記号を用いる. さらに, D を分割してできた各点 (x_i, y_j) において $z = f(x,y)$ の接平面を考え, 微小長方形 Q_{ij} に制限した領域を $\widetilde{Q}_{ij}$ とおく. すなわち,

$$\widetilde{Q}_{ij} := \Big\{(x,y,z)\,\Big|\,(x,y)\in Q_{ij},$$
$$z - f(x_i,y_j) = f_x(x_i,y_j)(x-x_i) + f_y(x_i,y_j)(y-y_j)\Big\}.$$

さらに, $|\widetilde{Q}_{ij}|$ で $\widetilde{Q}_{ij}$ の面積を表すことにする.

定義 7.24

　以上の記号のもと, $S := \displaystyle\lim_{\delta_R\to 0}\sum_{i=1}^m\sum_{j=1}^n |\widetilde{Q}_{ij}|$ を関数 $z = f(x,y)$ が表す曲面の**曲面積**とよぶ.

注意 7.25　本来は分割のとり方によらずに上記の極限が存在するような関数 $f(x,y)$ を考える必要がある. 典型例は $\mathcal{C}^1$ 級関数である (詳しくは 7.9 節を参照).

定理 7.26

　f は $\mathcal{C}^1$ 級関数とし, D を面積確定な有界閉領域とする. このとき, $z = f(x,y)$ $((x,y)\in D)$ が表す曲面積は次のように書ける.

$$\iint_D \sqrt{1 + f_x(x,y)^2 + f_y(x,y)^2}\, dxdy.$$

[証明の方針]　$|\widetilde{Q}_{ij}|$ を求める. 点 $P(x_{i-1}, y_{j-1}, f(x_{i-1}, y_{j-1}))$ を, 接平面

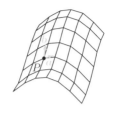

上で x 軸方向に $x_i - x_{i-1}$ だけ動かすと z 成分は $f_x(x_i, y_j)(x_i - x_{x_{i-1}})$ だけ変化するため，この 2 点で作られるベクトルを $\boldsymbol{a}$ とすれば

$$a = \left(x_i - x_{i-1}, 0, f_x(x_i, y_j)(x_i - x_{x_{i-1}}) \right).$$

同様に，点 P を接平面上で y 軸方向に $y_j - y_{j-1}$ だけ動かすと z 成分は $f_y(x_i, y_j)(y_j - y_{j-1})$ だけ変化する．この 2 点で作られるベクトル $\boldsymbol{b}$ は

$$b = \left(0, y_j - y_{j-1}, f_y(x_i, y_j)(y_j - y_{j-1}) \right).$$

と書ける．従って，平行四辺形の面積 $|\widetilde{Q}_{ij}| = \sqrt{\|a\|^2 \|b\|^2 - (a \cdot b)^2}$ は

$$|\widetilde{Q}_{ij}| = \sqrt{1 + f_x(x_i, y_j)^2 + f_y(x_i, y_j)^2}(x_i - x_{i-1})(y_j - y_{j-1})$$

と書ける．以上から，求める面積は

$$\lim_{\delta_R \to 0} \sum_{i=1}^{m} \sum_{j=1}^{n} |\widetilde{Q}_{ij}|$$

$$= \lim_{\delta_R \to 0} \sum_{i=1}^{m} \sum_{j=1}^{n} \sqrt{1 + f_x(x_i, y_j)^2 + f_y(x_i, y_j)^2}(x_i - x_{i-1})(y_j - y_{j-1})$$

$$= \int\int_D \sqrt{1 + f_x(x, y)^2 + f_y(x, y)^2}\, dxdy. \qquad \square$$

$\boxed{\text{例題 7.27}}$　$R > 0$ とし，$z = x^2 + y^2$ （$\sqrt{x^2 + y^2} \leq R$）の表面積を求めよ．

【解】　$D = \{(x, y) \mid x^2 + y^2 \leq R^2\}$ とする．求める面積は $z_x = 2x, z_y = 2y$ より

$$\int\int_D \sqrt{1 + 4x^2 + 4y^2}\, dxdy = \int_0^{2\pi} d\theta \int_0^R \sqrt{1 + 4r^2} \cdot r\, dr$$

$$= \frac{\pi}{6}\left\{ (1 + 4R^2)^{\frac{3}{2}} - 1 \right\}. \qquad \blacksquare$$

次に回転体の表面積を考える．

定理 7.28

　$y = f(x)$ $(0 \le a \le x \le b)$ を $\mathcal{C}^1$ 級の関数とし $f(x) \ge 0$ がすべての x に対して成り立つとする. このとき, x 軸のまわりで $y = f(x)$ を回転してできる回転体の表面積は

$$2\pi \int_a^b f(x)\sqrt{1 + f'(x)^2}\,dx.$$

[証明の方針]　xyz 座標で平面 $z = 0$ 上に曲線 $y = f(x)$ $(a \le x \le b)$ を考える. 回転体の表面上の点を (x, y, z) とし, 各 x に対して yz 平面に平行な断面を考えると半径 $f(x)$ の円が現れるため,

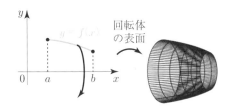

$$y^2 + z^2 = f(x)^2$$

が得られる. $z \ge 0$ を満たす領域だけを考えると $z = \sqrt{f(x)^2 - y^2}$ を得る. 定理 7.26 を適用する. $z_x = \dfrac{f(x)f'(x)}{\sqrt{f(x)^2 - y^2}}, z_y = \dfrac{-y}{\sqrt{f(x)^2 - y^2}}$ であるから, 求める面積の半分は, $D = \{(x, y) \mid a \le x \le b, -f(x) \le y \le f(x)\}$ とおくと

$$\iint_D \sqrt{1 + z_x^2 + z_y^2}\,dxdy = \iint_D \sqrt{\frac{f(x)^2 - y^2 + f(x)^2 f'(x)^2 + y^2}{f(x)^2 - y^2}}$$

$$= \iint_D \frac{f(x)\sqrt{1 + f'(x)^2}}{\sqrt{f(x)^2 - y^2}}\,dxdy$$

$$= \int_a^b f(x)\sqrt{1 + f'(x)^2}\,dx \int_{-f(x)}^{f(x)} \frac{1}{\sqrt{f(x)^2 - y^2}}\,dy.$$

ここで, 任意の正数 $A > 0$ に対して $\displaystyle\int_{-A}^A \frac{1}{\sqrt{A^2 - y^2}}\,dy = \int_{-1}^1 \frac{1}{\sqrt{1 - t^2}}\,dt = \pi$ が成り立つので, $A = f(x)$ として上式にこれを適用すると,

$$\iint_D \sqrt{1 + z_x^2 + z_y^2}\, dxdy = \pi \int_a^b f(x)\sqrt{1 + f'(x)^2}\, dx.$$

$z \leq 0$ についても同様に考え，これらをあわせて定理 7.28 の主張を得る． $\square$

注意 7.29 上で述べた定理 7.28 の証明で，被積分関数の分母が 0 $(y = f(x))$ が含まれるため，本来は広義重積分（7.7 節を参照）として取り扱う必要がある．

例題 7.30 $y = x$ $(0 \leq x \leq 2)$ が表す線分を x 軸を中心に回転してできる円錐の側面積を求めよ．

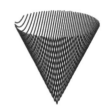

【解】 定理 7.28 を適用すると，

$$2\pi \int_0^2 x\sqrt{1 + 1^2}\, dx = 4\sqrt{2}\pi. \qquad \blacksquare$$

例題 7.31 半径 $R > 0$ の球の表面積を求めよ．

【解】 定理 7.26 を使った解答． $x^2 + y^2 + z^2 = R^2$，$z \geq 0$ のとき，$z = \sqrt{R^2 - x^2 - y^2}$ であるから，

$$z_x = \frac{-x}{\sqrt{R^2 - x^2 - y^2}}, \quad z_y = \frac{-y}{\sqrt{R^2 - x^2 - y^2}}$$

を得る．従って，$D = \{(x, y)\,|\, x^2 + y^2 \leq 1\}$ とすると求める面積の半分は，

$$\iint_D \sqrt{1 + \frac{x^2}{R^2 - x^2 - y^2} + \frac{y^2}{R^2 - x^2 - y^2}}\, dxdy$$

$$= \iint_D \frac{R}{\sqrt{R^2 - x^2 - y^2}}\, dxdy.$$

極座標 $x = r\cos\theta, y = r\sin\theta$ $(0 \leq r \leq R, \theta \in [0, 2\pi])$ を用いると，

$$\iint_D \frac{R}{\sqrt{R^2 - x^2 - y^2}}\, dxdy = \int_0^{2\pi} d\theta \int_0^R \frac{R}{\sqrt{R^2 - r^2}} \cdot r\, dr$$

$$= 2\pi R \cdot \left[-\sqrt{R^2 - r^2} \right]_0^R = 2\pi R^2.$$

以上から求める面積は $4\pi R^2$．

定理 7.28 を使った解答. 平面 $z = 0$ で円 $x^2 + y^2 = R^2$ を考え, $y = \sqrt{R^2 - x^2}$ ($-R \leq x \leq R$) を x 軸について回転することを考える. $y' = \dfrac{-x}{\sqrt{R^2 - x^2}}$ であるから, 求める面積は,

$$2\pi \int_{-R}^{R} \sqrt{R^2 - x^2} \sqrt{1 + \frac{x^2}{R^2 - x^2}}\ dx = 2\pi \int_{-R}^{R} R\ dx = 4\pi R^2. \qquad \blacksquare$$

7.7 広義重積分

これまで有界閉領域上の連続関数の重積分を考えてきた. 領域が有界でない場合や, 関数が連続でない点や線がある場合を想定した積分を導入する.

定義 7.32

$D \subset \mathbb{R}^2$ を領域とする.

(1) 集合の列 $\{D_n\}_{n=1}^{\infty}$ が領域 D の**近似増加列**であるとは, 次が成り立つこととする.

    (a) D_n は面積確定な有界閉集合で, $D_1 \subset D_2 \subset D_3 \subset \cdots \subset D_n \subset \cdots \subset D$ が成り立つ.

    (b) すべての D_n の和集合について $\bigcup_{n=1}^{\infty} D_n = D$ が成り立つ.

    (c) 任意の有界閉領域 $\widetilde{D} \subset D$ に対してある $n_0 \in \mathbb{N}$ が存在して $\widetilde{D} \subset D_{n_0}$ が成り立つ.

(2) 連続関数 $f : D \to \mathbb{R}$ が**広義重積分可能**であるとは, ある実数 α が存在して D の近似増加列 $\{D_n\}_{n=1}^{\infty}$ のとり方に依存せずに

$$\lim_{n \to \infty} \int\!\!\int_{D_n} f(x, y)\ dxdy = \alpha$$

を満たすことである. この α を f の D における**広義重積分**といい, $\alpha = \displaystyle\int\!\!\int_{D} f(x, y)\ dxdy$ と書く.

注意 7.33 定義 7.32 (2) について，関数の連続性を積分可能性（7.9 節を参照）に入れ替えたより一般的な設定での定義がある．すなわち，D の任意の近似増加列 $\{D_n\}_{n=1}^{\infty}$ に対して f は各 D_n で積分可能であって，$\{D_n\}_{n=1}^{\infty}$ のとり方によらずに $\displaystyle\lim_{n\to\infty} \int\int_{D_n} f(x, y)\,dxdy$ が 1 つの実数に収束することとして，f の広義積分可能性を定義する．この拡張の仕方で，これから示す定理 7.34，定理 7.37 を適用できる関数の範囲を広げられる．なお，1 変数の場合は注意 4.27 に記載してある．

問 7.11 次の $\{D_n\}_{n=1}^{\infty}$ はどのような領域の近似増加列であるかを答えよ．

(1) $D_n := \{(x, y) \mid |x| \leq n, |y| \leq n\}$ (2) $E_n := \{(x, y) \mid \sqrt{x^2 + y^2} \leq n\}$

(3) $D_n := \left\{ (x, y) \,\middle|\, \dfrac{1}{n} < \sqrt{x^2 + y^2} < 1 - \dfrac{1}{n} \right\}$

定理 7.34

D は領域，$f : D \to \mathbb{R}$ は連続とし，f は 0 以上の値のみ（あるいは 0 以下の値のみ）とるとする．このとき，D のある 1 つの近似増加列 $\{D_n\}_{n=1}^{\infty}$ に対して

$$\lim_{n\to\infty} \int\int_{D_n} f(x, y)\,dxdy = \alpha \quad (\alpha\text{ は実数})$$

であれば f は D で広義重積分可能であり，次が成り立つ．

$$\int\int_D f(x, y)\,dxdy = \alpha$$

[証明] 仮定を満たすような D の近似増加列 $\{D_n\}_{n=1}^{\infty}$ をとり，

$$I(D_n) := \int\int_{D_n} f(x, y)\,dxdy$$

とおき，$\displaystyle\lim_{n\to\infty} I(D_n) = \alpha$（$\alpha$ は実数）が成り立つものとする．次に D の任意の近似増加列 $\{\widetilde{D}_k\}_{k=1}^{\infty}$ をとる．D_n と $\widetilde{D}_k$ は有界閉領域であるから，各 D_n に対して $D_n \subset \widetilde{D}_{k_n}$ を満たす $\widetilde{D}_{k_n}$ が存在し，さらに $\widetilde{D}_{k_n}$ に対して $\widetilde{D}_{n_k} \subset D_{N_n}$ を満たす D_{N_n} が存在する．このとき，f が非負の関数であることから，

$$I(D_n) \leq I(\widetilde{D}_{k_n}) \leq I(D_{N_n})$$

を得る. $n \to \infty$ とすれば最左辺と最右辺は α に収束するため $I(\widetilde{D}_{k_n})$ も α に収束する. さらに $I(\widetilde{D}_k)$ の単調増加性から $I(\widetilde{D}_k)$ も $k \to \infty$ のとき α に収束する. 従って, f は D で広義重積分可能であり, その値は α となる. $\qquad\square$

例題 7.35 $e^{-x^2-y^2}$ は $\mathbb{R}^2$ において広義重積分可能かどうか調べよ.

【解】 $\mathbb{R}^2$ の近似増加列として $D_n = \{(x,y) \,|\, x^2 + y^2 \le n^2\}$ を考える. $x = r\cos\theta, y = r\sin\theta$ とすれば, D_n はこの変換によって

$$E_n := \{(r,\theta) \,|\, r \in [0,n], \theta \in [0,2\pi]\}$$

と対応する. 従って,

$$\iint_{D_n} e^{-x^2-y^2}dxdy = \iint_{E_n} e^{-r^2} r\, drd\theta = \int_0^{2\pi} d\theta \int_0^n e^{-r^2} r\, dr$$
$$= \pi(1 - e^{-n^2})$$

が得られ, $n \to \infty$ の極限を考えると $\displaystyle\lim_{n\to\infty} \pi(1 - e^{-n^2}) = \pi$ となり収束性を得る. 従って, $e^{-x^2-y^2}$ は $\mathbb{R}^2$ で広義重積分可能であることがわかった. $\qquad\blacksquare$

例題 7.36 $D = \{(x,y) \,|\, -1 \le x \le 1, 0 < y \le 1\}$ のとき, $\dfrac{xy}{(x^2+y^2)^2}$ が広義積分可能かどうか調べよ.

【解】 $D_n = \left\{(x,y) \in D \,\middle|\, \dfrac{1}{n} \le y \le 1\right\}$ を D の近似増加列として考える. D_n 上で被積分関数は連続であるから, 重積分を累次積分で書き直せる. 被積分関数は x について奇関数であるから,

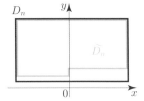

$$\iint_{D_n} \frac{xy}{x^2+y^2} = \int_{\frac{1}{n}}^1 dy \int_{-1}^1 \frac{xy}{(x^2+y^2)^2}\, dx = 0.$$

一方, $\widetilde{D}_n := \left\{(x,y) \in D_n \,\middle|\, \dfrac{2}{n} \le y \le 1 \text{ if } x \ge 0\right\}$ に対して, $n \to \infty$ のとき

$$\iint_{\widetilde{D}_n} \frac{xy}{(x^2+y^2)^2}dxdy = \iint_{\left\{(x,y)\,\middle|\,0\le x\le 1 \text{ かつ } \frac{1}{n}\le y\le \frac{2}{n}\right\}} \frac{xy}{(x^2+y^2)^2}dxdy$$

$$=\int_{\frac{1}{n}}^{\frac{2}{n}} dy \int_0^1 \frac{xy}{(x^2+y^2)^2}dx = \left[-\log(1+y^2)+\frac{1}{2}\log y \right]_{\frac{1}{n}}^{\frac{2}{n}} \to \frac{1}{2}\log 2.$$

従って $\dfrac{xy}{(x^2+y^2)^2}$ は D で広義重積分可能ではない. ■

1 変数の場合（定理 4.31）と同様に次が成り立つ.

> ── 定理 7.37 ──────────────────────
>
> f, g は領域 D 上の連続関数とし，g は D で広義重積分可能であるとする．さらに，全ての $(x,y) \in D$ に対して，$g(x,y) \ge 0, |f(x,y)| \le g(x,y)$ が成り立つとする．このとき，f も D 上で広義重積分可能である.

問 7.12　定理 7.37 を証明せよ.

問 7.13　$\displaystyle\iint_{\mathbb{R}^2} e^{-x^2-y^2}dxdy = \left(\int_{-\infty}^{\infty} e^{-x^2}dx\right)^2$ を利用して $\displaystyle\int_{-\infty}^{\infty} e^{-x^2}dx$ を求めよ.

問 7.14*　定理 7.28 の証明では広義重積分が現れる．その点を説明して証明せよ.

問 7.15*　半径 $R > 0$ の球の表面積の導出方法（例題 7.31）について，定理 7.26 を用いる解法では広義重積分が現れる．その点をきちんと説明して解答せよ.

7.8 微分と積分の順序交換

　微分と積分の順序（例えば $f(x,y)$ に対して x で微分，y で積分するときの順番）に対する注意事項を述べる．これは 2 種類の変数に関する極限の問題であるため，まずは積分と極限の交換可能性を考える．次の定理は，関数列の一様収束性に関連した極限操作の典型例である（ただし領域は有界）.

定理 7.38

　$\{f_n\}_{n=1}^{\infty}$ は面積確定な有界領域 D 上の連続関数で,**一様収束**している,すなわち,ある関数 f が存在して $\displaystyle\lim_{n\to\infty}\sup_{(x,y)\in D}|f_n(x,y)-f(x,y)|=0$ を満たすとする.このとき,次が成り立つ.

$$\lim_{n\to\infty}\int\int_D f_n(x,y)\,dxdy=\int\int_D f(x,y)\,dxdy.$$

[証明]　D の面積 $|D|$ は有限のため,$n\to\infty$ のとき次が成り立つ.

$$\left|\int\int_D f_n(x,y)\,dxdy-\int\int_D f(x,y)\,dxdy\right|$$

$$=\left|\int\int_D\Big(f_n(x,y)-f(x,y)\Big)dxdy\right|$$

$$\leq\int\int_D\Big|f_n(x,y)-f(x,y)\Big|dxdy\leq|D|\sup_{(x,y)\in D}\Big|f_n(x,y)-f(x,y)\Big|\to 0.$$

　$\square$

● 微分と積分の順序交換

　現れる関数が連続ならば微分と積分の順序を交換できることを示す.

定理 7.39

　$D=\{(x,y)\,|\,a\leq x\leq b,c\leq y\leq d\}$ とし,$f(x,y)$ と $f_y(x,y)$ は D において連続とする.このとき,次が成り立つ.

$$\frac{d}{dy}\int_a^b f(x,y)\,dx=\int_a^b\frac{\partial}{\partial y}f(x,y)\,dx.$$

[証明]　定理 7.39 左辺を考えるために,$h\neq 0$ とし以下を考える.

$$\frac{\int_a^b f(x,y+h)\,dx-\int_a^b f(x,y)\,dx}{h}=\int_a^b\frac{f(x,y+h)-f(x,y)}{h}\,dx.$$

平均値の定理(定理 3.17)から,各 x,y,h に対してある $\theta\in(0,1)$ が存在して

$$\int_a^b\frac{f(x,y+h)-f(x,y)}{h}\,dx=\int_a^b f_y(x,y+\theta h)\,dx.$$

f_y は D 上において一様連続（命題 5.26 を参照）であるから，次が成り立つ.

$$\sup_{|\tilde{y}| \le \delta} |f_y(x, y + \tilde{y}) - f_y(x, y)| \to 0, \quad \delta \to 0.$$

従って，$\delta > 0$ とし $|h| \le \delta$ のとき，

$$\left| \frac{\int_a^b f(x, y+h)\, dx - \int_a^b f(x, y)\, dx}{h} - \int_a^b \frac{\partial}{\partial y} f(x, y)\, dx \right|$$

$$= \left| \int_a^b \left\{ f_y(x, y+\theta h) - f_y(x, y) \right\} dx \right| \le \int_a^b \left| f_y(x, y+\theta h) - f_y(x, y) \right| dx$$

$$\le (b-a) \sup_{|h| \le \delta} |f_y(x, y+h) - f(x, y)| \to 0, \quad \delta \to 0.$$

以上から，定理 7.39 の主張（左辺の微分可能性，結論の等式）を得る. □

例題 7.40　$\dfrac{d}{dy} \displaystyle\int_0^1 \cos(yx)dx = -\int_0^1 x\sin(yx)dx$ を示せ. ただし $y > 0$.

【解】　$\cos(yx)$ と変数 y に関する導関数 $-x\sin(yx)$ は連続関数であるから，定理 7.39 よりこの問題の等式が成立する. ■

例題 7.41　$f(x, y)$, $f_y(x, y)$ は連続関数，$g(y)$ は $\mathcal{C}^1$ 級としたとき，次を示せ.

$$\frac{d}{dy} \int_0^{g(y)} f(x, y)\, dx = f(g(y), y)g'(y) + \int_0^{g(y)} f_y(x, y)\, dx. \tag{7.1}$$

【解】　$H(t, y) = \displaystyle\int_0^t f(x, y)\, dx$ とおけば，

$$\frac{d}{dy} \int_0^{g(y)} f(x, y)\, dx = \frac{d}{dy}\Big(H(g(y), y) \Big) = H_t(g(y), y)g'(y) + H_y(g(y), y).$$

最右辺第 2 項について f, f_y は連続であるから定理 7.39 を適用すると，$H_y(t, y) = \displaystyle\int_0^t f_y(x, y)\, dx$ を得る. 以上から (7.1) が示された. ■

7.9 厳密な理解のために：積分可能性

2 変数関数に対するリーマン積分の導入手順を説明する（1 変数の場合は 4.6 節）．正方形の場合から始めて，面積を考えることが可能な集合を導入して説明していく．またここではリーマン積分を単に積分とよぶことにする．

• 正方形の場合

$R > 0$, $D = \{(x, y) \mid |x|, |y| \leq R\}$ とする．変数 x, y が動く区間 $[-R, R]$ をそれぞれ m 個，n 個に分ける分割 Δ とその最大幅 $|\Delta|$ を導入する．

$$\Delta : x \begin{cases} -R = x_0 < x_1 < x_2 < \cdots < x_m = R \\ -R = y_0 < y_1 < y_2 < \cdots < y_n = R \end{cases}$$

$$|\Delta| := \max\{x_1 - x_0, \ldots, x_m - x_{m-1}, y_1 - y_0, \ldots, y_n - y_{n-1}\}.$$

分割して作られる mn 個の長方形全体の集合を $Q = \{Q_{jk}\}$ とする．

$$Q = \{Q_{jk}\}_{1 \leq j \leq m, 1 \leq k \leq n}, \quad Q_{jk} = \{(x, y) \mid x_{j-1} \leq x \leq x_j, y_{k-1} \leq y \leq y_k\}.$$

各長方形における f の下限，上限をそれぞれ m_{jk}, M_{jk} とする．

$$m_{jk} := \inf_{(x,y) \in Q_{jk}} f(x, y), \qquad M_{jk} := \sup_{(x,y) \in Q_{jk}} f(x, y).$$

そこで，$0 < \delta \leq 1$ に対して分割幅の最大が δ 以下の和の下限と上限を考える．

$$s(\delta, f) := \inf_{|\Delta| \leq \delta} \sum_{j=1}^{m} \sum_{k=1}^{n} m_{jk}(x_j - x_{j-1})(y_k - y_{k-1}),$$

$$S(\delta, f) := \sup_{|\Delta| \leq \delta} \sum_{j=1}^{m} \sum_{k=1}^{n} M_{jk}(x_j - x_{j-1})(y_k - y_{k-1}).$$

定義 7.42

f を正方形の閉領域 D 上の有界な関数とする．

(1) 各 j, k に対して $(x_{jk}, y_{jk}) \in Q_{jk}$ を任意に選んだとき，

$$\sum_{j=1}^{m} \sum_{k=1}^{n} f(x_{jk}, y_{jk})(x_j - x_{j-1})(x_k - y_{k-1})$$ を**リーマン和**とよぶ.

(2)　$\displaystyle \lim_{\delta \to 0} s(\delta, f) = \lim_{\delta \to 0} S(\delta, f)$ が成り立つとき f は**積分可能**（または可積分）であるという. この極限を**重積分**または**多重積分**とよび,

$$\iint_D f(x, y)\, dxdy$$ と書く.

1 変数の場合（例題 4.42, 命題 4.43）と同様に 2 変数の重積分も実数を与えることを問としておく.

問 7.16 * f を正方形の閉領域 D において有界な関数であるとする.

(1)　$\delta \to 0$ のとき $s(\delta, f), S(\delta, f)$ は収束することを示せ.

(2)　f がリーマン可積分ならば任意の f のリーマン和は $|\Delta| \to 0$ のとき

$$\iint_D f(x, y)\, dxdy$$ に収束することを確かめよ.

● **より一般の有界な集合の場合**

$\mathbb{R}^2$ の部分集合に対して, 面積を決められる集合を導入する.

定義 7.43　**面積確定**

D は $\mathbb{R}^2$ の有界な集合とし, $D \subset Q_R$ とする. ただし, $Q_R = \{(x, y) \mid |x|, |y| \leq R\}$ （$R > 0$）とする.

(1)　D が**面積確定**

$\overset{\text{def}}{\Longleftrightarrow}$ Q_R 上の関数 χ_D が定義 7.42 の意味でリーマン積分可能.

ただし, $\chi_D(x) = \begin{cases} 1 & (x \in D) \\ 0 & (x \notin D) \end{cases}$ （D 上の**定義関数**）である.

(2)　D の**面積**を $\displaystyle \iint_{Q_R} \chi_D(x, y)\, dxdy$ と定義し, これを $|D|$ または

$$\iint_D dxdy \text{ と書く.}$$

注意 7.44 面積確定でない集合の例を挙げる. $D = \{(x,y) \mid |x|, |y| \leq 1, x, y \in \mathbb{Q}\}$ ならば $s(\delta, \chi_D) = 0, S(\delta, \chi_D) = 1$ のため，D は面積確定ではない.

問 7.17[*] 次の集合が面積確定であることを示し，面積を求めよ.

(1) $D = \{(x,y) \in \mathbb{R}^2 \mid |x|, |y| \leq 1\}$ (2) $D = \{(x,y) \in \mathbb{R}^2 \mid x = 0, |y| \leq 1\}$

(3) $D = \{(x,y) \mid 0 \leq y \leq x \leq 1\}$

境界が折れ線などの領域は面積確定である（定義 7.3 を参照しておく）.

―― 命題 7.45 ――

　D は有界閉領域で，境界は長さが有限な区分的に滑らかな曲線とする. このとき，D は面積確定である.

注意 7.46 今後，次を満たす $R > 0, \delta > 0$ をとる議論が度々ある. まず，$0 < \delta \leq 1$ とし，D の境界 ∂D に幅をもたせた集合 ∂D_δ を導入する.

$$\partial D_\delta = \{(x,y) \mid |x - a| \leq \delta, |y - b| \leq \delta \text{ を満たす } (a,b) \in \partial D \text{ が存在する}\}.$$

さらに，$D, \partial D_\delta \subset Q_R$ を満たす正方形領域 Q_R をとり，Q_R を分割する長方形の列 $\{Q_{jk}\}_{1 \leq j \leq m, 1 \leq k \leq n}$（1辺の長さは δ 以下，頂点は $\{(x_j, y_k)\}_{1 \leq j \leq m, 1 \leq k \leq n}$ からなる）を考える. 添字 j, k を次のように分類する.

　$\Lambda = \{(j,k) \mid Q_{jk}$ は D に含まれる，かつ，∂D_δ と共通部分が存在しない$\}$,

　$\partial \Lambda = \{(j,k) \mid Q_{jk}$ は ∂D_δ と共通部分が存在する$\}$

D は有界閉領域で，境界が長さ有限な区分的に滑らか な曲線のとき，境界付近の微小長方形の面積 $|Q_{jk}| = (x_j - x_{j-1})(x_k - y_{k-1})$ の和に対して次が成り立つ.

$$\sum_{(j,k) \in \partial \Lambda} |Q_{jk}| \leq C \cdot (\partial D \text{ の長さ}) \cdot \delta \to 0 \quad (\delta \to 0).$$

ただし，$C > 0$ は上の不等式が成り立つような十分大

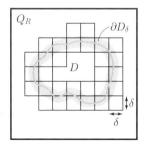

きい正定数である.

[証明]　$0 < \delta \le 1, R > 0$ とし，注意 7.46 の記号を用いる．D 上の定義関数 χ_D に対して正方形 Q_R でのリーマン和を次のように書き換える.

$$\sum_{j=1}^{m} \sum_{k=1}^{n} \chi_D(x_{jk}, y_{jk})(x_j - x_{j-1})(x_k - y_{k-1})$$

$$= \sum_{(j,k) \in \Lambda} |Q_{jk}| + \sum_{(j,k) \in \partial \Lambda_\delta} |Q_{jk}|.$$

上式右辺の項を用いて，$s(\delta, \chi_D), S(\delta, \chi_D)$ を以下のように評価する.

$$\sum_{(j,k) \in \Lambda} |Q_{jk}| \le s(\delta, \chi_D), \quad S(\delta, \chi_D) \le \sum_{(j,k) \in \Lambda} |Q_{jk}| + \sum_{(j,k) \in \partial \Lambda_\delta} |Q_{jk}|.$$

これらの不等式から，$\delta \to 0$ のとき次が成り立つ.

$$S(\delta, \chi_D) - s(\delta, \chi_D) \le \sum_{(j,k) \in \partial \Lambda_\delta} |Q_{jk}| \le 2\sqrt{2}\delta \cdot (\partial D \text{ の長さ}) \to 0.$$

従って D は面積確定である.　　　　　　　　　　　　　　　　　　□

　面積確定である領域 D 上の有界関数 f に対して，$D \subset Q_R$ を満たす正方形閉領域 Q_R と零拡張 $\widetilde{f}$ を考える．以下では，これらと定義 7.42 の記号を用いて，D 上の関数 f のリーマン積分可能性を，Q_R 上の関数 $\widetilde{f}$ のリーマン積分可能性（定義 7.42）によって定義する.

定義 7.47　**面積確定集合 D 上の有界関数 f のリーマン積分**
---

(1)　各 j, k に対して $(x_{jk}, y_{jk}) \in Q_{jk}$ を任意に選ぶ．f の**リーマン和**とは $\displaystyle \sum_{j=1}^{m} \sum_{k=1}^{n} \widetilde{f}(x_{jk}, y_{jk})(x_j - x_{j-1})(x_k - y_{k-1})$ のことである.

(2)　$\displaystyle \lim_{\delta \to 0} s(\delta, \widetilde{f}) = \lim_{\delta \to 0} S(\delta, \widetilde{f})$ が成り立つとき f は**積分可能**（または**可積分**であるという．この極限を**重積分**または**多重積分**とよび，$\displaystyle \iint_D f(x, y)\, dxdy$ と書く.

注意 7.48 f が D で積分可能であれば，重積分は 1 つの実数であり，任意のリーマン和の $\delta \to 0$ のときの極限として特徴付けられる（1 変数のときは命題 4.43）．

• **連続関数に対する積分可能性．**

境界が折れ線などの閉領域（定義 7.3 の設定）である場合に対して，連続関数の積分可能性をまとめる（1 変数の場合は定理 4.46）．

定理 7.49 **連続関数の積分可能性**

D は有界閉領域で境界は長さが有限な区分的に滑らかな曲線とする．このとき，D 上の連続関数 f は積分可能である．

[証明] $0 < \delta \leq 1, R > 0$ とし，注意 7.46 の記号を用いる．f の零拡張 $\widetilde{f}$ について，各微小長方形での下限，上限を考えた $s(\delta, \widetilde{f}), S(\delta, \widetilde{f})$（187 ページを参照）に対して，$S(\delta, \widetilde{f}) - s(\delta, \widetilde{f}) \to 0 \ (\delta \to 0)$ を示せばよい．

$(j, k) \in \Lambda$ を考え，∂D_δ より内側を表現したリーマン和 s'_δ を考える．

$$s'_\delta = \sum_{(j,k) \in \Lambda} f(x_j, y_k)|Q_{jk}|.$$

s'_δ と $S(\delta, \widetilde{f})$ の差について，D の内側では微小長方形の 2 点での f の値の差，D の境界付近では $\sup |f|$ を考えて次の評価を得る．

$$\left| S(\delta, \widetilde{f}) - s'_\delta \right|$$

$$\leq \sum_{(j,k) \in \Lambda} \sup_{|x - \widetilde{x}|, |y - \widetilde{y}| \leq \delta} |f(x, y) - f(\widetilde{x}, \widetilde{y})||Q_{j,k}| + (\sup |f|) \sum_{(j,k) \in \partial \Lambda} |Q_{jk}|$$

$$\leq \sup_{|x - \widetilde{x}|, |y - \widetilde{y}| \leq \delta} |f(x, y) - f(\widetilde{x}, \widetilde{y})| \cdot |D| + (\sup |f|) \cdot (\partial D \, \text{の長さ}) \cdot C\delta$$

$$\to 0 \quad (\delta \to 0).$$

ただし，C は上の不等式が成り立つような正定数であり，最後の収束には f の一様連続性（命題 5.26）を用いた．s'_δ と $s(\delta, \widetilde{f})$ の差についても同様に，$\left| s(\delta, \widetilde{f}) - s'_\delta \right| \to 0 \ (\delta \to 0)$ を得る．従って，

$$|S(\delta, \widetilde{f}) - s(\delta, \widetilde{f})| = |S(\delta, \widetilde{f}) - s'_\delta + s'_\delta - s(\delta, \widetilde{f})|$$

$$\leq |S(\delta, \widetilde{f}) - s'_\delta| + |s'_\delta - s(\delta, \widetilde{f})| \to 0 \quad (\delta \to 0).$$

以上から f は積分可能である. $\qquad\qquad\qquad\qquad\qquad\qquad\square$

第 7 章 章末問題

7.1 次の積分を求めよ.

(1) $\displaystyle\int_0^3 dx \int_{2x}^{3x} xy \; dy$
$\qquad\qquad\qquad$
(2) $\displaystyle\int_1^2 dy \int_0^{2\pi} y^2 \sin(x+y) \; dx$

(3) $\displaystyle\int_0^1 \int_0^x (x+y) \; dydx$
$\qquad\qquad\qquad$
(4) $\displaystyle\int_0^1 \int_x^1 (x+y) \; dydx$

7.2 次の積分を求めよ.

(1) $\displaystyle\iint_D \sin(x+y) \; dxdy, \; D = \{(x,y) \,|\, 1 \leq x \leq y \leq 2\}$

(2) $\displaystyle\iint_D x^2 y^3 \; dxdy, \; D = \{(x,y) \,|\, 0 \leq y \leq x \leq 2\}$

(3) $\displaystyle\iint_D y^2 \; dxdy, \; D = \{(x,y) \,|\, x^2 + y^2 \leq y\}$

7.3 適当な変数変換を用いて, 次の積分を求めよ.

(1) $\displaystyle\iint_D \frac{dxdy}{x^2+y^2}, \; D = \{(x,y) \,|\, 1 \leq x^2 + y^2 \leq 2\}$

(2) $\displaystyle\iint_D (x+y)e^{2x+y} \; dxdy, \; D = \{(x,y) \,|\, 0 \leq x+y \leq 1, 1 \leq 2x+y \leq 2\}$

(3) $\displaystyle\iint_D \sin(x^2+y^2) \; dxdy, \; D = \{(x,y) \,|\, 0 \leq x^2 + y^2 \leq 1\}$

(4) $\displaystyle\iint_D \frac{x^2 \, dxdy}{(x^2+y^2)^3}, \; D = \{(x,y) \,|\, x^2 + y^2 \geq 1\}$

7.4 C^1 級関数 $f(x,y)$ に対して, $\displaystyle\frac{\partial}{\partial x}\int_0^x f(x,y) \; dy = f(x,x) + \int_0^x f_x(x,y) \; dy$ が成り立つことを確かめよ.

7.5 広義積分 $\displaystyle\iint_D \frac{dxdy}{(x^2+y^2)^{\frac{\alpha}{2}}}, \; D = \{(x,y) \,|\, 0 < x^2 + y^2 \leq 1\}$ について, 広義

積分が収束するような α の条件を求めよ.

7.6　広義積分 $\displaystyle\int\int_D \frac{dxdy}{(x^2+y^2)^\alpha}$, $D=\{(x,y)\,|\,x^2+y^2\geq 1\}$ について, 広義積分が収束するような α の条件を求めよ.

7.7　極座標表示を用いて $r=f(\theta)$ $(0\leq\theta\leq\frac{\pi}{2})$ と $\theta=0, \theta=\frac{\pi}{2}$ で囲まれる図形の面積は $\displaystyle\frac{1}{2}\int_0^{\frac{\pi}{2}} f(\theta)^2\, d\theta$ であることを示せ. ただし, f は正の値をとる連続関数とする.

7.8　$a,b>0$ とする. 2 次元空間において, 3 つの直線 $x=0, y=0, \frac{x}{a}+\frac{y}{b}=1$ に囲まれた図形の体積を求めよ.

7.9　3 次元空間において, 4 つの平面 $x=0, y=0, z=0, \frac{x}{2}+\frac{y}{3}+\frac{z}{4}=1$ に囲まれた図形の体積を求めよ.

7.10　次で定義される D の体積を求めよ.
(1)　$D=\{(x,y,z)\,|\,x^2+y^2+z^2\leq 1, x^2+y^2\leq x\}$.
(2)　$D=\{(x,y,z)\,|\,x^2+y^2\leq 1, y^2+z^2\leq 1\}$.

7.11　次の図形の表面積を求めよ.
(1)　$y=\sin x$ $(0\leq x\leq\pi)$ を x 軸のまわりに回転してできる図形.
(2)　$y=e^{\frac{x}{2}}+e^{-\frac{x}{2}}$ $(-2\leq x\leq 2)$ を x 軸のまわりに回転してできる図形.
(3)　$|x|^{\frac{2}{3}}+y^{\frac{2}{3}}=1$ $(-1\leq x\leq 1)$ を x 軸のまわりに回転してできる図形.
(4)　$x^2+y^2+z^2=1$ のうち, $x^2+y^2\leq x$ により切り取られる部分.

7.12[*]　定理 7.11 を E が正方形領域の場合に証明せよ.

第8章

級　　数

無限個の実数の和（無限和）の収束性を解説する．任意の無限和に対する収束・発散を判定することは難しいが，収束・発散のための十分条件で基本的なものをまとめる．さらに等比数列の無限和に対する考え方をもとに，べき級数の収束・発散を考える．最後に無限次数のテイラー展開を取り扱う．

本章を通して $\{a_n\}_{n=1}^{\infty}$ は実数の数列とする．番号を 0 からとして $\{a_n\}_{n=0}^{\infty}$ を考えるときもある．

8.1　級数の収束と発散

本節では，無限個の実数の和，その収束・発散，基本的事柄をまとめる．

定義 8.1

(1)　数列 $\{a_n\}_{n=1}^{\infty}$ について，全ての項の和を $a_1 + a_2 + \cdots + a_n + \cdots$ あるいは $\displaystyle\sum_{n=1}^{\infty} a_n$ と書き，これを**級数**という．

(2)　級数 $\displaystyle\sum_{n=1}^{\infty} a_n$ に対して，$S_N = \displaystyle\sum_{n=1}^{N} a_n$ をその**部分和**という．

(3)　$\displaystyle\sum_{n=1}^{\infty} a_n$ が**収束**する $\overset{\text{def}}{\Longleftrightarrow}$ 部分和の数列 $\{S_N\}_{N=1}^{\infty}$ が収束する．

(4)　$\displaystyle\sum_{n=1}^{\infty} a_n$ が**発散**する $\overset{\text{def}}{\Longleftrightarrow}$ 部分和の数列 $\{S_N\}_{N=1}^{\infty}$ が収束しない．

例題8.2 次の級数について収束・発散を判定せよ.

(1) $\displaystyle\sum_{n=1}^{\infty}\frac{1}{n(n+1)}$ 　(2) $\displaystyle\sum_{n=1}^{\infty}\frac{1}{n}$

【解】 (1) $\displaystyle\sum_{n=1}^{N}\frac{1}{n(n+1)}=\sum_{n=1}^{N}\left(\frac{1}{n}-\frac{1}{n+1}\right)=1-\frac{1}{N+1}\to 1\,(N\to\infty)$

より $\displaystyle\sum_{n=1}^{\infty}\frac{1}{n(n+1)}$ は収束する.

(2) 2^N 個（N は自然数）の和を考え，部分和について和をとる個数を

$$n=3,4,\quad n=5,6,7,8,\quad\cdots\quad n=2^{N-1}+1,\ldots,2^N$$

というように2進数個に分類して，次のように部分和を書き直す.

$$\sum_{n=1}^{2^N}\frac{1}{n}=1+\frac{1}{2}+\sum_{m=2}^{N}\left(\frac{1}{2^{m-1}+1}+\frac{1}{2^{m-1}+2}+\cdots+\frac{1}{2^m}\right)$$

ここで各 m に対して，次の不等式を用いる.

$$\frac{1}{2^{m-1}+1}+\frac{1}{2^{m-1}+2}+\cdots+\frac{1}{2^m}\geq\underbrace{\frac{1}{2^m}+\frac{1}{2^m}+\cdots+\frac{1}{2^m}}_{2^{m-1}\text{個}}=\frac{1}{2^m}\cdot 2^{m-1}=\frac{1}{2}.$$

従って，2^N 個の部分和については次の発散が得られる.

$$\sum_{n=1}^{2^N}\frac{1}{n}\geq 1+\frac{1}{2}+\sum_{m=2}^{N}\frac{1}{2}=\frac{3}{2}+\frac{N-1}{2}\to\infty\ (N\to\infty).$$

一方で部分和が 2^N 個の和以外の場合には，部分和の数列 $\left\{\displaystyle\sum_{n=1}^{N}\frac{1}{n}\right\}_{N=1}^{\infty}$ が単調増加であることから発散することを確かめられる. ■

問 8.1 次の級数について収束・発散を判定せよ.

(1) $\displaystyle\sum_{n=1}^{\infty}2^{-n}$ 　(2) $\displaystyle\sum_{n=1}^{\infty}n$ 　(3) $\displaystyle\sum_{n=1}^{\infty}\frac{(-1)^n}{n}$

---

c を実数とし，級数 $\displaystyle\sum_{n=1}^{\infty} a_n, \sum_{n=1}^{\infty} b_n$ は収束するものとする．このとき，

級数 $\displaystyle\sum_{n=1}^{\infty}(a_n \pm b_n), \sum_{n=1}^{\infty} c\, a_n$ も収束して次が成り立つ．

$$\sum_{n=1}^{\infty}(a_n \pm b_n) = \sum_{n=1}^{\infty} a_n \pm \sum_{n=1}^{\infty} b_n, \qquad \sum_{n=1}^{\infty} c\, a_n = c\sum_{n=1}^{\infty} a_n.$$

[証明]　$\displaystyle\lim_{N\to\infty}\sum_{n=1}^{N}(a_n + b_n) = \sum_{n=1}^{\infty} a_n + \sum_{n=1}^{\infty} b_n$ を示す．$\varepsilon > 0$ を任意にと

る．仮定より $\displaystyle\sum_{n=1}^{\infty} a_n, \sum_{n=1}^{\infty} b_n$ は収束しているため，

$$N \geq N_1 \text{ならば} \left| \sum_{n=1}^{N} a_n - \sum_{n=1}^{\infty} a_n \right| < \varepsilon,$$

$$N \geq N_2 \text{ならば} \left| \sum_{n=1}^{N} b_n - \sum_{n=1}^{\infty} b_n \right| < \varepsilon$$

を満たす自然数 N_1, N_2 が存在する．従って，$N \geq \max\{N_1, N_2\}$ ならば

$$\left| \sum_{n=1}^{N}(a_n + b_n) - \left(\sum_{n=1}^{\infty} a_n + \sum_{n=1}^{\infty} b_n \right) \right|$$

$$\leq \left| \sum_{n=1}^{N} a_n - \sum_{n=1}^{\infty} a_n \right| + \left| \sum_{n=1}^{N} b_n - \sum_{n=1}^{\infty} b_n \right| < 2\varepsilon$$

が成り立つ．以上から $\displaystyle\sum_{n=1}^{\infty}(a_n + b_n) = \sum_{n=1}^{\infty} a_n + \sum_{n=1}^{\infty} b_n$ が証明された．$\displaystyle\sum_{n=1}^{\infty}(a_n -$

$b_n) = \displaystyle\sum_{n=1}^{\infty} a_n - \sum_{n=1}^{\infty} b_n$ についても同様に証明することができる．$\displaystyle\sum_{n=1}^{\infty} c\, a_n =$

$c \displaystyle\sum_{n=1}^{\infty} a_n$ については問とする. $\qquad\qquad\qquad\qquad\qquad$ □

問 8.2 定理 8.3 の $\displaystyle\sum_{n=1}^{\infty} c a_n = c \sum_{n=1}^{\infty} a_n$ を示せ.

$\boxed{\text{例題 8.4}}$　級数 $\displaystyle\sum_{n=1}^{\infty} a^n$ が収束するような実数 a の範囲を明らかにせよ.

【解】 $|a| < 1$ ならば, $\displaystyle\sum_{n=1}^{N} a^n = a \cdot \frac{1 - a^N}{1 - a} \to \frac{a}{1 - a}$ $(N \to \infty)$ より $\displaystyle\sum_{n=1}^{\infty} a^n$

は収束する. $a = 1$ ならば, $\displaystyle\sum_{n=1}^{N} a^n = N \to \infty$ $(N \to \infty)$ より発散する.

$a = -1$ ならば, $\displaystyle\sum_{n=1}^{N} a^n = -1$（$N$ は奇数）, 0（N は偶数）より発散する.

$|a| > 1$ ならば, $\displaystyle\sum_{n=1}^{N} a^n = a \cdot \frac{1 - a^N}{1 - a}$, $\displaystyle\lim_{N \to \infty} |a^N| = \infty$ より発散する. ■

以下は級数の収束判定のための基本的定理である.

定理 8.5

$\{a_n\}_{n=1}^{\infty}$ を 0 以上の実数からなる数列とする. このとき, 級数の部分

和の列 $\left\{ \displaystyle\sum_{n=1}^{N} a_n \right\}_{N=1}^{\infty}$ が有界ならば, 級数 $\displaystyle\sum_{n=1}^{\infty} a_n$ は収束する.

[証明] $\displaystyle\sum_{n=1}^{N+1} a_n - \sum_{n=1}^{N} a_n = a_{N+1} \geq 0$ より $\left\{ \displaystyle\sum_{n=1}^{N} a_n \right\}_{N=1}^{\infty}$ は有界な単調増

加数列である. 従って実数の連続性（公理 1.21）より $\displaystyle\sum_{n=1}^{\infty} a_n$ は収束する. □

問 **8.3**　$\left\{\displaystyle\sum_{n=1}^{N} 3^{-n}\right\}_{N=1}^{\infty}$ は有界であることを示せ.

• 絶対収束と条件収束

各項の絶対値をとった級数の収束・発散によって収束を分類する.

┌─── 定義 8.6 ──────────────────────────────

(1)　級数 $\displaystyle\sum_{n=1}^{\infty} a_n$ は **絶対収束** する.

$\overset{\text{def}}{\Longleftrightarrow}$ 絶対値をとった数列の級数 $\displaystyle\sum_{n=1}^{\infty} |a_n|$ が収束する.

(2)　級数 $\displaystyle\sum_{n=1}^{\infty} a_n$ は **条件収束** する.

$\overset{\text{def}}{\Longleftrightarrow}$ $\displaystyle\sum_{n=1}^{\infty} a_n$ は収束するが, $\displaystyle\sum_{n=1}^{\infty} |a_n|$ は無限大に発散する.

└──────────────────────────────────────

絶対収束性は, 単なる収束性よりも強い収束性であることを示す.

┌─── 定理 8.7 ──────────────────────────────

　　絶対収束する級数は収束する.

└──────────────────────────────────────

[証明]　$\displaystyle\sum_{n=1}^{\infty} a_n$ を絶対収束する級数とし, 数列を正負で分けることを考えて $a_n^+ = \max\{a_n, 0\}, a_n^- = \left|\min\{a_n, 0\}\right|$ とおく. このとき, $a_n = a_n^+ - a_n^-$, $a_n^{\pm} \geq 0$ であり, すべての自然数 N に対して次が成り立つ.

$$0 \leq \sum_{n=1}^{N} a_n^{\pm} \leq \sum_{n=1}^{N} |a_n| \leq \sum_{n=1}^{\infty} |a_n|.$$

従って, $\left\{\displaystyle\sum_{n=1}^{N} a_n^{\pm}\right\}_{N=1}^{\infty}$ は有界であるため定理 8.5 より級数 $\displaystyle\sum_{n=1}^{\infty} a_n^{\pm}$ は収束す

る．最後に定理 8.3 より，級数 $\sum_{n=1}^{\infty} a_n$ は $\sum_{n=1}^{\infty} a_n^{+} - \sum_{n=1}^{\infty} a_n^{-}$ に収束する． □

問 8.4 次の級数は収束するが，絶対収束するか条件収束するかを明らかにせよ．

(1) $\displaystyle\sum_{n=1}^{\infty} \frac{(-1)^n}{5^n}$ (2) $\displaystyle\sum_{n=1}^{\infty} \frac{(-1)^{n-1}}{n}$

─ 定理 8.8 ─

0 以上の実数からなる数列 $\{b_n\}_{n=1}^{\infty}$ の級数 $\displaystyle\sum_{n=1}^{\infty} b_n$ は収束するものとし，

数列 $\{a_n\}_{n=1}^{\infty}$ はすべての自然数 n に対して $|a_n| \leq b_n$ を満たすとする．

このとき，級数 $\displaystyle\sum_{n=1}^{\infty} a_n$ は収束する．

[証明] 任意の自然数 N に対して次が成り立つ．

$$0 \leq \sum_{n=1}^{N} |a_n| \leq \sum_{n=1}^{N} b_n \leq \sum_{n=1}^{\infty} b_n.$$

従って $\left\{ \displaystyle\sum_{n=1}^{N} |a_n| \right\}_{N=1}^{\infty}$ は有界である．定理 8.5 より $\displaystyle\sum_{n=1}^{\infty} a_n$ は収束する． □

　定理 8.8 によって，級数の収束性を確認できる例が増える．ただし，具体的に値を求められるかどうかは不明で別の問題である点を指摘しておく．

例題 8.9 次の級数が収束することを示せ．

(1) $\displaystyle\sum_{n=1}^{\infty} \frac{1}{n^2}$ (2) $\displaystyle\sum_{n=1}^{\infty} \frac{1}{n^2 + \sin n + 1}$ (3) $\displaystyle\sum_{n=1}^{\infty} \frac{(-1)^n}{2^n}$

【解】 (1) $n \geq 2$ の場合のみの無限和を考える．$n \geq 2$ のとき，$0 \leq \dfrac{1}{n^2} \leq \dfrac{1}{(n-1)n}$ が成り立つ．右辺に対する和を考えると次の収束を得る．

$$\sum_{n=2}^{\infty} \frac{1}{(n-1)n} = \lim_{N\to\infty} \sum_{n=2}^{N}\left(\frac{1}{n-1}-\frac{1}{n}\right) = \lim_{N\to\infty}\left(1-\frac{1}{N}\right) = 1.$$

従って，定理 8.8 より $\displaystyle\sum_{n=1}^{\infty}\frac{1}{n^2}$ は収束する．

(2) $(\sin n)+1 \geq 0$ より，$0 \leq \dfrac{1}{n^2+\sin n+1} \leq \dfrac{1}{n^2}$ は正しい．ここで，

$\displaystyle\sum_{n=1}^{\infty}\frac{1}{n^2}$ の収束性は (1) より成り立つ．定理 8.8 より $\displaystyle\sum_{n=1}^{\infty}\frac{1}{n^2+\sin n+1}$ は収

束する．

(3) $\left|\dfrac{(-1)^n}{2^n}\right| \leq \dfrac{1}{2^n}$ は正しく，$\displaystyle\sum_{n=1}^{\infty}\frac{1}{2^n}$ は，$\displaystyle\sum_{n=1}^{N}\frac{1}{2^n} = \frac{1}{2}\cdot\frac{1-\frac{1}{2^N}}{1-\frac{1}{2}} \to 1$

$(N\to\infty)$ より収束する．従って定理 8.8 より $\displaystyle\sum_{n=1}^{\infty}\frac{(-1)^n}{2^n}$ は収束する．　∎

問 8.5　次の級数が収束することを示せ．

(1) $\displaystyle\sum_{n=1}^{\infty}\frac{(-1)^{n-1}}{n^3}$　　(2) $\displaystyle\sum_{n=1}^{\infty}\frac{1}{n^2+e^{-n}}$　　(3) $\displaystyle\sum_{n=1}^{\infty}\frac{n^{100}}{3^n}$　　(4) $\displaystyle\sum_{n=1}^{\infty}\frac{n^2}{n^4+2n-1}$

以下は，級数についてよく知られた事実である．

問 8.6　$\displaystyle\sum_{n=1}^{\infty}a_n$ が収束するとき，次を示せ．(1) $\displaystyle\lim_{n\to\infty}a_n = 0$　(2) $\displaystyle\lim_{N\to\infty}\sum_{n=N}^{\infty}a_n = 0$

8.2　級数の収束判定

等比数列の級数 $\displaystyle\sum_{n=1}^{\infty}r^n$ の収束性は，$|r|<1$ の場合に正しい．この条件は数

列 $\{a_n\}_{n=1}^{\infty}$ を $a_n = r^n$ としたとき，次のように考えることもできる．

$$|a_n|^{\frac{1}{n}} = |r| < 1, \quad \left|\frac{a_{n+1}}{a_n}\right| = |r| < 1.$$

これらと広義積分を基本にして導くことができる定理を述べる．

定理 8.10　コーシーの収束判定法

$\left\{ |a_n|^{\frac{1}{n}} \right\}_{n=1}^{\infty}$ は収束し，かつ，$\displaystyle\lim_{n\to\infty} |a_n|^{\frac{1}{n}} < 1$ を満たすならば，級数

$\displaystyle\sum_{n=1}^{\infty} a_n$ は収束する.

問 8.7*　定理 8.10 を証明せよ.

定理 8.11　ダランベールの収束判定法

$\left\{ \left| \dfrac{a_{n+1}}{a_n} \right| \right\}_{n=1}^{\infty}$ は収束し，かつ，$\displaystyle\lim_{n\to\infty} \left| \dfrac{a_{n+1}}{a_n} \right| < 1$ を満たすならば，級

数 $\displaystyle\sum_{n=1}^{\infty} a_n$ は収束する.

問 8.8*　定理 8.11 を証明せよ.

問 8.9　定理 8.10 あるいは定理 8.11 を用いて，次の級数の収束性を示せ.

(1) $\displaystyle\sum_{n=1}^{\infty} \dfrac{(-1)^n}{n^n}$　　(2) $\displaystyle\sum_{n=1}^{\infty} \dfrac{n^m}{2^n + n^5}$（$m$ は自然数）　　(3) $\displaystyle\sum_{n=1}^{\infty} \dfrac{5^n}{n!}$

注意 8.12　定理 8.10，定理 8.11 は，等比数列をもとにした判定法のため，多項式

の逆数を考えた場合には適用できない. 実際，収束する級数 $\displaystyle\sum_{n=1}^{\infty} \dfrac{1}{n^2}$，発散する級数

$\displaystyle\sum_{n=1}^{\infty} \dfrac{1}{n}$ について $a_n = \dfrac{1}{n^2}, \dfrac{1}{n}$ を考えると，$|a_n|^{\frac{1}{n}}, \left| \dfrac{a_{n+1}}{a_n} \right| \to 1\ (n \to \infty)$ である.

定理 8.13　広義積分による収束判定

$\{a_n\}_{n=1}^{\infty}$ は 0 以上の実数からなる単調減少数列で，$\displaystyle\lim_{n\to\infty} a_n = 0$ を満た

すとする. さらに，単調減少である連続関数 $f(x)$ が存在して任意の自然数

n に対して $f(n) = a_n$ が成り立つとする. このとき，$\displaystyle\sum_{n=1}^{\infty} a_n, \int_1^{\infty} f(x)\,dx$

の収束・発散は一致する.

[証明の方針]　仮定から $f(x)$ は 0 以上の値のみをとる連続関数であることがわかる. 実際, 任意の x に対して $n \geq x$ を満たす自然数 n をとれば $f(x) \geq f(n) = a_n \geq 0$. 従って, 級数と広義積分の収束・発散を調べるために, 無限大に発散するか否かを確認すればよい.

次に, $\{a_n\}_{n=1}^{\infty}$, f の単調減少性と $a_n = f(n)$ より次が成り立つ.

$$a_n = f(n) \geq f(x) \geq f(n+1) = a_{n+1}, \quad n \leq x \leq n+1.$$

従って次を得る.

$$\int_1^{N+1} f(x)\,dx \leq \sum_{n=1}^{N} a_n \leq a_1 + \int_2^{N} f(x)\,dx.$$

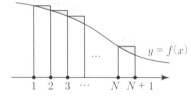
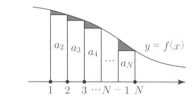

これらの不等式から, 級数 $\displaystyle\sum_{n=1}^{\infty} a_n$ が無限大に発散するか否かと, 広義積分 $\displaystyle\int_1^{\infty} f(x)\,dx$ が無限大に発散するか否かの同値性を確かめられる.　　　□

例題 8.14　定理 8.13 を用いて級数 $\displaystyle\sum_{n=1}^{\infty} \frac{1}{n^2}$ の収束・発散を明らかにせよ.

【解】　$f(x) = \dfrac{1}{x^2}$ は単調減少で任意の自然数 n に対して $f(n) = \dfrac{1}{n^2}$ を満たす. さらに, $\displaystyle\int_1^{\infty} f(x)\,dx = \lim_{R \to \infty} \int_1^{R} \frac{1}{x^2}\,dx = \lim_{R \to \infty} \left(1 - \frac{1}{R}\right) = 1$ より広義積分 $\displaystyle\int_1^{\infty} \frac{1}{x^2}\,dx$ は収束する. 従って定理 8.13 より $\displaystyle\sum_{n=1}^{\infty} \frac{1}{n^2}$ は収束する. ■

問 8.10　級数 $\displaystyle\sum_{n=1}^{\infty}\frac{1}{n^a}$　$(a>0)$　の収束・発散を明らかにせよ.

8.3 べき級数の収束半径と微分可能性

数列 $\{a_n\}_{n=0}^{\infty}$ と実数 x からなる数列 $\{a_n x^n\}_{n=0}^{\infty}$ の級数を考える. 級数 $\displaystyle\sum_{n=0}^{\infty}a_n x^n$ の収束性は, $x=0$ のとき正しいが $x\neq 0$ のときは $\{a_n\}_{n=0}^{\infty}$ によって収束・発散の可能性がどちらもある. 収束する x の範囲を特徴付ける量として収束半径を導入し（定義 8.17）, 収束半径によって決まる範囲内では級数が x を変数とした滑らかな関数であることを示す.

> ─── 定義 8.15 ───
>
> 数列 $\{a_n\}_{n=1}^{\infty}$, 実数 x に対して, 級数 $\displaystyle\sum_{n=0}^{\infty}a_n x^n$ を**べき級数**という. ただし $x^0=1$ とする.

> ─── 定理 8.16 ───
>
> べき級数 $\displaystyle\sum_{n=0}^{\infty}a_n x^n$ について, $x=x_0$ $(x_0\neq 0)$ のとき収束するならば, $|x|<|x_0|$ を満たす任意の x に対して絶対収束する.

[証明]　$x=x_0$ のとき, 仮定と問 8.6 より $a_n x_0^n$ は $n\to\infty$ のとき 0 に収束するため, 有界である. 従って次を満たす $M>0$ が存在する.

$$\text{任意の自然数 } n \text{ に対して } |a_n x_0^n|\leq M.$$

そこで $|x|<|x_0|$ とすると, 次の絶対収束性を得る.

$$\sum_{n=0}^{\infty}|a_n x^n|=\sum_{n=0}^{\infty}|a_n x_0^n|\cdot\left|\frac{x^n}{x_0^n}\right|\leq\sum_{n=0}^{\infty}M\left|\frac{x}{x_0}\right|^n=\frac{M}{1-|\frac{x}{x_0}|}.\qquad\square$$

定理 8.16 により, べき級数が収束する $x=x_0$ が見つかれば, x_0 よりも 0

に近い任意の x に対してべき級数が収束する．どこまで広げられるかを考える
ために収束半径を導入する．

— 定義 8.17 —

べき級数 $\displaystyle\sum_{n=0}^{\infty} a_n x^n$ に対して，次を満たす r $(0 \le r \le \infty)$ を**収束半径**

という．

$$|x| < r \text{ ならば絶対収束し，} |x| > r \text{ ならば発散する．}$$

ただし，収束半径が $r = 0$ であるとは，$x \ne 0$ を満たす任意の実数 x に
対してべき級数が発散することをいう．$r = \infty$ であるとは，任意の実数 x
に対して級数は絶対収束することをいう．

— 定理 8.18 —

任意のべき級数 $\displaystyle\sum_{n=0}^{\infty} a_n x^n$ に対して，収束半径は存在する．

[証明]　次で R を定義すると，$0 \le R \le \infty$ を示すことができる（問 8.11 と
する）．

$$R = \sup\left\{ r \ge 0 \;\middle|\; |x| \le r \text{ ならば } \sum_{n=0}^{\infty} a_n x^n \text{ は収束する} \right\}.$$

以下では収束半径が R であることを確かめる．収束半径が 0 である場合は，
$x = 0$ のときのみべき級数が収束するため，R の定義から $R = 0$ を得る．収
束半径が無限大である場合は，任意の実数 x に対してべき級数が収束するため
$R = \infty$ である．収束半径が正の実数である場合を考える．まず $|x| < R$ なら
ば R の定義からべき級数は収束する．一方で $|x| > R$ のときべき級数が収束
したと仮定すると R の定義に矛盾するため，$|x| > R$ ならばべき級数は発散す
る．以上から上で定義した R が収束半径であることがわかる．　　　　　□

問 8.11[*]　定理 8.18 の証明で定義した R は，$0 \le R \le \infty$ を満たすことを証明せよ．

問 8.12[*]　収束半径はただ 1 つであることを確かめよ．

定理 8.19

べき級数 $\displaystyle\sum_{n=0}^{\infty} a_n x^n$ について次が成り立つ.

(1) 極限 $\displaystyle\lim_{n\to\infty}\left|\frac{a_n}{a_{n+1}}\right|$ が存在すれば,それは収束半径である.

(2) 極限 $\displaystyle\lim_{n\to\infty}\frac{1}{|a_n|^{\frac{1}{n}}}$ が存在すれば,それは収束半径である.

(3) $\displaystyle\frac{1}{\displaystyle\lim_{n\to\infty}\sup_{k\geq n}|a_k|^{\frac{1}{n}}}$ は収束半径である.ただし,$\displaystyle\lim_{n\to\infty}\sup_{k\geq n}|a_k|^{\frac{1}{n}}=0$ の

ときは収束半径は無限大,$\displaystyle\lim_{n\to\infty}\sup_{k\geq n}|a_k|^{\frac{1}{n}}=\infty$ のときは収束半径は 0.

定理 8.19 は,定理 8.10 と定理 8.11 の証明と同様の考え方で証明できるため問とする.ただし,(3) では上極限(定義 1.31,定理 1.33 を参照)を考えているため,極限は常に存在することを注意しておく.

問 8.13[*]　定理 8.19 を証明せよ.

定理 8.20

べき級数 $\displaystyle\sum_{n=0}^{\infty} a_n x^n$ の収束半径 r は正の実数とする.このとき,$0<\varepsilon<r$

を満たす任意の ε に対して次が成り立つ.

$$\lim_{N\to\infty}\sup_{|x|\leq r-\varepsilon}\left|\sum_{n=0}^{N} a_n x^n - \sum_{n=0}^{\infty} a_n x^n\right| = 0.$$

注意 8.21　上の収束を,区間 $[-(r-\varepsilon), r-\varepsilon]$ における級数の**一様収束**とよぶ.

[証明]　問 8.6 の証明と同様に $\displaystyle\sum_{n=0}^{N} a_n x^n - \sum_{n=0}^{\infty} a_n x^n = \sum_{n=N+1}^{\infty} a_n x^n$.さ

らに,

$$\sup_{|x|<r-\varepsilon} \left| \sum_{n=N+1}^{\infty} a_n x^n \right| \le \sum_{n=N+1}^{\infty} |a_n|(r-\varepsilon)^n.$$

右辺について，級数 $\displaystyle\sum_{n=0}^{\infty} a_n(r-\varepsilon)^n$ は収束半径の定義（定義 8.17）より絶対収

束するため，特に収束する．さらに問 8.6 より $\displaystyle\lim_{N\to\infty} \sum_{n=N+1}^{\infty} |a_n|(r-\varepsilon)^n = 0.$

以上から $\displaystyle\lim_{N\to\infty} \sup_{|x|\le r-\varepsilon} \left| \sum_{n=0}^{N} a_n x^n - \sum_{n=0}^{\infty} a_n x^n \right| = 0$ が証明された．　　□

問 8.14 べき級数の収束半径が無限大のときは，任意の $r > 0$ に対して，区間 $[-r, r]$ においてそのべき級数は一様収束することを示せ．

　最後に，べき級数で与えられる関数の微分可能性を考えるため，

$$\frac{d}{dx} \sum_{n=0}^{\infty} a_n x^n = \sum_{n=0}^{\infty} \frac{d}{dx}\Big(a_n x^n\Big) = \sum_{n=1}^{\infty} a_n \cdot n x^{n-1}$$

を正当化する．問題点は，左側の等式において微分と無限和を交換した点である．すなわち，微分の定義に含まれる極限と，無限個の数を足し合わせる極限の順序を交換する点に注意が必要である．結論としては，収束半径で決まる区間の内側において正当化できる．

定理 8.22　べき級数の連続性と微分可能性

　べき級数で定義される関数 $f(x) = \displaystyle\sum_{n=0}^{\infty} a_n x^n$ の収束半径を $r > 0$ とする．このとき，区間 $(-r, r)$ において $f(x)$ は微分可能で次が成り立つ．

$$f'(x) = \sum_{n=1}^{\infty} a_n n x^{n-1}, \quad -r < x < r.$$

[証明]　$-r < x < r$ を固定する．$h \neq 0$ に対して，次が成り立つ．

$$\frac{f(x+h) - f(x)}{x} = \sum_{n=1}^{\infty} a_n \cdot \frac{(x+h)^n - x^n}{h}.$$

和が有限個の場合について，任意の自然数 N に対して多項式の微分公式から

$$\sum_{n=1}^{N} a_n \cdot \frac{(x+h)^n - x^n}{h} \to \sum_{n=1}^{N} a_n \cdot n x^{n-1} \quad (h \to 0).$$

次に $n > N$ の場合には，次を示すことができる（証明は問 8.15 とする）.

$$\lim_{N \to \infty} \sup_{|h| < \frac{r-|x|}{2}} \sum_{n=N+1}^{\infty} \left| a_n \cdot \frac{(x+h)^n - x^n}{h} \right| = 0.$$

以上 2 つの収束性から，$f'(x) = \sum_{n=1}^{\infty} a_n n x^{n-1}$ を確かめることができる. $\square$

問 8.15*　定理 8.22 の証明について，次の問に答えよ.

(1)　$\displaystyle \lim_{N \to \infty} \sup_{|h| < \frac{r-|x|}{2}} \sum_{n=N+1}^{\infty} \left| a_n \cdot \frac{(x+h)^n - x^n}{h} \right| = 0$ を示せ.

(2)　(1) を用いて，$f'(x) = \sum_{n=1}^{\infty} a_n n x^{n-1}$ を示せ.

問 8.16　定理 8.22 について，$f(x)$ と $f'(x)$ の収束半径は一致することを示せ.

問 8.17*　定理 8.22 と同じ仮定のもと，f は m 回微分可能であることを示せ（m は任意の自然数）.

　次節では，べき級数の 1 つとしてテイラー展開を取り扱う.

8.4　無限次数のテイラー展開

　テイラーの公式（定理 3.34）あるいは漸近展開（定理 3.43）では，定数と $x, x^2, \ldots, x^n$ の有限和を用いて一般の関数を表すあるいは近似する方法を取り扱った. ここでは，次数 n を無限大とした場合を考える. 定数，$x, x^2, \ldots, x^n$ までを用いたテイラー展開を次数 n のテイラー展開，または，**有限次数のテイラー展開**という. 任意の次数を考えて，定数，$x, x^2, \ldots, x^n, x^{n+1}, \ldots$ を用いたテイラー展開を次数無限大のテイラー展開，または，**無限次数のテイラー展開**という. 本節では有限次数から無限次数のテイラー展開を導入する考え方と

典型的な例をまとめる．1 変数の場合を主に解説する．

• 1 変数の場合

$f(x)$ を無限回微分可能である実数直線上の関数とする．$x = 0$ における n 次の有限テイラー展開（定理 3.34）の主張は，任意の x に対して次を満たす $\theta \in (0,1)$ が存在する，というものである．

$$f(x) = f(0) + f'(0)x + \frac{f''(0)}{2!}x^2 + \cdots + \frac{f^{(n-1)}(0)}{(n-1)!}x^{n-1} + \frac{f^{(n)}(\theta x)}{n!}x^n.$$

展開次数を表す n を大きくとっていき，次の等式を期待する．

$$f(x) = \sum_{n=0}^{\infty} \frac{f^{(n)}(0)}{n!}x^n.$$

これが成り立つためには，有限テイラー展開の式に戻って元々の関数 $f(x)$ と多項式 $\displaystyle\sum_{k=0}^{n-1} \frac{f^{(k)}(0)}{k!}x^k$ との差が 0 に近づく必要がある．すなわち，

$$\lim_{n \to \infty} \left(f(x) - \sum_{k=0}^{n-1} \frac{f^{(k)}(0)}{k!}x^k \right) = \lim_{n \to \infty} \frac{f^{(n)}(\theta x)}{n!} = 0.$$

この収束を確認する際には，$\theta \in (0,1)$ が関数 f に応じて変わり得るため，

$$\lim_{n \to \infty} \sup_{\theta \in (0,1)} \left| \frac{f^{(n)}(\theta x)}{n!} \right| = 0$$ などのように，より強い主張を示すことができれば十分である．これが成り立つ典型例をまとめておく．

・無限次数テイラー展開の例

$$\frac{1}{1-x} = 1 + x + x^2 + \cdots = \sum_{n=0}^{\infty} x^n \quad (|x| < 1)$$

$$e^x = 1 + x + \frac{x^2}{2!} + \cdots = \sum_{n=0}^{\infty} \frac{x^n}{n!}$$

$$\cos x = 1 - \frac{x^2}{2!} + \frac{x^4}{4!} - \cdots = \sum_{n=0}^{\infty} \frac{(-1)^n}{(2n)!}x^{2n}$$

$$\sin x = x - \frac{x^3}{3!} + \frac{x^5}{5!} - \cdots = \sum_{n=0}^{\infty} \frac{(-1)^n}{(2n+1)!} x^{2n+1}$$

$$\log(1+x) = x - \frac{x^2}{2} + \frac{x^3}{3} - \cdots = \sum_{n=1}^{\infty} \frac{(-1)^{n-1}}{n} x^n \quad (|x| < 1)$$

問 8.18 次の関数が無限次数のテイラー展開の式で書けることを確認せよ.

(1) $\dfrac{1}{1-x}$ $(|x| < 1)$ (2) e^x (3) $\cos x$ (4) $\sin x$ (5) $\log(1+x)$ $(|x| < 1)$

(ヒント: x を決めるたびに, $\displaystyle\lim_{n\to\infty} \sup_{\theta\in(0,1)} \left| \frac{f^{(n)}(\theta x)}{n!} \right| = 0$ が成り立つことを確かめる)

無限回微分可能であることと, 無限次数のテイラー展開が可能であることは同値ではない. 一般に, テイラー展開できるならば無限回微分可能であるが, 逆は成り立たない. 以下はその典型例で, 問とする.

問 8.19* 以下で定義される実数直線上の関数 $f(x)$ は原点で無限回微分可能であるが, 原点のまわりでテイラー展開できないことを示せ.

$$f(x) = \begin{cases} e^{-\frac{1}{x}} & (x > 0) \\ 0 & (x \le 0) \end{cases}$$

• 2 変数の場合

2 変数の場合も考え方は同じである. 2 変数関数 $f(x, y)$ に対して, 原点 $(0, 0)$ のまわりの無限次数のテイラー展開は次の式で与えられる.

$$f(x, y) = \sum_{n=0}^{\infty} \sum_{j=0}^{n} \frac{1}{(n-j)! j!} \frac{\partial^n f}{\partial x^{n-j} \partial y^j}(0, 0) \cdot x^{n-j} y^j.$$

定理 6.23 より以下を確かめることができれば, 2 変数の場合も無限次数の展開が可能となる. 各 (x, y) に対して,

$$\lim_{n\to\infty} \sup_{\theta\in(0,1)} \left| \sum_{j=0}^{n} \frac{1}{(n-j)! j!} \frac{\partial^n f}{\partial x^{n-j} \partial y^j}(\theta x, \theta y) \cdot x^{n-j} y^j \right| = 0.$$

問 8.20 $f(x, y) = e^{x+y}$ について, 無限次数のテイラー展開が可能であることを確

かめよ．さらに，$f(x, y)$ について，無限次数のテイラー展開を書け．

第8章　章末問題

8.1 次の級数の収束，発散を調べよ．

(1) $\displaystyle\sum_{n=0}^{\infty} \frac{1}{n^2 + 3n + 2}$

(2) $\displaystyle\sum_{n=0}^{\infty} \frac{1}{\log(n+1)}$

(3) $\displaystyle\sum_{n=0}^{\infty} \frac{n^2 + 1}{2^n}$

(4) $\displaystyle\sum_{n=1}^{\infty} \left(\sin \frac{1}{n} \right) \log \left(1 + \frac{1}{n} \right)$

(5) $\displaystyle\sum_{n=1}^{\infty} \frac{(-1)^n}{n^{\frac{3}{2}}}$

(6) $\displaystyle\sum_{n=1}^{\infty} \sin \frac{\pi}{2^n}$

8.2 次の級数の収束半径を求めよ．

(1) $\displaystyle\sum_{n=0}^{\infty} \frac{n^m}{n!} x^n$　（m は自然数）

(2) $\displaystyle\sum_{n=0}^{\infty} n! x^n$

(3) $\displaystyle\sum_{n=0}^{\infty} \frac{2^n}{n^3 + n^2 + 1} x^n$

(4) $\displaystyle\sum_{n=0}^{\infty} \frac{n^2 + 1}{2^n} x^n$

8.3 次の関数の $x = 0$ におけるべき級数を求めて収束半径を求めよ．

(1) $\dfrac{1}{1 - x}$

(2) $\dfrac{1}{\sqrt{1 - x}}$

(3) $\dfrac{1}{x^2 + 3x + 2}$

(4) $\log(2 + x)$

(5) $\dfrac{1}{(1 + x)^2}$

(6) $(1 + x)^{\frac{1}{2}}$

8.4[*] ベキ級数で与えられる関数 $f(x) = \displaystyle\sum_{n=0}^{\infty} a_n x^n$ の収束半径は r $(r > 1)$ とする．

(1) $\displaystyle\lim_{N \to \infty} \int_0^1 \sum_{n=N}^{\infty} |a_n x^n|\, dx = 0$ を示せ．

(2) $\displaystyle\int_0^{\infty} f(x)\, dx = \sum_{n=0}^{\infty} \int_0^1 a_n x^n\, dx$ を示せ．

8.5[*] （交代級数の収束）$\{a_n\}_{n=1}^{\infty}$ は単調減少数列で，$\displaystyle\lim_{n \to \infty} a_n = 0$ を満たすとする．

このとき，$\displaystyle\sum_{n=1}^{\infty}(-1)^{n-1}a_n$ は収束することを示せ.

8.6*　級数 $\displaystyle\sum_{n=0}^{\infty}a_n$ は収束するものとし，$a_n^+ := \max\{a_n, 0\}$, $a_n^- := \big|\min\{a_n, 0\}\big|$

により $\{a_n^{\pm}\}_{n=0}^{\infty}$ を定める. このとき，次の問に答えよ.

(1)　$\displaystyle\sum_{n=0}^{\infty}a_n$ が絶対収束するならば $\displaystyle\sum_{n=0}^{\infty}a_n^{\pm}$ は収束することを示せ.

(2)　$\displaystyle\sum_{n=0}^{\infty}a_n$ が条件収束するならば $\displaystyle\sum_{n=0}^{\infty}a_n^{\pm}$ は発散することを示せ.

8.7*　級数 $\displaystyle\sum_{n=0}^{\infty}a_n$ は条件収束するものとする. このとき，和の順番を適当に変える

ことで，任意の実数に収束する級数を作ることができることを示せ.

付録

常微分方程式

　1 変数関数が解である方程式で，特に，導関数を含んだ微分方程式とよばれる方程式を考える．微分方程式の応用範囲は力学，電磁気学，生物学，経済学など多岐にわたり，物体が自由落下するときの変位を微分方程式によって記述できる，というのは基本的な例の 1 つである．本章では主に，1 階および 2 階の導関数を含む方程式を扱う．必要な言葉の準備をした後，具体的な計算によって解を求められる場合から始める．テイラー展開によって解を書き下せる場合についても取り扱う．一般に初等関数で解を書き下すことは困難であるが，近似，解の存在定理によって方程式の解を理解する方法を解説する．

導　　　入

　本章では，特に断らない限り $y = y(x)$ は実数 x を変数にもつ実数値の関数とする．考える方程式は $y'(x) = y(x), y''(x) = y(x)$ などのようなもので，現れる関数は導関数も含めて全て連続関数を考える．すなわち，$y' = y$ の解が存在すると説明した場合は $y' = y$ を満たす $\mathcal{C}^1$ 級関数 $y(x)$ が存在する，$y'' = y$ の解が存在すると説明した場合は $y'' = y$ を満たす $\mathcal{C}^2$ 級関数 $y(x)$ が存在することを意味するものとする．

　単純な例として $y' = 1, y'' = 1$ を挙げて，微分方程式を解くとはどのようなことかを説明する．その後，初期値問題，一般解などの言葉の準備をする．

• 微分方程式の簡単な例 1（等速直線運動）

　1 メール毎秒の速さで一定の方向に移動する物体の直線運動を考える．x 秒の間に増加した変位を $y = y(x)$ メートルとすると，y と x は $y = y(x) = x$ を満たす．時刻 x_0 から時刻 x_1 まで移動したときの速さは

$$\frac{y(x_1) - y(x_0)}{x_1 - x_0} = \frac{x_1 - x_0}{x_1 - x_0} = 1$$

である．特に x_1 を x_0 に近づける極限を考えると次の式が得られる．

$$y' = 1.$$

例題 A.1　$y' = 1$ を満たす関数 $y = y(x)$ を求めよ.

【解】　$y' = 1$ を形式的に積分すると $y(x) = x + c$（c は任意定数）. 従って, $y' = 1$ を満たす C^1 級関数の存在と, y が $y(x) = x + c$（c は任意定数）を満たすことは同値である. これより, 解 $y(x) = x + c$（c は任意定数）を得る. ∎

注意 A.2　例題 A.1 の $y(x) = x + c$ を物体の等速直線運動にあてはめると, 時刻 $x = 0$ で位置 c, 任意の時刻 x をとったときに位置 $x + c$ に物体があるような運動と対応がつく. c を決めて初めて運動が 1 つに定まる.

• 微分方程式の簡単な例 2（等加速度運動）

　1 秒ごとに速さが 1 メートル毎秒ずつ一定の割合で速さが増加する物体の直線運動を考える. 経過した時間を x 秒, その時間で増加した速さを $v = v(x)$ メートル毎秒とすると, v と x は $v = v(x) = x$ を満たす. 時刻 x_0 から時刻 x_1 まで移動したときの加速度は

$$\frac{v(x_1) - v(x_0)}{x_1 - x_0} = \frac{x_1 - x_0}{x_1 - x_0} = 1$$

である. 特に x_1 を x_0 に近づける極限を考えると $v' = 1$ が得られる. 次に, x 秒で増加した変位を表す関数 $y(x)$ を考える. $v(x)$ は速さであるから,

$$v(x) = \lim_{h \to 0} \frac{y(x+h) - y(x)}{h} = y'(x).$$

従って $y = y(x)$ は次を満たす.

$$v' = y'' = 1.$$

例題 A.3　$y'' = 1$ を満たす関数 $y = y(x)$ を求めよ.

【解】　$y'' = 1$ を形式的に 2 回積分すると $y(x) = \frac{1}{2}x^2 + c_1 x + c_2$（$c_1, c_2$ は任意定数）. これより, $y'' = 1$ を満たす C^2 級関数の存在と, $y(x)$ が $y(x) = \frac{1}{2}x^2 + c_1 x + c_2$（$c_1, c_2$ は任意定数）を満たすことの同値性を確かめられる.

従って，解 $y(x) = \dfrac{1}{2}x^2 + c_1 x + c_2$（$c_1, c_2$ は任意定数）を得る．　　　■

注意 A.4　例題 A.3 の $y(x) = \dfrac{1}{2}x^2 + c_1 x + c_2$ を物体の等加速度運動にあてはめると，時刻 $x = 0$ で位置 c_2，速度 c_1，任意の時刻 x を決めたときに位置 $\dfrac{1}{2}x^2 + c_1 x + c_2$ に物体があるような運動と対応がつく．c_1, c_2 を決めて初めて運動が 1 つに定まる．

　例題 A.1 の $x(0) = c$，例題 A.3 の $x(0) = c_2, x'(0) = c_1$ について，これらの条件の個数は，方程式に現れる導関数の微分階数によって決まる．n 階導関数を含む方程式の場合は，n 個の条件が必要である．

　本章の話を進めるために言葉の準備をする．n を自然数とし n 階までの導関数を含む方程式を導入するために，$F = F(x, y^0, y^1, \ldots, y^n)$ を $n+2$ 個の変数をもつ関数とする．方程式の言葉の導入のみ一般の n 階の微分階数で説明する．

定義 A.5

(1)　$F(x, y, y', \ldots, y^{(n)}) = 0$ を**常微分方程式**という．特に最高次の導関数が n 階であるとき，n **階常微分方程式**という．

(2)　常微分方程式を満たす関数 $y = y(x)$ を**解**といい，解を求めることを常微分方程式を**解く**という．

(3)　$x_0, y_0, y_1, \ldots, y_{n-1}$ を実数とし，次の方程式を考える．

$$\begin{cases} F(x, y, y', \ldots, y^{(n)}) = 0 \\ y(x_0) = y_0, \ y^{(j)}(x_0) = y_j \quad (j = 1, 2, \ldots n-1) \end{cases}$$

このとき，x_0 を**初期時刻**，$y(x_0) = y_0, y^{(j)}(x_0) = y_j$ $(j = 1, 2, \ldots, n-1)$ を**初期条件**という．上記の方程式を満たす関数 $y(x)$ を求める問題を**初期値問題**という．

　初期条件を決めない場合は，例題 A.1，例題 A.3 のように解を書き下す際に任意定数が現れる．初期時刻について，0 以外も初期時刻とよぶ場合があるが，以下記述を簡単にするために，$x_0 = 0$ として考えることにする．

> ┌─ 定義 A.6 ────────────────────────
> 任意定数を含む常微分方程式の解を**一般解**という. 任意定数を含まない解を**特殊解**という.

• 線形方程式による解の近似

A.2 節では 1 階の線形常微分方程式の解法を説明するが, 解を具体的に書き下すことのできる方程式は限られている. ここでは, 線形方程式とよばれる方程式で解を理解する方法を説明する. $F(x, y, y') = 0$ を解くことが困難であった場合, F をテイラー展開し, y, y' に関して 1 次式に着目すると $(x \text{ の式}) + (x \text{ の式})y + (x \text{ の式})y' = 0$ が得られる. 次に,

$$y' = \big(x \text{ の式 }(1)\big) + \big(x \text{ の式 }(2)\big)y$$

と書き換える. 初期条件を課したとき, 上記方程式の解で元の方程式 $F(x, y, y') = 0$ の解を近似することが考えられる. さらに初期時刻の近くで, $\big(x \text{ の式 }(1)\big)$, $\big(x \text{ の式 }(2)\big)$ はある定数に近いとして, 次の定数係数の方程式を考える方針もある.

$$y' = a + by \quad (a, b \text{ は定数})$$

A.2 節ではこのような 1 階導関数を含む方程式を考える.

2 階の場合にも同様に次を考える.

$$y'' = \big(x \text{ の式 }(1)\big) + \big(x \text{ の式 }(2)\big)y + \big(x \text{ の式 }(3)\big)y'.$$

この方程式の解法は簡単ではないため, A.3 節では定数係数の場合を考える.

$$y'' = a + by + cy' \quad (a, b, c \text{ は定数})$$

元々の方程式の解に対して, 良い近似が得られるかどうかは個別の問題であり, 方程式ごとに注意深く調べる必要がある.

> ┌─ 定義 A.7 ────────────────────────
> (1) 常微分方程式 $F(x, y, y', \ldots, y^{(n)}) = 0$ について次の性質が成り立つとき方程式は**線形**であるという.
>
> 　　　任意の実数 c_1, c_2, 任意の解 $y, \widetilde{y}$ に対して, $c_1 y + c_2 \widetilde{y}$ も解である.
>
> (2) $g(x), f(x)$ を与えられた関数とする. $y'(x) + g(x)y(x) = 0$ を 1 階線形常微分方程式という. また, $y'(x) + g(x)y(x) = f(x)$ について, f が恒等的に 0 の

とき**斉次型**, そうでないとき**非斉次型**の線形常微分方程式という. 2 階の場合も同様に, $\tilde{g}(x)$ を与えられた関数としたとき, $y''(x) + g(x)y'(x) + \tilde{g}(x)y(x) = 0$ を 2 階線形常微分方程式という. $y''(x) + g(x)y'(x) + \tilde{g}(x)y(x) = f(x)$ を考えたとき, f が恒等的に 0 のとき**斉次型**, そうでないとき**非斉次型**の線形常微分方程式という.

• 解の存在と一意性について.

　A.2 節, A.3 節, A.5 節では, 微分方程式を書き換えて有限回の積分をして解を求める (**求積法**). また, A.4 節ではテイラー展開を用いて解を構成する. 方法によらずに求めた解が同一のものであることを確かめるのは基本的なことで証明が必要である. 従って, 例題 A.1, 例題 A.3 の解答のように, 求めたものしか解が存在しないことを毎回気をつける必要がある. しかしながら, 本節で現れる方程式は一意性が成立するような方程式がほとんどであるため, これ以降この点をあまり詳しく記述せずに進めていくことにする.

　一意性の証明については A.6 節で取り扱う. 加えて, 微分方程式の解を具体的に求めることはできなくとも, 方程式を満足するような関数の存在を証明することができる. これも A.6 節で取り扱う. 本節の最後に, 非線形項が滑らかな関数でない場合に一意性が成り立たない例を挙げる.

$\boxed{\text{例題 A.8}}$ (一意性が成り立たない例) $\begin{cases} y' = \sqrt{|y|} \\ y(0) = 0 \end{cases}$ について, 恒等的に 0 をとる

関数と, $y(x) = \dfrac{1}{4}|x|x$ は両方とも $\mathcal{C}^1$ 級の解であることを確かめよ.

【解】 すべての x に対して $y(x) = 0$ を満たす関数 $y(x)$ は, $\mathcal{C}^1$ 級であり $y' = 0$, $\sqrt{|y|} = 0$ が成り立つため, $y' = \sqrt{|y|}$, $y(0) = 0$ を満たす.

　次に $y(x) = \dfrac{1}{4}|x|x$ について, $x = 0$ のとき $y(0) = 0$, $y'(0) = 0$ を満たす. $x > 0$ のとき $y(x) = \dfrac{1}{4}x^2$ より $y(x)$ は $\mathcal{C}^1$ 級であり $y' = \dfrac{1}{2}x = \sqrt{|y|}$ を満たす. さらに $x < 0$ のとき $y(x) = -\dfrac{1}{4}x^2$ より $y(x)$ は $\mathcal{C}^1$ 級であり $y' = -\dfrac{1}{2}x = \dfrac{1}{2}|x| = \sqrt{|y|}$ を満たす. 以上から $y(x) = \dfrac{1}{4}|x|x$ は $y' = \sqrt{|y|}$,

$y(0) = 0$ を満たす. ■

 ## 1階の線形常微分方程式

$y' + g(x)y = f(x)$ について, f が恒等的に 0 または x を変数とする関数, g が定数関数または x を変数とする関数である場合に, 初期条件と与えられた関数 $f(x)$, $g(x)$ によって解 $y(x)$ を表示することを考える. 方程式に適当な指数関数をかける方法を用いるが, これは基本的な方法である.

$\boxed{\text{例題 A.9}}$ a, y_0 を実数とする. $\begin{cases} y' + ay = 0 \\ y(0) = y_0 \end{cases}$ の $\mathcal{C}^1$ 級の解は $y(t) = y_0 e^{-ax}$ であることを示せ.

【解】 $y' + ay = 0$ の両辺に e^{ax} をかけると $(ye^{ax})' = 0$. 両辺を区間 $[0, x]$ で積分すると $y(x)e^{ax} - y(0)e^0 = 0$ を得る. 従って $y = y_0 e^{-ax}$. ■

$\boxed{\text{例題 A.10}}$ y_0 を実数, $f = f(x)$ を連続関数とする. $\begin{cases} y' + ay = f(x) \\ y(0) = y_0 \end{cases}$ の $\mathcal{C}^1$ 級の解は

$$y(x) = y_0 e^{-ax} + \int_0^x e^{-a(x-t)} f(t)\, dt$$

と書けることを示せ.

【解】 微分方程式の両辺に e^{ax} をかけると $(ye^{ax})' = e^{ax} f(x)$ を得る. 両辺を区間 $[0, x]$ で積分すると $y(x)e^{ax} - y(0)e^0 = \int_0^x e^{at} f(t)\, dt$. 両辺に e^{-ax} をかけることで $y(x) = e^{-ax} y_0 + \int_0^x e^{-a(x-t)} f(t)\, dt$. ■

問 A.1　次の常微分方程式の $\mathcal{C}^1$ 級の解を導け.

(1) $\begin{cases} y' - 2y = 0 \\ y(0) = 2 \end{cases}$
(2) $\begin{cases} y' - 3y = e^x \\ y(0) = 2 \end{cases}$
(3) $\begin{cases} y' - 2y = e^{2x} \\ y(0) = -1 \end{cases}$

(4) $\begin{cases} y' + y = \sin x \\ y(0) = 5 \end{cases}$
(5) $\begin{cases} y' + 2y = x \\ y(0) = 1 \end{cases}$
(6) $\begin{cases} y' - y = \cos x \\ y(0) = 4 \end{cases}$

$\boxed{\text{例題 A.11}}$　a, y_0 を実数, $g(x)$ を連続関数とする. $\begin{cases} y' + g(x)y = 0 \\ y(0) = y_0 \end{cases}$ の $\mathcal{C}^1$ 級の

解は $y(x) = y_0 e^{-\int_0^x g(t)\,dt}$ と書けることを示せ.

【解】　微分方程式の両辺に $e^{\int_0^x g(t)\,dt}$ をかけると $\left(y(x)e^{\int_0^x g(t)\,dt}\right)' = 0$ を得

る. 両辺を区間 $[0, x]$ で積分すると $y(x)e^{\int_0^x g(t)\,dt} - y(0)e^0 = 0$. 従って両辺

に $e^{-\int_0^x g(t)\,dt}$ をかけることで $y(x) = y_0 e^{-\int_0^x g(t)\,dt}$. ∎

$\boxed{\text{例題 A.12}}$　y_0 を実数, $f(x), g(x)$ を連続関数とする.

$$\begin{cases} y' + g(x)y = f(x) \\ y(0) = y_0 \end{cases}$$

の $\mathcal{C}^1$ 級の解は $y(x) = y_0 e^{-\int_0^x g(t)\,dt} + \int_0^x e^{-\int_t^x g(s)\,ds} f(t)\,dt$ と書けることを示せ.

【解】　微分方程式の両辺に $e^{\int_0^x g(t)\,dt}$ をかけると $\left(y(x)e^{\int_0^x g(t)\,dt}\right)' = e^{\int_0^x g(t)\,dt} f(t)$. 両辺を区間 $[0, x]$ で積分すると $y(x)e^{\int_0^x g(t)\,dt} - y(0)e^0 = \int_0^x e^{\int_0^t g(s)\,ds} f(t)\,dt$ （右辺で積分変数の違いに注意して $e^{\int_0^x g(t)\,dt} f(t) = e^{\int_0^x g(s)\,ds} f(s)$ と書いてから積分した）. 両辺に $e^{-\int_0^t g(s)\,ds}$ をかけて, $y(x) = e^{-\int_0^x g(t)\,dt} y_0 + \int_0^x e^{-\int_t^x g(s)\,ds} f(t)\,dt$ を得る. ∎

問 A.2　次の常微分方程式の $\mathcal{C}^1$ 級の解を導け.

(1) $\begin{cases} y' - x^2 y = 0 \\ y(0) = 2 \end{cases}$ (2) $\begin{cases} y' - (\sin x)y = 0 \\ y(0) = 2 \end{cases}$ (3) $\begin{cases} y' + (2x+1)y = 0 \\ y(0) = -1 \end{cases}$

(4) $\begin{cases} y' + 2xy = x \\ y(0) = 1 \end{cases}$ (5) $\begin{cases} y' + (\sin x)y = e^{\cos x} \\ y(0) = 4 \end{cases}$ (6) $\begin{cases} y' + x^2 y = x^2 \\ y(0) = 5 \end{cases}$

次に $y' + g(x)y = f(x)$ の一般解を考える．特殊解と $y' + g(x)y = 0$ の一般解の和を考えればよいことが知られている．

定理 A.13

$y' + g(x)y = f(x)$ について，特殊解 $y_0(x)$ が既にわかっており，$y' + g(x)y = 0$ の一般解 $y_1(x)$ もわかっているとする．このとき，$y' + g(x)y = f(x)$ の一般解は $y_0(x) + y_1(x)$ である．

[証明] $y' + g(x)y = f(x)$ の任意の解 $y(x)$ を考え，特殊解との差 $w(x) = y(x) - y_0(x)$ を考える．$w(x)$ は $w' + g(x)w = 0$ を満たし，この方程式の一般解は $y_1(x)$ であったため $w(x) = y(x) - y_0(x) = y_1(x)$ を満たす．従って $y(x) = y_0(x) + y_1(x)$. □

以下では，**未定係数法**により特殊解を求める．未定係数法は，以下の例題 A.14 の解答でいうと，$k_1 \sin x + k_2 \cos x$ という形で解が得られることを想定して k_1, k_2 を求めるという方法である．例題 A.14 では $\sin x$ があるため三角関数で考えているが，x の多項式に対しては同じ次数までの多項式，指数関数では同様の指数関数に未定係数あるいは多項式をかけたものを想定する．

例題 A.14 $y' + y = \sin x$ の一般解を求めよ．

【解】 $y' + y = 0$ の一般解は，$y(x) = ce^{-x}$ である（c は任意定数）．$y' + y = \sin x$ の特殊解として，$y(x) = k_1 \sin x + k_2 \cos x$ を想定してこの関数を方程式に代入すると，

$$(k_1 \cos x - k_2 \cos x) + k_1 \sin x + k_2 \cos x = \sin x, \quad \begin{cases} -k_2 + k_1 = 1 \\ k_1 + k_2 = 0 \end{cases}$$

これらを満たす k_1, k_2 として $k_1 = \dfrac{1}{2}$, $k_2 = -\dfrac{1}{2}$ を得ることができ，$\dfrac{1}{2}\sin x - \dfrac{1}{2}\cos x$ は $y' + y = \sin x$ の特殊解であることを確かめられる．以上から，求める一般解は，$ce^{-x} + \dfrac{1}{2}\sin x - \dfrac{1}{2}\cos x$ である（c は任意定数）．　■

問 A.3　問 A.1 の (2)〜(6) について，初期条件を課さない方程式を考える．未定係数法と定理 A.13 を用いて一般解を求めよ．

2階の線形常微分方程式

$y'' + ay' + by = f(x)$ について，f が恒等的に 0 または x を変数とする関数である場合に，与えられた関数 $f(x)$ によって解 $y(x)$ を書き下すことを考える．

関数 $f(x)$ が恒等的に 0 である場合（**斉次型**）から考える．記号 D を用いて，次のように導関数を書き表すことにする．

$$y' = Dy, \quad y'' = DDy = D^2 y.$$

このとき，

$$y' + y = (D+1)y, \quad y'' - y' + 3y = (D^2 - 3D + 2)y.$$

すると，微分する操作に関して形式的な因数分解 $D^2 - 3D + 2 = (D-1)(D-2)$ をもとに，次が成り立つことがわかる．

$$y'' - y + 3y = (D^2 - 3D + 2)y = (D-1)\big((D-2)y\big).$$

最右辺を $(D-1)\big((D-2)y\big) = (D-1)(D-2)y$ とも書く．

記号 D を用いて，1 階線形微分方程式 $y' + ay = 0$（a は実数）を次のように解くことができる．

$$e^{ax}(D+a)y(t) = \big(e^{ax}y(t)\big)' = 0.$$

従って $e^{ax}y(x)$ は定数関数であるから解 $y(x) = (\text{定数})\cdot e^{-ax}$ を得る．2 階の微分方程式の場合にはこの操作を 2 回行うが，D に関する 2 次方程式の解の種類に応じて 3 種類に分類して解説する．D に関する 2 次方程式とは，例えば微分方程式 $y'' - y' - 2y = 0$ に対しては $D^2 - D - 2 = 0$ のことである．この 2 次方程式が，異なる 2 つの実数，

1つの実数（重解），異なる2つの複素数を解にもつ場合に対する具体例を挙げて，後の定理 A.20 で一般の場合をまとめる．

例題 A.15　$y'' - y' - 2y = 0$ の一般解を求めよ．

【解】　問題の微分方程式を $(D-2)(D+1)y = 0$ と書き換える．これを $\widetilde{y}(x) = (D+1)y$ に対する方程式 $(D-2)\widetilde{y} = 0$ とみなして両辺に e^{-2x} をかけると，$\left(e^{-2x}(D+1)y\right)' = 0$ を得る．従って $e^{-2x}(D+1)y$ は定数関数であるから，任意定数 c_1 を用いて $e^{-2x}(D+1)y = c_1$ を得る．次に，$(D+1)y = c_1 e^{2x}$ について，両辺に e^x をかけて $(e^x y)' = c_1 e^{3x}$ を得る．両辺を積分することで，任意定数 c_2 を用いて $e^x y(x) = \dfrac{c_1}{9}e^{3x} + c_2$ を得る．従って一般解として $y(x) = \dfrac{c_1}{9}e^{2x} + c_2 e^{-x}$ を得る．　　■

問 A.4　次の微分方程式の一般解を求めよ．
(1) $y'' - 2y' - 3y = 0$　　(2) $y'' - 4y = 0$　　(3) $y'' + 2y' = 0$

例題 A.16　$y'' - 4y' + 4y = 0$ の一般解を求めよ．

【解】　問題の微分方程式は $(D-2)^2 y = 0$ と書き換えられる．（これを $\widetilde{y}(x) = (D-2)y$ に対する微分方程式 $(D-2)\widetilde{y} = 0$ とみなして）両辺に e^{-2x} をかけると $\left(e^{-2x}(D-2)y\right)' = 0$ を得る．さらに $e^{-2x}(D-2)y = \left(e^{-2x}y\right)'$ であるから，$\left(e^{-2x}y\right)'' = 0$. 従って任意定数 c_1, c_2 を用いて，$e^{-2x}y(x) = c_1 + c_2 x$ を得る．従って一般解として $y(x) = c_1 x e^{2x} + c_2 e^{2x}$ を得る．　　■

問 A.5　次の微分方程式の一般解を求めよ．
(1) $y'' + 2y' + y = 0$　　(2) $y'' - 6y' + 9y = 0$　　(3) $y'' - 10y' + 25y = 0$

複素数を指数にもつ指数関数を導入する．複素数は，虚数単位 $i = \sqrt{-1}$ を用いて $z = a + bi$（a, b は実数）とかける数のことである．

定義 A.17

複素数 z に対して，$e^z = \displaystyle\sum_{n=0}^{\infty} \frac{z^n}{n!}$ と定義する．

注意 A.18　指数が実数である指数関数と同様に，定義 A.17 の関数 e^z に対して $e^{z_1+z_2} = e^{z_1}e^{z_2}$ が成り立つ．また，実数 x に対して $e^{ix} = \cos x + i\sin x$ が成り立つことを原点のまわりでのテイラー展開から確かめることができ，この公式を**オイラーの公式**とよぶ．本節では実数 a, b に対して，$e^{a+bi} = e^a(\cos b + i\sin b)$ を用いる．$e^{\pm ix}$（x は実数）の和と差を考えて次が成り立つことはよく知られている．

$$\cos x = \frac{e^{ix} + e^{-ix}}{2}, \quad \sin x = \frac{e^{ix} - e^{-ix}}{2i}.$$

さらに，導関数について $\dfrac{d}{dx}e^{iax} = iae^{iax}$ を導くことができる．これらは 8 章のべき級数の係数を複素数を含む形で考えることで得られるが詳細は省略する．また，本書では e^{ix} の積分を取り扱う場面があるが，それは $e^{ix} = \cos x + i\sin x$ と分解して，実部，虚部それぞれの積分を考えるものとする．

$\boxed{\text{例題 A.19}}$　$y'' + y = 0$ の一般解を実数値関数で求めよ．

【解】　微分方程式を $(D-i)(D+i)y = 0$ と書き換えることができるため，例題 A.15 と同じ手順で任意定数 c_1, c_2 を用いて次の一般解を得る．

$$y(x) = c_1 e^{ix} + c_2 e^{-ix}.$$

オイラーの公式より，$\sin x, \cos x$ を用いて上式を書き直すと，

$$y(x) = (c_1 + c_2)\cos x + i(c_1 - c_2)\sin x.$$

ここで，任意の実数 d_1, d_2 に対して，

$$c_1 + c_2 = d_1, \quad i(c_1 - c_2) = d_2$$

を満たす複素数 c_1, c_2 は存在することを確かめられる．従って，$y(x) = d_1\cos x + d_2\sin x$（$d_1, d_2$ は任意定数）が求める一般解である．　　　■

問 A.6　次の微分方程式の一般解を実数値関数で求めよ．

(1) $y'' + 2y' + 2y = 0$　　　(2) $y'' + 2y' + 10y = 0$　　　(3) $y'' - 4y + 8y = 0$

例題 A.15，例題 A.16，例題 A.19 を一般的な形でまとめると次のようになる.

定理 A.20

a, b を実数とし，2 次方程式 $\lambda^2 + a\lambda + b = 0$ の解を λ_1, λ_2 とする. 微分方程式 $y'' + ay' + by = 0$ の一般解は任意定数 c_1, c_2 を用いて次のようになる.

(1)　$a^2 - 4b > 0$ の場合，$y(x) = c_1 e^{\lambda_1 x} + c_2 e^{\lambda_2 x}$.

(2)　$a^2 - 4b = 0$ の場合，$\lambda_1 = \lambda_2$ であり，$y(x) = c_1 x e^{\lambda_1 x} + c_2 e^{\lambda_1 x}$.

(3)　$a^2 - 4b < 0$ の場合，λ_1, λ_2 を $\alpha \pm i\beta$ $(\alpha, \beta$ は実数) と表したとき $y(x) = e^{\alpha x}(c_1 \cos \beta x + c_2 \sin \beta x)$.

問 A.7　定理 A.20 を証明せよ.

問 A.8（**オイラー–コーシーの方程式**）　a, b を実数とする.

(1)　実数 x に対して $u(x) = y(e^x)$ とおく. $y(x)$ が $x^2 y'' + xay + by = 0$ $(x > 0)$ を満たすならば，u は $u'' + (a-1)u' + bu = 0$ を満たすことを示せ.

(2)　$x^2 y'' + xay + by = 0$ の一般解を求めよ.

● **非斉次型の場合**

例題 A.21　$f(x)$ を連続関数とする. $y'' - y' - 2y = f(x)$ の一般解を求めよ.

【解】　例題 A.15 と同様の方法により，方程式を $(D-2)(D+1)y = f(x)$ と書き換える. 両辺に e^{-2x} をかけて積分すると次を得る.

$$\left(e^{-2x}(D+1)y\right)' = e^{-2x}f(x), \quad e^{-2x}(D+1)y = \int e^{-2x}f(x)\,dx$$

両辺に $e^x \cdot e^{2x} = e^{3x}$ をかけて積分すると，

$$\left(e^x y\right)' = e^{3x}\int e^{-2x}f(x)\,dx, \quad e^x y = \int e^{3x}\left(\int e^{-2x}f(x)\,dx\right)dx.$$

従って解 $y(x) = e^{-x}\int e^{3x}\left(\int e^{-2x}f(x)\,dx\right)dx$ を得る（任意定数は，不定積分から 2 つ現れる）. ■

定理 A.20 (1), (2) に関連する問題から考える.

問 A.9 次の微分方程式の一般解を求めよ.

(1) $y'' - 2y' = e^x$ (2) $y'' + 3y' + 2y = e^{-x}$ (3) $y'' + 3y' + 2y = e^{-2x}$

(4) $y'' - 2y' + y = e^{2x}$ (5) $y'' - 2y' + y = e^x$ (6) $y'' + 3y' + 2y = x$

(7) $y'' - 2y' - 3y = x$ (8) $y'' - 4y' + 4y = e^x + x$ (9) $y'' - 3y' + 2y = e^x + x$

(10) $y'' - y = \sin x$ (11) $y'' - 2y' = \cos x$ (12) $y'' - y = e^{2x}\sin x$

定理 A.20 (3) の場合にも (1) と同様の議論を適用できるが, 実数値を考えるためには実部と虚部に分ける点で手間が増える. 定理 A.13 と未定係数法を組み合わせる方法を利用する. 特殊解の候補として, 右辺が多項式であれば同じ次数の多項式, 指数関数や三角関数であれば定数あるいは多項式を乗じたものを考える.

例題 A.22 $y'' + y = x^2$ の一般解を求めよ.

【解】 $y'' + y = 0$ の一般解は $c_1 \sin x + c_2 \cos x$ である (c_1, c_2 は任意定数). 次に $y'' + y = x^2$ の特殊解として $y(x) = k_0 + k_1 x + k_2 x^2$ を想定して方程式に代入すると

$$2 + k_0 + k_1 x + k_2 x^2 = x^2, \quad k_0 = -2, k_1 = 0, k_2 = 1.$$

関数 $x^2 - 2$ は $y'' + y = x^2$ の特殊解であることを確かめられる. 以上から求める一般解は, $c_1 \sin x + c_2 \cos x + x^2 - 2$ (c_1, c_2 は任意定数) である. ∎

例題 A.23 $y'' + y = \sin 2x$ の一般解を求めよ.

【解】 $y'' + y = 0$ の一般解は $c_1 \sin x + c_2 \cos x$ (c_1, c_2 は任意定数). 次に $y'' + y = \sin 2x$ の特殊解として $y(x) = k_1 \sin 2x + k_2 \cos 2x$ を想定し方程式に代入すると

$$(-4k_1 \sin 2x - 4k_2 \cos 2x) + k_1 \sin 2x + k_2 \cos 2x = \sin 2x, \quad \begin{cases} -3k_1 = 1 \\ k_2 = 0 \end{cases}$$

関数 $-\dfrac{1}{3}\sin 2x$ は $y'' + y = \sin 2x$ の特殊解であることを確かめられる. 求める一般解は, $c_1 \sin x + c_2 \cos x - \dfrac{1}{3}\sin 2x$ (c_1, c_2 は任意定数). ∎

問 A.10 問 A.9 (1)〜(6) について，定理 A.13 と未定係数法により一般解を求めよ．

問 A.11 次の微分方程式の一般解を実数値関数で求めよ．

(1) $y'' + y = e^x$ (2) $y'' + y = \sin x$ (3) $y'' + 2y' + 2y = x^2$

(4) $y'' - 2y' + 2y = \cos x$ (5) $y'' + y = e^{2x} + x$ (6) $y'' + 4y = \cos 2x$

A.4 テイラー展開による解法（定数係数の場合）

　微分方程式の解がテイラー展開可能であれば，無限次数のテイラー展開によって解を見つけられる．本節ではこのような例をいくつか挙げる．

例題 A.24 $\begin{cases} y' - 3y = 0 \\ y(0) = 5 \end{cases}$ について，テイラー展開によって形式的に解の候補を見つけて，得られた関数がこの初期値問題の解であることを確かめよ．

【解】 $y' = 3y$ より，n 次導関数は $y^{(n)}(x) = 3^n y(x)$ を満たすことがわかる．従って $x = 0$ のとき $y^{(n)}(0) = 3^n y(0) = 5 \cdot 3^n$ であるためテイラー展開の公式から $y(x) = \sum_{n=0}^{\infty} \frac{5 \cdot 3^n}{n!} x^n = 5 \cdot e^{3x}$ を得る．指数関数の計算により $y(0) = 5$，$y'(t) = 3 \cdot 5 \cdot e^{3x} = 3y(x)$ が成り立つことがわかる． ■

例題 A.25 $\begin{cases} y'' - 2y' - 3y = 0 \\ y(0) = 2, y'(0) = 4 \end{cases}$ について，テイラー展開によって形式的に解の候補を見つけて，得られた関数がこの初期値問題の解であることを確かめよ．

【解】 $y'' - 2y' - 3y = 0$ の両辺を n 回微分すると $y^{(n+2)} - 2y^{(n+1)} - 3y^{(n)} = 0$ が得られる．$x = 0$ を代入して $a_n = y^{(n)}(0)$ とおき，以下の漸化式を解く．

$$a_{n+2} - 2a_{n+1} - 3a_n = 0, \quad a_0 = 2, a_1 = 4.$$

これより $a_n = \frac{1}{2} \cdot (-1)^n + \frac{3}{2} \cdot 3^n$ を得る．テイラー展開の公式から

$$y(x) = \sum_{n=0}^{\infty} \frac{a_n}{n!} x^n = \frac{1}{2} \sum_{n=0}^{\infty} \frac{(-1)^n}{n!} x^n + \frac{3}{2} \sum_{n=0}^{\infty} \frac{3^n}{n!} x^n = \frac{1}{2} e^{-x} + \frac{3}{2} e^{3x}$$

を得る．得られた関数について，$y(0) = 2, y'(0) = 4, y'' - 2' - 3y = \left(\frac{1}{2} e^{-x} + \frac{27}{2} e^{3x}\right) - 2\left(\frac{-1}{2} e^{-x} + \frac{9}{2} e^{3x}\right) - 3\left(\frac{1}{2} e^{-x} + \frac{3}{2} e^{3x}\right) = 0.$　■

問 A.12　次の微分方程式の一般解をテイラー展開による方法で導け．
(1) $y'' - y = 0$　　(2) $y'' - 2y' + y = 0$　　(3) $y'' + y = 0$

注意 A.26　初等関数で解を書き下せない場合であってもテイラー展開の方法を利用できる場合がある．具体的には，例題 A.25 のように係数に対する漸化式を得た後，係数の大きさを評価して，対応するべき級数の収束半径の見積もりが可能であれば解を得る．また，べき級数 $y(x) = \sum_{n=0}^{\infty} a_n x^n$ を方程式に形式的に代入し，係数 $\{a_n\}_{n=0}^{\infty}$ を見積もるという方針も同様である．

A.5　変数分離形，同次形，完全形

　解くための手順が知られている例として，変数分離形，同次形，完全形とよばれている形の常微分方程式の解法を扱う．

● 変数分離形

> **定義 A.27**
>
> 　常微分方程式のうち，実数直線上のある関数 f, g を用いて，$f(y)y' = g(x)$ と書けるものを**変数分離形**という．

　変数分離形の常微分方程式は，次のように書き換えられる．

$$\left(\frac{d}{dy} \int f(y)\, dy\right) y' = g(x).$$

両辺を x で積分すると次を得る．

$$\int f(y)\, dy = \int g(x)\, dx.$$

この方程式を満たす関数 $y = y(x)$ を見つけることができれば，常微分方程式 $f(y)y' =$

$g(x)$ の解を求めたことになる．実際，左辺を y で微分して 0 でない場合において，上式を y, x に関する方程式とみなして陰関数定理（定理 6.35）を適用することで解（**陰関数解**）を得ることができる．

問 A.13 次の微分方程式を変数分離形として解け（解あるいは陰関数解が満たす方程式を求めよ）．

(1) $y' = y$　　(2) $y' + (\sin x)y = 0$　　(3) $y'' = 1 + y^2$

• 同次形と $y' = f(ax + by + c)$

> ── **定義 A.28** ───────────────
>
> 常微分方程式のうち，実数直線上のある関数 f を用いて，$y'(x) = f\left(\dfrac{y}{x}\right)$ と書けるものを**同次形**という．

同次形の場合は，次の関数 u に対する変数分離形の方程式として解ける．

$$u = u(x) = \frac{y(x)}{x}.$$

実際，$y'(x) = \dfrac{y'(x)x - y(x)}{x^2} = \dfrac{f(u(x)) - u(x)}{x}$ であるから $\dfrac{1}{f(u) - u}u' = \dfrac{1}{x}$．これは関数 u に対する変数分離形（定義 A.27）の方程式である．従って，陰関数解として解 u を求めて，$y(x) = xu(x)$ により $y' = f\left(\dfrac{y}{x}\right)$ の解を得ることが可能となる．

問 A.14 次の微分方程式を解け（陰関数解が満たす方程式を求めよ）．

(1) $y' = \dfrac{y}{x}$　　(2) $y' = \dfrac{y^2}{x^2}$　　(3) $y' = 1 + \dfrac{y^2}{x^2} + \dfrac{y}{x}$

方程式が $y' = f(ax + by + c)$ の場合には $v(x) = ax + by(x) + c$ という変換によって変数分離形として解くことができる．

問 A.15 次の微分方程式を解け（陰関数解が満たす方程式を求めよ）．

(1) $y' = \dfrac{x + y}{x + y + 2}$　　(2) $y' = (x + y + 3)^2$　　(3) $y' = \dfrac{1}{1 + (x + y)^2}$

• 完全形と積分因子

定義 A.29

2 変数関数 $P(x,y)$, $Q(x,y)$ を用いて $P(x,y) + Q(x,y)y' = 0$ と書ける常微分方程式のうち，次を満たす 2 変数関数 $F = F(x,y)$ が存在するものを**完全形**という．

$$F_x(x,y) = P(x,y), \quad F_y(x,y) = Q(x,y).$$

完全形の常微分方程式は，次のように書くことができる．

$$F_x(x, y(x)) + F_y(x, y(x))y' = 0.$$

上式は $\Big(F(x, y(x))\Big)' = 0$ と書き換えることができるため，両辺を積分すると

$$F(x, y(x)) = c \quad (c \text{ は任意定数})$$

を得る．従って陰関数として解を得ることができる．

例題 A.30 $x^3 + y^3 y' = 0$ は完全形である．この方程式を解け．

【解】 x^3 を積分して $F(x,y) = \dfrac{1}{4}x^4 + k(y)$ $(k(y)$ は後で決める関数) を考える．ここで，$F_y(x,y) = k'(y) = y^3$ を満たす関数 $k(y)$ を考え，$k(y) = \dfrac{1}{4}y^4$ とおく．このとき，$F(x,y) = \dfrac{1}{4}x^4 + \dfrac{1}{4}y^4$ であり，微分方程式 $x^3 + y^3 y' = 0$ は $F_x + F_y y' = 0$ と書ける．従って，陰関数解が満たす方程式として $\dfrac{1}{4}x^4 + \dfrac{1}{4}y^4 = c$ $(c$ は任意定数) を得る． ■

注意 A.31 $P(x,y) + Q(x,y)y' = 0$ が完全形であることと，$P_y = Q_x$ が成り立つことは必要十分条件であることが知られている．ただし，P, Q は $\mathcal{C}^1$ 級としている．

問 A.16 次の完全形の微分方程式を解け（陰関数解が満たす方程式を求めよ）．
(1) $x^2 + y^2 y' = 0$ (2) $2xy + x^2 y' = 0$ (3) $2xe^{x^2} + 2ye^{y^2} y' = 0$

一般に，与えられた常微分方程式 $P(x,y) + Q(x,y)y' = 0$ が完全形であるとは

限らないが，適当な関数をかけることで完全形に変形できる場合がある．典型例は，$y' - ay = 0$（a は実数）である．実際，両辺に e^{-ax} をかけると $\left(e^{-ax}y(x)\right)' = 0$ を得る（A.2 節を参照）．他には x のみに依存する関数 $F(x)$ を積分因子として想定して $F(x)$ を求める方針もある．乗じる関数には積分因子という名前がついている．

― 定義 A.32 ―

$P(x,y) + Q(x,y)y' = 0$ について，$M(x,y)P(x,y) + M(x,y)Q(x,y)y' = 0$ が完全形であるとき，$M(x,y)$ を**積分因子**という．

問 A.17 次の微分方程式の積分因子を求めよ．

(1) $2y + x^2 y' = 0$　　(2) $-2xy + e^{x^2}y' = 0$　　(3) $y + 1 - (x+1)y' = 0$

 ## A.6 解の存在と一意性について

$f = f(x,y)$ を 2 変数関数とし，微分方程式 $y' = f(x,y(x))$ に初期条件を課した初期値問題を考える．はじめに解の一意性を証明する．これにより，どのような手順で求めた解も同一の関数であることを理解できる．その後，ピカールの反復法とよばれる方法をもとに解の存在定理を証明する．

― 定理 A.33 ―

$f(x,y)$ は連続関数で次を満たす $L > 0$ が存在するとする．

　　任意の実数 $x, y, \widetilde{y}$ に対して $|f(x,y) - f(x,\widetilde{y})| \leq L|y - \widetilde{y}|$.

y_0 を実数とする．このとき，$\begin{cases} y'(x) = f(x, y(x)) \\ y(0) = y_0 \end{cases}$　の $\mathcal{C}^1$ 級の解 $y(x)$ が存在するならば一意である．

注意 A.34 定理 A.33 の定数 L を含んだ f に対する連続性の条件は，変数 y に関する**リプシッツ連続性**とよぶ．この仮定を満たす f の典型的な条件は，$\mathcal{C}^1$ 級で導関数が有界，あるいは，C^1 級で (x,y) の範囲が有界な範囲に留まっているときである．本章の例の多くはこの性質を満たす方程式である．

[証明] $x \geq 0$ の場合と $x \leq 0$ の場合は同様に考えることができるため，$x \geq 0$

の場合のみ示すことにする. $y(x), \widetilde{y}(x)$ を $\begin{cases} y'(x) = f(x, y(x)) \\ y(0) = y_0 \end{cases}$ の解とする.

$y, \widetilde{y}$ の差は初期条件が $y(0) - \widetilde{y}(0) = y_0 - y_0 = 0$ で, 次を満たす.

$$\big(y(x) - \widetilde{y}(x)\big)' = f(x, y(x)) - f(x, \widetilde{y}(x)).$$

区間 $[0, x]$ において両辺を積分して, 絶対値をとると次を得る.

$$|y(x) - \widetilde{y}(x)| = \Big| \int_0^x \Big(f(t, y(t)) - f(t, \widetilde{y}(t)) \Big) dt \Big|$$

$$\leq \int_0^x \Big| f(t, y(t)) - f(t, \widetilde{y}(t)) \Big| dt.$$

ここで f に対するリプシッツ連続性の仮定から,

$$|y(x) - \widetilde{y}(x)| \leq L \int_0^x |y(t) - \widetilde{y}(t)| \, dt.$$

次に $\psi(x) = \int_0^x |y(t) - \widetilde{y}(t)| \, dt$ とおき, $\psi'(x)$ について上式を適用すると,

$$\psi'(x) = |y(x) - \widetilde{y}(x)| \leq L\psi(x), \quad \psi'(x) - L\psi(x) \leq 0.$$

得られた不等式の両辺に e^{-Lt} をかけて区間 $[0, x]$ で積分すると, $0 \leq \psi(x) \leq e^{xt}\psi(0) = 0$ を得る. 以上から $y(x) = \widetilde{y}(x)$ が証明された. □

注意 A.35 定理 A.33 の証明で ψ に対して微分不等式を導出する議論は, **グロンウォールの不等式**という不等式の証明と同じである.

初期条件が異なる解は交わらないことが知られており, これを問とする. 一意性を用いて証明できる.

問 A.18 f は定理 A.33 と同じ仮定を満たすとする. $y' = f(x, y(x))$ について, 初期条件を $y(0) = y_0, \widetilde{y}_0 \ (y_0 \neq \widetilde{y}_0)$ としたときの 2 つの解は存在すると仮定し, それぞれ $y(x), \widetilde{y}(x)$ とする. このとき, 任意の x に対して $y(x) \neq \widetilde{y}(x)$ を示せ.

次に解の存在も含めた定理を述べる. 以下の命題はその準備である.

命題 A.36

実数直線上の連続関数の列 $\{f_n\}_{n=1}^{\infty}$ に対して，ある関数 f が存在して次の意味で f_n は f に収束するものとする．

$$\lim_{n\to\infty}\sup_{x}|f_n(x) - f(x)| = 0.$$

このとき，関数 f も連続であることを示せ．

注意 A.37 命題 A.36 の収束を，**一様収束**という．

問 A.19[*] 命題 A.36 を示せ．

定理 A.38

定理 A.33 の仮定のもと，$\begin{cases} y'(x) = f(x, y(x)) \\ y(0) = y_0 \end{cases}$ について，ある $T > 0$ が

存在して区間 $[0, T]$ において $\mathcal{C}^1$ 級の解 $y(x)$ は一意的に存在する．

注意 A.39 解の構成方法について，証明では**ピカールの反復法**を用いる．

[証明の概略] 定理 A.33 より解の存在のみを示せばよい．微分方程式の両辺を積分して以下を満たす連続関数 $y(x)$ の存在を証明することから始める．

$$y(x) = y_0 + \int_0^x f(t, y(t))\, dt.$$

解を近似する関数の列 $\{y_n\}_{n=1}^{\infty}$ を次のように導入する．

$$y_1(x) = y_0 + \int_0^x f(t, y_0)\, dt, \quad y_n(x) = y_0 + \int_0^x f(t, y_{n-1}(t))\, dt \quad (n \geq 2).$$

帰納法により，$\{y_n\}_{n=1}^{\infty}$ は連続関数の列であることを確かめられる．M_0, M_f, 解を構成する区間 $[0, T]$ を次を満たすように決める．

$$M_0 > \max\{|y_0|, 1\}, \quad M_f > \sup_{x \in [0,1], |y| \leq M_0} |f(x, y)|, \quad T \leq \min\left\{\frac{1}{M_f}, \frac{1}{2L}, 1\right\}.$$

構成する解の大きさを次の量で見積もる．

$$\|y\|_T := \sup_{x \in [0, T]} |y(x)|.$$

$x = 0, y = y_0$ の近くを想定して，以下の集合内で解を構成する．

$$\mathcal{C}_T := \{y : [0, T] \to \mathbb{R} \text{ は連続関数} \mid \|y\|_T \leq 2M_0\}.$$

まず y_n が $\mathcal{C}_T$ の元であることを示す．y_n は連続関数であったから，$\|y_n\|_T \leq 2M_0$ を示せばよい．定数関数 y_0 が $\mathcal{C}_T$ の元であることは容易に確かめられる．次に y_{n-1} が $\mathcal{C}_T$ の元であると仮定すると y_n は次を満たす．

$$|y_n(t)| \leq M_0 + \int_0^x |f(t, y_{n-1}(t))| \, dt \leq M_0 + TM_f \leq 2M_0.$$

この不等式より y_n も $\mathcal{C}_T$ の元であることがわかる．従って帰納法によりすべての自然数 n に対して y_n は $\mathcal{C}_T$ の元である．

次に関数列 $\{y_n\}$ が，ある連続関数に一様収束することを示す．y_n を

$$y_n = y_n - y_{n-1} + y_{n-1} - y_{n-2} + \cdots + y_2 - y_1 + y_1$$

$$= \sum_{k=2}^n (y_k - y_{k-1}) + y_1$$

と書いて，右辺が $n \to \infty$ のとき収束することを示す．f が第 2 変数についてリプシッツ連続であることから次が成り立つ．

$$|y_k(x) - y_{k-1}(x)| \leq \int_0^x \left| f(t, y_{k-1}(t)) - f(t, y_{k-2}(t)) \right| dt$$

$$\leq L \int_0^x \left| y_{k-1}(t) - y_{k-2}(t) \right| dt.$$

ここで，$x \in [0, T], T \leq \dfrac{1}{2L}$ より次を得る．

$$\sup_{x \in [0,T]} |y_k(x) - y_{k-1}(x)| \leq LT \sup_{t \in [0,T]} |y_{k-1}(t) - y_{k-2}(t)|$$

$$\leq \frac{1}{2} \sup_{x \in [0,T]} |y_{k-1}(x) - y_{k-2}(x)|.$$

この不等式を繰り返し適用することで，任意の自然数 k に対して次が成り立つ．

$$\sup_{x \in [0,T]} |y_k(x) - y_{k-1}(x)| \leq \frac{1}{2^{k-1}} \sup_{x \in [0,T]} |y_1(x) - y_0| \leq \frac{M_0}{2^{k-1}}.$$

従って，任意の x を固定するたびに，級数 $\sum_{k=2}^{\infty}(y_k(x)-y_{k-1}(x))$ について

$$\left|y_k(x)-y_{k-1}(x)\right| \le \frac{M_0}{2^{k-1}} \quad \text{かつ} \quad \sum_{k=2}^{\infty}\frac{M_0}{2^{k-1}}=\frac{M_0}{2}\cdot\frac{1}{1-\frac{1}{2}}<\infty$$

が成り立つ．従って，定理8.8より級数 $\sum_{k=2}^{\infty}(y_k(x)-y_{k-1}(x))$ は収束する．そこで関数 $y=y(x)$ を以下で定義する．

$$y(x)=\sum_{k=2}^{\infty}(y_k(x)-y_{k-1}(x))+y_1.$$

このとき，$\{y_n\}_{n=1}^{\infty}$ は y に区間 $[0,T]$ において一様収束することを確かめられる（後の問 A.20）ため，命題 A.36 より $y=y(x)$ は連続関数である．

最後に y_n が満たす積分方程式において $n\to\infty$ とすると，$y=y(x)$ は

$$y(x)=y_0+\int_0^x f\bigl(t,y(t)\bigr)\,dt$$

を満たすことを確かめられる（問 A.20）．ここで，$f(t,y(t))$ は連続関数であるため右辺は $\mathcal{C}^1$ 級関数である．以上から区間 $[0,T]$ において $\mathcal{C}^1$ 級解を得る．□

問 A.20*　定理 A.38 の証明について，以下を示せ．
(1) $\{y_n\}_{n=1}^{\infty}$ が y に区間 $[0,T]$ において一様収束することを示せ．
(2) $\{y_n\}_{n=1}^{\infty}$ が y に区間 $[0,T]$ において一様収束するとき，任意の x に対して
$$\lim_{n\to\infty}\int_0^x f(t,y_n(t))\,dt=\int_0^x f(t,y(t))\,dt \text{ が成り立つことを示せ．}$$

問 A.21*　定理 A.38 について y_0 を固定し，さらに $f(x,0)=0$ を仮定する．次の手順で $[0,\infty)$ において解が存在することを示せ．
(1) 任意の x,y に対して $|f(x,y)|\le L|y|$ が成り立つ．
(2) $0<T\le\dfrac{1}{2L}$ とすると区間 $[0,T]$ において $\mathcal{C}^1$ 級の解が存在する．
(3) $[0,\infty)$ において $\mathcal{C}^1$ 級の解が存在する．

連 立 系

　未知関数が 2 つ以上の常微分方程式を連立常微分方程式とよぶ．ここでは t を変数として $x = x(t)$, $y = y(t)$ に対する方程式を考える．例えばロトカ–ヴォルテラの個体数モデルがあり，

$$\begin{cases} x' = ax - bxy \\ y' = kxy - ly \end{cases} \quad (a, b, k, l > 0)$$

によって，被食者の数 $x(t)$ と捕食者の数 $y(t)$ の関係を調べる手法がある．より一般の 2 元連立常微分方程式は次のように書ける．

$$\begin{cases} x' = f(x, y) \\ y' = g(x, y) \end{cases} \quad (f, g \text{ は 2 変数関数})$$

本節では以下の問について大まかにまとめる．

　「1 点 (x_0, y_0) に着目したとき，解 $(x(t), y(t))$ は (x_0, y_0) の近くに留まるか否か」（**安定性**の成立・不成立）

　なお，解の存在と一意性については省略するが，A.6 節と比べると 2 成分のため計算量は増えるものの基本的に同様の考え方で証明が可能である．

　215 ページから説明がある解の近似と同様に，右辺の f, g を 1 点 (x_0, y_0) でテイラー展開して，さらに x, y について x_0, y_0 だけ平行移動を考えて $X = x - x_0$, $Y = y - y_0$ とおき，$t = 0$ で (X, Y) が (X_0, Y_0) をとる初期条件を課せば，

$$\text{(P)} \quad \begin{cases} X' = k_1 + aX + bY \\ Y' = k_2 + cX + dY \qquad (k_1, k_2, a, b, c, d \text{ は定数}) \\ X(0) = X_0, Y(0) = Y_0 \end{cases}$$

という定数係数の線形常微分方程式を得る．t を大きくしたときに (X, Y) が原点近くに留まる（安定）か否（不安定）かを考える．$(k_1, k_2) \neq (0, 0)$ の場合には，(X, Y) は原点近傍で $(X', Y') \neq (0, 0)$ となるため解 $(X(t), Y(t))$ は原点に留まらない．

問 A.22[*]　$(X(t), Y(t))$ は (P) の $\mathcal{C}^1$ 級の解とする．$k_1 \neq 0$ または $k_2 \neq 0$ ならば，$\displaystyle \lim_{t \to \infty} (X(t)^2 + Y(t)^2) = 0$ は成り立たないことを示せ．

以下，$(k_1, k_2) = (0,0)$ の場合を考える．

定理 A.40

a, b, c, d を実数の定数とし，$A = \begin{pmatrix} a & b \\ c & d \end{pmatrix}$ とおく．このとき，

$$\begin{cases} X' = aX + bY \\ Y' = cX + dY \\ X(0) = X_0, Y(0) = Y_0 \end{cases}$$
の解 $(X(t), Y(t))$ は次の性質をもつ．

(1) A の固有値の実部が正のものが存在すれば，ある (X_0, Y_0) に対して，

$$\lim_{t \to \infty} \left(X(t)^2 + Y(t)^2 \right) = \infty.$$

(2) A の固有値の実部が負のみならば，$\displaystyle\lim_{t \to \infty} X(t) = \lim_{t \to \infty} Y(t) = 0.$

(3) A の固有値が純虚数ならば，$(X(t), Y(t))$ は原点のまわりを回る周期的な性質をもつ解である．

注意 A.41 定理 A.40 の証明は，行列 A を対角化，または，ジョルダン（Jordan）の標準形を用いて書き直し，行列の指数関数の計算を行うというものである．定理 A.40 (1) では正の指数をもつ指数関数が現れるため，正の固有値に対応する固有ベクトルの向きに初期条件を考えれば主張が示される．(2) では，負の指数をもつ指数関数しか現れないため全ての解が $(0,0)$ に近づく．(3) ではオイラーの公式により三角関数で解を書き下すことができるため周期的な解を得る．これらの証明は問とする．なお，定理 A.40 では A の固有値が 0 と負の実数の場合を省略したが，この場合には，固有値 0 に対応する固有ベクトルの向きに初期条件を課せば，原点に近づかない定数解を得る．

問 A.23* 定理 A.40 において，A の固有値の 1 つは 0 であるとする．このとき，ある (X_0, Y_0) に対して $X(t), Y(t)$ は定数関数であることを示せ．

問 A.24* 定理 A.40 において，A は異なる固有値 λ_1, λ_2 をもつとし，正則行列 P を用いて $A = P \begin{pmatrix} \lambda_1 & 0 \\ 0 & \lambda_2 \end{pmatrix} P^{-1}$ と書けているとする．次を示せ．

(1) λ_1 の実部が正ならば，ある (X_0, Y_0) に対して，$\displaystyle\lim_{t \to \infty} \left(X(t)^2 + Y(t)^2 \right) = \infty.$

(2)　λ_1, λ_2 の実部が負ならば，$\displaystyle\lim_{t\to\infty} X(t) = \lim_{t\to\infty} Y(t) = 0.$

（ヒント：固有値が実数の場合と複素数の場合に分ける）

問 A.25*　定理 A.40 において，A は重複固有値 λ をもつとし，正則行列 P を用いて
$A = P \begin{pmatrix} \lambda & 1 \\ 0 & \lambda \end{pmatrix} P^{-1}$ と書けているとする．次を示せ．

(1)　$\lambda > 0$ かつ $(X_0, Y_0) \neq (0, 0)$ ならば，$\displaystyle\lim_{t\to\infty} \left(X(t)^2 + Y(t)^2\right) = \infty.$

(2)　$\lambda < 0$ ならば，$\displaystyle\lim_{t\to\infty} X(t) = \lim_{t\to\infty} Y(t) = 0.$

問 A.26*　定理 A.40 において，A は純虚数の固有値 $\pm i\alpha$ をもつとし，正則行列 P を
用いて $A = P \begin{pmatrix} i\alpha & 0 \\ 0 & -i\alpha \end{pmatrix} P^{-1}$ と書けているとする．このとき，A の固有ベクトル
$u \pm iv$（u, v は実数を成分にもつベクトル），オイラーの公式，$\sin \alpha x, \cos \alpha x$ を用
いて，$\begin{pmatrix} X' \\ Y' \end{pmatrix} = A \begin{pmatrix} X \\ Y \end{pmatrix}$ の一般解を書け．

注意 A.42　係数が定数の場合で，2 階の線形微分方程式（1 つの未知関数）は，2
元連立の 1 階線形微分方程式（2 つの未知関数）として扱えることを指摘しておく．
$y = y(t)$ に対する 2 階微分方程式 $y'' + ay' + by = 0$ を次のように書き換える．

$$\begin{pmatrix} (y)' \\ (y')' \end{pmatrix} = \begin{pmatrix} y' \\ -by - ay' \end{pmatrix} = \begin{pmatrix} 0 & 1 \\ -b & -a \end{pmatrix} \begin{pmatrix} y \\ y' \end{pmatrix}.$$

従って $\begin{pmatrix} X \\ Y \end{pmatrix} = \begin{pmatrix} y \\ y' \end{pmatrix}$ とおけば，$\begin{pmatrix} X' \\ Y' \end{pmatrix} = \begin{pmatrix} 0 & 1 \\ -b & -a \end{pmatrix} \begin{pmatrix} X \\ Y \end{pmatrix}$ を得る．より高階の
導関数を含む場合も，このように未知関数の数を増やした連立の 1 階微分方程式とし
て扱えることが知られている．

索　引

著者略歴

岩 渕 司
いわ ぶち つかさ

2011 年　東北大学大学院理学研究科数学専攻博士課程 修了
現　　在　東北大学大学院理学研究科 准教授
　　　　　博士（理学）

ライブラリ 新数学基礎テキスト＝T2
アトラクティブ 微分積分学

2024 年 4 月 10 日 ⓒ　　　　　　初 版 発 行

著 者　岩 渕　　司　　　発行者　森 平 敏 孝
　　　　　　　　　　　　　印刷者　山 岡 影 光
　　　　　　　　　　　　　製本者　小 西 惠 介

発行所　　　株式会社 サ イ エ ン ス 社

〒151–0051 東京都渋谷区千駄ヶ谷 1 丁目 3 番 25 号
営業 ☎ (03) 5474–8500 (代)　振替 00170–7–2387
編集 ☎ (03) 5474–8600 (代)
FAX ☎ (03) 5474–8900

印刷　三美印刷(株)　　　製本　(株)ブックアート

《検印省略》

ISBN978-4-7819-1599-9

PRINTED IN JAPAN

サイエンス社のホームページのご案内
https://www.saiensu.co.jp
ご意見・ご要望は
rikei@saiensu.co.jp　まで.